PRAKTIKUM DER PHYSIKALISCHEN CHEMIE

INSBESONDERE DER

KOLLOIDCHEMIE

FÜR MEDIZINER UND BIOLOGEN

VON

LEONOR MICHAELIS UND PETER RONA

NEW YORK   BERLIN

VIERTE VERBESSERTE AUFLAGE

MIT 62 ABBILDUNGEN

BERLIN

VERLAG VON JULIUS SPRINGER

1930

ISBN-13: 978-3-642-47241-1   e-ISBN-13: 978-3-642-47624-2
DOI: 10.1007/ 978-3-642-47624-2

Vorwort zur ersten Auflage.

Das Interesse am Studium der physikalischen Chemie und der Kolloidchemie ist bei den Biologen und Medizinern in ständigem Wachsen begriffen. Ich glaube daher den Wünschen mancher Kreise entgegenzukommen, wenn ich diese kleine Sammlung von Übungsaufgaben zur experimentellen Einführung in das Fach herausgebe. Ich sehe gleichzeitig hierin zur Zeit die einzige Möglichkeit, um den mir kürzlich erteilten Lehrauftrag für dieses Fach nach der praktischen Seite zu erfüllen.

Der Inhalt ist ungefähr die Summe des Übungsstoffes, den ich Mitarbeitern und Schülern zur Einführung gegeben habe, mit einigen Erweiterungen. Die Versuchsbeispiele sind allmählich im Laufe der Jahre entstanden und zum Teil in wechselseitig fördernder Arbeit mit meinem Kollegen und Freunde P. Rona, zum Teil mit meinen Schülern und Mitarbeitern ausgearbeitet worden. Diesen Mitarbeitern habe ich dafür zu danken, daß sie sich mir zu gemeinsamer Arbeit anboten unter großen Entbehrungen an Bequemlichkeit, die ihnen die räumlichen Mißverhältnisse meines sogenannten „Laboratoriums“ auferlegten; und das Buch sei in erster Linie allen denjenigen gewidmet, denen ich aus Mangel an Raum die praktische Unterweisung, um die sie mich gebeten hatten, abzuschlagen genötigt war.

Einige Vorbemerkungen vor den Übungen sollen dem Ganzen einen wenn auch lockeren sachlichen Zusammenhalt geben; dem Praktikanten wird bei jeder Übung kurz auseinandergesetzt, worauf die angewendete Methode beruht, oder wie die Erscheinung, die er zu sehen bekommt, gedeutet werden kann. Bei der Auswahl der Versuche war ein subjektives Moment nicht zu vermeiden. Aber der Umstand, daß nur genau selbst ausprobierte, zum guten Teil selbst disponierte Versuchsanordnungen gegeben werden, wird hoffentlich als ein Sicherheitsfaktor zur Geltung kommen, der die Nachteile der subjektiven Färbung ausgleicht. Denn das Büchlein soll kein systematisches Lehrbuch der Methodik sein, sondern nur ein in Buchform niedergelegter praktischer Kursus von Übungsbeispielen, die mir lehrreich schienen. Sollte einmal das Bedürfnis nach einer erneuten Ausgabe eintreten, so wird es mein erstes Bestreben sein, die noch bestehende Einseitigkeit auszugleichen. Zunächst habe ich das zu geben versucht, dem ich mich jetzt gerade gewachsen fühlte.

In der Ausführlichkeit der Darstellung wurden diejenigen Methoden und Versuchsbeispiele bevorzugt, die in der mir angemessen erscheinenden Form noch nicht so verbreitet sind, während die seit langem zur Vollkommenheit ausgearbeiteten Methoden, wie Leitfähigkeitsmessungen, Gefrierpunktsbestimmungen, kürzer gehalten wurden.

Die Reihenfolge der Übungen ist in erster Linie nach methodischem Prinzip geordnet. Das ist in gewisser Beziehung auch eine Ordnung nach sachlichem Prinzip, wenn auch nicht in strenger Durchführung. So mußte z. B. die Bestimmung der H-Ionen mit Indikatoren von derselben mit der Gaskette räumlich weit getrennt werden, und anderseits sind Beispiele aus der physikalischen Chemie im engeren Sinne und aus der Kolloidchemie durcheinander geworfen. So stehen das Löslichkeitsminimum einer Aminosäure und das Flockungsoptimum des Kaseins zunächst aus methodischen Gründen dicht hintereinander. Ich hoffe aber den Leser davon zu überzeugen, daß diese Anordnung auch nach sachlichem Prinzip die richtige ist.

Es handelt sich um eine innerlich zusammenhängende Gruppe von Methoden, von der es leicht ist zu prophezeien, daß sie in kurzer Zeit eine große nicht nur theoretische, sondern auch praktische Bedeutung in der klinischen Medizin, Bakteriologie, Serologie, Biologie, Nahrungsmittelchemie, Pharmakologie, Agrikulturchemie und vielen Zweigen chemischer Technik erlangen werden. Die Stellung der berufenen Gelehrten und Praktiker zu diesen Dingen schwankt in Deutschland noch zwischen ablehnendem Mißtrauen selbst gegen die bestbewährten Methoden und Theorien und kritikloser Aufsaugung jedes neuen Begriffes, um nicht zu sagen: Wortes. Nur darin sind sie sich bisher alle einig gewesen, daß es nicht erforderlich sei, für praktischen Unterricht auf diesem Gebiet an den Universitäten zu sorgen. Die jüngere Generation und der Nachwuchs teilt nach meinen Erfahrungen diese Meinung der Berufenen nicht; ihr Lernbedürfnis ist erfreulich groß. Ihr sei dieses Büchlein als Ersatz für den lebendigen praktischen Unterricht gewidmet.

Berlin, Weihnachten 1920.

L. M.

Vorwort zur zweiten Auflage.

Fast plötzlich ist die bisher so stiefmütterlich behandelte physikalische Chemie populär geworden. So kommt es, daß die Zeit seit der Herstellung der ersten Auflage dieses Praktikums zu kurz ist, als daß ich an eine wesentliche Änderung hätte denken können. Mein Versprechen, das Buch bei einer etwaigen neuen Ausgabe vielseitiger zu gestalten, konnte in so kurzer Zeit nicht eingelöst werden. Ich habe mich daher auf Ergänzungen und Verbesserungen beschränkt, die meist aus der Praxis der Lehrtätigkeit hervorgetreten sind, zu der mir in meinem neuen, von privater Seite ausgestatteten Laboratorium die schönste Gelegenheit geboten wurde.

Berlin, im August 1922.

L. M.

Vorwort zur dritten Auflage.

Auch bei der Bearbeitung der dritten Auflage habe ich mich entschlossen, den bisherigen Charakter dieses kleinen Praktikums beizubehalten. Es soll auch jetzt nur ohne Vollständigkeit und ohne allzu strenge Systematik eine Sammlung geeigneter Übungen darstellen, die besonders den angehenden Biologen als Propädeutik für physikalisch-chemisches Arbeiten dienen möge. Die Ergänzungen, die ich hinzugefügt habe, halten sich im Rahmen des bisherigen Stoffes. Von ihnen mag erwähnt werden die Chinhydronelektrode, die ionensemipermeable Membran, eine Übung zur besseren Beleuchtung der Ionenreihe. Einige der theoretischen Vorbemerkungen zu den Übungen sind erweitert worden. Auch hierin ist in den verschiedenen Abschnitten weder Gleichmäßigkeit noch Vollständigkeit noch strenge Systematik angestrebt worden, der leitende Gedanke war nur die didaktische Nützlichkeit.

Herrn Professor Rona spreche ich für die freundliche Hilfe bei der Korrektur meinen besten Dank aus.

Nagoya, Japan, im Dezember 1925.

L. M.

Vorwort zur vierten Auflage.

Als die Verlagsbuchhandlung mich von der Notwendigkeit einer neuen Auflage dieses Praktikums benachrichtigte, lehnte ich die Neubearbeitung zunächst ab mit der Begründung, daß ich mich durch die Veränderung meiner Arbeitsbedingungen, insbesondere durch die Entfremdung von systematischer Lehrtätigkeit einer genügend vielseitigen Bearbeitung nicht mehr gewachsen fühlte, obwohl ich die Ergänzung ausgewählter Kapitel gern zu übernehmen bereit war. Da machte mir mein alter Freund und langjähriger Forschungsgenosse, Herr Professor PETER RONA, den Vorschlag, daß wir das Buch gemeinschaftlich den Fortschritten der Forschung anpassen wollten. Ich glaubte, daß dem Buche nichts Besseres widerfahren könnte als die bessernde Hand eines von Beruf aus auf diesem Gebiet so erfahrenen praktischen Lehrers, und ich schlug mit Freuden ein. Ich erwartete eine gründliche Umarbeitung. Bei der Dringlichkeit der neuen Auflage und der Kürze der zur Verfügung stehenden Zeit haben wir uns aber zunächst bei dieser ersten, unter gemeinschaftlichem Namen erscheinenden Auflage entschließen müssen, es bei Ergänzungen bewenden zu lassen. Es ist mir eine besondere Genugtuung, daß das Buch ohne einschneidende Abänderungen seiner ursprünglichen Anlage von so autoritativer Seite noch heute als praktisch brauchbar befunden worden ist. Im übrigen beginnt RONAS Anteil an dem Buch nicht erst mit dieser Auflage. Ein großer Teil der Übungsbeispiele ist aus den gemeinsam unternommenen Forschungen hervorgegangen, wie auch die Zitate der älteren Auflagen zeigen, und manches andere ist aus gemeinsamen Beratungen entstanden, in einer sich über viele Jahre erstreckenden gemeinschaftlichen Arbeitsperiode.

Mein eigener Anteil an der Herstellung der neuen Auflage ist im wesentlichen das Kapitel über Oxydation—Reduktion und besteht sonst nur aus geringfügigen Einzelheiten.

Wenn der starke Verbrauch dieses Buches in dem Sinne gedeutet werden kann, daß es den Praktikanten nützlich erschien, so hoffe ich, daß es auch weiterhin diesen Zweck erfüllen wird[1]).

Woods Hole, im August 1930.

L. M.

---

[1]) Die Herren DDr. R. AMMON, W. FABISCH und H. FISCHGOLD haben uns bei der Überprüfung mehrerer Methoden und beim Lesen der Korrektur sehr wertvolle Hilfe geleistet. Wir danken ihnen dafür herzlich.

L. M. und P. R.

Inhaltsverzeichnis.

I. Das Prinzip des Reihenversuches.

Es ist eine häufig wiederkehrende Aufgabe, eine nach irgendeiner Richtung hin ausgezeichnete Menge eines wirksamen Agens zu ermitteln; z. B. diejenige NaCl-Menge, welche eine kolloide Lösung soeben ausflockt, oder diejenige Menge eines Hämolysins, welche in einer Blutlösung bestimmter Zusammensetzung soeben komplette Hämolyse erzeugt, oder diejenige Konzentration der H-Ionen, welche das Optimum für die Ausflockung einer Eiweißlösung darstellt, oder diejenige Farbstoffmenge, welche in einer Lösung eine ganz bestimmte Farbtiefe erzeugt. Eins der gebräuchlichsten Beispiele in der Laboratoriumspraxis ist die Bestimmung derjenigen Menge eines für Hammelblut hämolytischen Kaninchenserums, welches bei gegebener Menge von Hammelblutkörperchen, gegebener Menge von Komplement und gegebenem Gesamtvolumen der Mischung soeben komplette Hämolyse erzeugt. Wir setzen zunächst einen groben Reihenversuch an mit 1 ccm, 0,1 ccm, 0,01 ccm, 0,001 ccm usw. und finden z. B., daß die soeben hämolysierende Menge zwischen 0,001 und 0,0001 ccm liegt. Daraufhin stellen wir eine feinere Reihe von Versuchen an, mit

Nr. 1   2   3   8   9   10

0,0001; 0,0002; 0,0003; . . . . . 0,0008; 0,0009; 0,001 ccm

Nehmen wir an, das zweite Röhrchen sei völlig gelöst, aber das erste noch nicht, so können wir sagen: die hämolytische Dosis ist 0,0002, mit der Maßgabe, daß 0,0001 sicher zu wenig ist. Also erst ein Wert, der um 50% geringer als der gefundene ist, kann mit Sicherheit als unzutreffend bezeichnet werden. Nehmen wir den Fall, wir hätten das 8. Röhrchen als das soeben lösende gefunden, so ist die hämolytische Dosis 0,0008 mit der Maßgabe, daß 0,0007, also ein um $1/_8$ oder 12,5 % niedrigerer Wert, falsch ist. Der Genauigkeitsgrad, mit dem wir unsere Angaben machen können, hängt also von dem Zufall ab, wo in der Reihe die Grenzdosis gefunden wird. Das ist ein falsches Prinzip, ein systemloses Arbeiten. Fangen wir die Reihe an: 0,0001; 0,0002, so muß sie weiter gehen: 0,0004; 0,0008; 0,0016. Das ist eine geometrische Reihe mit dem Quotienten 2. Wollen wir feiner abstufen, so nehmen wir eine geometrische Reihe mit dem Quotienten 1,5 oder noch feiner, z. B. 1,2, je nach der überhaupt bei dem Material erreichbaren Genauigkeit. Also z. B., indem wir immer auf 2 Stellen abrunden:

oder

| 0,0010 | 0,0015 | 0,0022 | | |

| 0,0010 | 0,0012 | 0,0014 | 0,0017 | 0,0020 |

Wir umspannen also das fragliche Intervall durch 3 Glieder einer geometrischen Reihe mit dem Quotienten 1,5, oder durch 5 Glieder mit dem Quotienten 1,2. Liegt das fragliche Intervall zwischen 0,006 und 0,012, so sind die entsprechenden Reihen

| 0,0060 | 0,0090 | 0,0135 | | |

bzw.

| 0,0060 | 0,0072 | 0,0086 | 0,0104 | 0,0124 |

Wir werden bei einem ganz unbekannten Material in der Regel zur Orientierung mit einer Reihe 1:10:100 usw. anfangen, dann in dem zutreffenden Intervall eine Reihe mit dem Faktor 2 machen, und schließlich je nach Art des Materials eine noch feinere Reihe.

Liegt uns daran, gerade eine Zehnerpotenz zu umspannen, so können wir das durch folgende Reihen[1]):

Die Reihen umspannen alle das Intervall 0,1 bis 1,0.

Quotient der Reihe:	Zahl der Glieder:	Die Reihe lautet:
$\sqrt[2]{10} = 3,162$	3	0,10 0,32 1,00
$\sqrt[3]{10} = 2,154$	4	0,10 0,22 0,46 1,00
$\sqrt[4]{10} = 1,778$	5	0,10 0,18 0,32 0,56 1,00
$\sqrt[5]{10} = 1,585$	6	0,10 0,16 0,25 0,40 0,63 1,00
$\sqrt[6]{10} = 1,468$	7	0,10 0,15 0,21 0,32 0,46 0,68 1,00
$\sqrt[7]{10} = 1,390$	8	0,10 0,14 0,19 0,27 0,37 0,52 0,72 1,00
$\sqrt[8]{10} = 1,334$	9	0,10 0,13 0,18 0,24 0,32 0,42 0,56 0,75 1,00
$\sqrt[9]{10} = 1,291$	10	0,10 0,13 0,17 0,21 0,28 0,36 0,46 0,60 0,77 1,00

Häufiger wird es vorkommen, daß wir eine gröbere Reihe mit dem Quotienten 2 durch Zwischenschalten von Gliedern verfeinern wollen. Solche Reihen müssen in folgenden Verhältnissen abgestuft sein:

---

[1]) FULD, E.: Klin.-therapeut. Wschr. 1907, Nr. 11.

Quotient der Reihe:	Zahl der Glieder:	Die Reihe lautet:					
2	2	1,00	2,00				
$\sqrt{2} = 1{,}414$	3	1,00	1,41	2,00			
$\sqrt[3]{2} = 1{,}260$	4	1,00	1,26	1,59	2,00		
$\sqrt[4]{2} = 1{,}189$	5	1,00	1,19	1,42	1,69	2,00	
$\sqrt[5]{2} = 1{,}149$	6	1,00	1,15	1,32	1,52	1,74	2,00

Es ist allerdings nicht notwendig, sich gerade an diese Reihen zu binden. Wir werden im folgenden meist mit freigewählten geometrischen Reihen verschiedener Feinheit arbeiten.

In den folgenden Übungen werden viele Fälle die praktische Anwendung dieses Reihenprinzipes veranschaulichen.

II. Flockungsschwellenwerte bei kolloiden Lösungen.

Nach der historisch begründeten Definition verstehen wir unter einer kolloiden Lösung eine solche Lösung, bei der der gelöste Stoff, wenn er gegen das reine Lösungsmittel durch eine Membran aus Schweinsblase oder Pergament getrennt ist, nicht durch die Membran diffundiert. A priori kann das unter zwei Bedingungen der Fall sein, erstens, wenn das Molekül des gelösten Stoffes zu groß ist, um durch die Poren der Membran hindurchzukommen, zweitens, wenn das einzelne Molekül zwar nicht zu groß ist, wenn aber dafür die Lösung nicht die einzelnen Moleküle in totaler Dispersion enthält, sondern wenn die kleinsten Teilchen des gelösten Stoffes aus Aggregaten von vielen Molekülen bestehen, aus „Micellen", welche zu groß für die Poren sind. Die Erfahrung zeigt nun, daß sehr große Moleküle häufig gleichzeitig zu unvollkommener Dispersion neigen, besonders wenn sie keine elektrische Ladung haben (keine Ionen bilden). Man kann kolloide Lösungen als heterogene (mikroheterogene) Systeme auffassen, in denen man nach Wo. OSTWALD das Dispersionsmittel und die disperse Phase unterscheidet.

Man kann die Kolloide nach verschiedenen Einteilungsprinzipien einteilen, z. B.:

in spontane und nichtspontane Kolloide, je nachdem der Kolloidbildner in Berührung mit Wasser von selbst in Lösung geht (Eiweiß) oder nicht (Gold, Mastix).

in reversible und irreversible, je nachdem der Zustand der kolloiden Lösung von ihrem Gehalt an Kolloidbildnern, Wasser, anderen gelösten Stoffen, insbesondere Elektrolyten, und von der Temperatur eindeutig und umkehrbar abhängig ist oder nicht; besonders also danach, ob eine durch Elektrolyte erzeugte Flockung nach Entfernung des Flockungsmittels wieder rückgängig wird;

in hydrophile und hydrophobe, je nachdem man eine Affinität der dispergierten Teile zum Wasser annimmt oder nicht;

in visköse und nichtvisköse Kolloide, je nachdem sie die Viskosität des Wassers merklich steigern oder nicht;

in Emulsions- und Suspensionskolloide, je nachdem man der dispergierten Phase feste oder flüssige Beschaffenheit zuschreibt;

in elektrolytempfindliche und elektrolytunempfindliche (d. h. weniger empfindliche) Kolloide.

Im großen und ganzen, wenn auch nicht durchweg, führt jedes dieser Einteilungsprinzipien zu denselben zwei Gruppen; auch gibt es bei jedem Einteilungsprinzip Übergänge zwischen den Extremen.

Die Herstellung einer spontanen oder reversiblen Kolloidlösung unterscheidet sich in nichts von der Herstellung einer gewöhnlichen Lösung. Die feste Substanz (z. B. Albumin) wird mit Wasser bzw. mit der geeigneten Salzlösung in Berührung gebracht und die Diffusion der in Lösung gehenden Substanz durch Rühren unterstützt. Die Lösung eines irreversiblen Kolloids kann nur auf indirektem Wege erhalten werden, auf zwei Weisen, die Wo. Ostwald als Dispersions- und Kondensationsmethoden bezeichnet hat. Es handelt sich in beiden Fällen darum, die Kolloidteilchen in einem Lösungsmittel entstehen zu lassen, unter Bedingungen, welche die Haltbarkeit des Suspensionszustandes ermöglichen. Von diesen Bedingungen spielt die elektrische Ladung der entstandenen Teilchen gegen das Lösungsmittel eine wichtige Rolle; je größer diese, um so haltbarer ist ceteris paribus der Kolloidzustand. Die Größe der elektrischen Ladung aber hängt wiederum von der chemischen Natur der Substanzen ab; Kolloidbildner vom chemischen Charakter der Säuren (Mastix, Fettsäuren) pflegen gegenüber einer alkalischen Lösung eine hohe (und zwar negative) Ladung anzunehmen, Substanzen vom Charakter der Basen nehmen gegenüber einer sauren Lösung eine hohe (und zwar positive) Ladung an; Substanzen von amphoterem Charakter (geronnenes Eiweiß, Tonerde) können sowohl in sauren wie in alkalischen Medien in Lösung gehen und tun dies nur dann nicht, wenn diejenige (meist annähernd, aber selten genau neutrale) Reaktion vorhanden ist, welche die elektrische Ladung des Kolloidbildners gerade unterdrückt.

Die Dispersion kann auf mechanischem Wege, durch Zerreiben, Mahlen u. dgl. geschehen (chinesische Tusche, Kolloidmühlen), durch Zerschütteln (Öl in leicht alkalischem Wasser), durch die Zerstäubung von Metallen im elektrischen Lichtbogen nach BREDIG. Das leichteste Objekt ist die Zerstäubung von Silber; man läßt zwischen zwei 1 mm dicken Silberdrähten, welche fast bis zur Spitze in einem Glasrohr isoliert sind, unter Wasser den Strom der Lichtleitung mit einer Stärke von 5—10 Ampere unter Bildung eines Lichtbogens hindurchgehen. Als Lösungsmittel benutzt man am besten mit Soda soeben alkalisiertes Wasser.

Die Kondensationsmethoden haben das Gemeinsame, daß der als Kolloidbildner bestimmte Stoff sich zunächst in echter, molekulardisperser Lösung befindet, sei es in einer wasserlöslichen chemischen Verbindung (Gold als Goldchlorid), sei es zunächst in einem Lösungsmittel, in dem er molekulardispers löslich ist (Mastixharz in Alkohol). Alsdann schafft man Bedingungen, daß der eigentliche Kolloidbildner als unlösliche Substanz sich abscheidet (man reduziert das Goldchlorid durch ein Reduktionsmittel zu Gold; man verdünnt die alkoholische Harzlösung mit Wasser); und zwar muß das Medium derartig beschaffen sein, daß die unlösliche Substanz eine hohe elektrische Ladung gegen das flüssige Medium annimmt und daß das Lösungsmittel einen Elektrolytgehalt von genügend niederer Konzentration hat. Denn der Zusatz von Elektrolyten pflegt im allgemeinen die elektrische Ladung der Teilchen herabzudrücken.

Beispiele für Kondensationsmethoden ist die Herstellung des Mastixsol (s. Übung 2) durch Verdünnung der alkoholischen Lösung mit Wasser; die Herstellung von Goldsol durch Reduktion von Goldchlorid, durch ein Reduktionsmittel, wie etwa Formaldehyd, nach ZSIGMONDY[1]): 120 ccm doppelt destilliertes Wasser (in Jenaer Glaskolben aufbewahrt) werden in ein Jenaer Becherglas von 300—500 ccm Inhalt gebracht und zum Sieden erhitzt. Während des Erwärmens fügt man 2,5 ccm einer Lösung von Goldchloridchlorwasserstoff ($HAuCl_4$, $4 H_2O$, 0,6 g auf 100 ccm dest. Wasser) und 3—3,5 ccm einer 0,18 n-Lösung von reinstem K_2CO_3. Gleich nach dem Aufkochen fügt man unter Umrühren mit einem Stab aus Jenaer Geräteglas portionsweise 3—5 ccm Formaldehydlösung (0,3 ccm „Formol" in 100 ccm dest. Wasser) hinzu und erwartet den Eintritt der roten Farbe (in höchstens 1 Minute).

---

[1]) ZSIGMONDY, R.: Liebigs Ann. d. Chem. 301, 30. 1898.

Eine gute Vorschrift zur Darstellung von kolloidem Gold entnehmen wir dem Praktikum von Wo. Ostwald[1]. Man geht von einer 1 proz. wässerigen Lösung von Goldchloridchlorwasserstoffsäure aus, die vorsichtig mit möglichst reinem K_2CO_3 oder Na_2CO_3 gegen Lackmuspapier auf neutrale bis ganz schwach ·alkalische Reaktion eingestellt wird. (Für spätere Versuche ist die Goldchloridlösung sauer und möglichst konzentriert aufzubewahren.) Bei dem Versuch gibt man in einem Erlenmeyer-Kolben zu 100 ccm (gewöhnliches) destilliertes Wasser 5—10 ccm einer 0,01 proz. Goldchloridlösung und erhitzt zum Sieden. Von einer frisch hergestellten wässerigen Tanninlösung (1%) wird tropfenweise mit Pausen von etwa 30 Sekunden unter Umrühren so viel zugesetzt, bis eine intensive Rotfärbung entsteht.

Ein Beispiel von anderem Typus ist die Herstellung des Eisenhydroxydsols nach Th. Graham. Zu 100 ccm halbgesättigter $FeCl_3$-Lösung wird tropfenweise etwa 20 proz. Lösung von $(NH_4)_2CO_3$ zugegeben, gerade nur so viel, bis der anfänglich entstehende Niederschlag sich beim Umschütteln wieder ganz auflöst. Es hat sich hier spontan eine kolloide Eisenhydroxydlösung gebildet. Diese wird der Dialyse bis zur möglichst vollkommenen Entfernung der Elektrolyte unterworfen[2]). Das Eisenhydroxyd bleibt in kolloider Lösung, ist aber nunmehr irreversibel, d. h. die durch Elektrolytzusatz in ihm entstehende Fällung (s. Übung 1) wird durch Ausdialysierung dieser Elektrolyte nicht wieder rückgängig gemacht.

Wir wollen zunächst einige elektrolytempfindliche und irreversible Kolloide kennenlernen und ihre Flockungsschwellenwerte gegenüber einigen Elektrolyten bestimmen.

Überwiegend maßgebend für die fällende Wirkung eines Salzes ist die Natur desjenigen Ions, welches die entgegengesetzte elektrische Ladung wie die disperse Phase des Kolloids hat (Hardysche Regel), wobei zu berücksichtigen ist, daß Kolloide durch das Salz manchmal selbst umgeladen werden können. Mehrwertige Ionen sind wirksamer als einwertige (Schultzesche Regel); unter den einwertigen Ionen zeichnet sich das H˙- und das OH′-Ion durch besondere Wirksamkeit aus.

Da die Dosierung der H˙- und OH′-Ionen besondere Methoden erfordert, betrachten wir zunächst den methodisch einfacheren Fall der Neutralsalzwirkung, wobei nur gelegentlich die Wirkung sehr reichlicher H- oder OH-Ionen, d. h. ganz starker Säuren oder Basen, mit herangezogen wird. Das eigentliche Studium der Wirkung der H˙- und OH′-Ionen folgt in einem späteren Kapitel.

---

[1]) 4. Aufl., S. 2.
[2]) Diesen Versuch kann man im Verein mit Übung 37 (S. 88) ansetzen.

Die Wertigkeit der Ionen ist keineswegs das alleinbestimmende Moment für ihre fällende Wirkung; auch spezifische Einflüsse sind maßgebend, insbesondere der Hydratationsgrad; die Entladungsspannung; je kleiner diese, desto größer ihre Wirkung. So gehört das edle Ag zu den wirksamsten Ionen, obwohl es einwertig ist. Bei einatomigen Ionen ist die Stellung im periodischen System der Elemente bedeutungsvoll.

1. Übung.
Die Fällung von kolloidem (elektropositivem) Eisenhydroxyd durch Elektrolyte.

Kolloidales Eisenhydroxyd ist ein positiv geladenes hydrophobes Kolloid. Es wird durch alle Elektrolyte irreversibel geflockt. Die Natur des Kations ist fast belanglos, dagegen ist die Wirkung des Anions sehr verschieden je nach seiner Art, besonders je nach seiner Wertigkeit. Von den Anionen ist das OH'-Ion, obwohl es nur einwertig ist, von besonders starker Wirksamkeit auf die Fällung.

Man benutze den käuflichen „Liquor ferri oxydati dialysati", 10fach mit destilliertem Wasser verdünnt.

Man nehme eine Reihe Reagenzgläser, 6—7, lasse das erste zunächst leer und fülle in die anderen je 9 ccm destilliertes Wasser. In das erste Röhrchen bringt man jetzt 9 ccm molare KCl-Lösung, in das zweite 1 ccm mKCl-Lösung, mischt durch und überträgt hiervon 1 ccm in das nächste Röhrchen, hiervon wieder 1 ccm in das nächste usw. In jedes dieser Röhrchen gibt man dann 1 ccm der 10fach verdünnten Eisenhydroxydlösung. Wir haben so eine ganz grobe geometrische Reihe von KCl-Konzentrationen mit dem Quotienten 10. In Röhrchen Nr. 1 tritt sofort Flockung ein, in Nr. 2 nach einiger Zeit, von Nr. 3 an gar nicht mehr.

Nimmt man statt mKCl jetzt $m/2\,CaCl_2$ oder $m/3\,AlCl_3$, so bleibt die Schwelle der flockenden Konzentration die gleiche; eher flockt sogar $AlCl_3$ ein wenig schwächer als KCl [bezogen auf gleichen Cl-Gehalt[1])]. Nimmt man aber $m/2\,Na_2SO_4$, so tritt bis zum 4. Röhrchen sofortige Flockung ein.

---

[1]) Diese Wirkung des $AlCl_3$ ist dadurch zu erklären, daß dieses Salz infolge von Hydrolyse etwas sauer reagiert. Es sind nicht oder jedenfalls kaum irgendwie direkt die Al···-Ionen, die diese Abweichung hervorrufen, sondern die Änderung der Azidität. Obwohl der Einfluß kleiner Aziditätsverschiebungen erst im IV. Abschnitt besprochen werden soll, sieht man doch aus diesem Beispiel, wie schwer es ist, irgendeine Versuchsanordnung ausfindig zu machen, bei der man die Azidität außer acht lassen kann.

Ferner überzeuge man sich, daß Eisenhydroxyd durch Salzsäure und Essigsäure nicht, wohl aber durch Spuren von NH_3 oder NaOH gefällt wird.

2. Übung.

Die Fällung von elektronegativem Mastixsol durch Elektrolyte.

5 g Mastix werden in 100 ccm 96proz. Alkohol gelöst und filtriert. 10 ccm hiervon werden in ein großes Becherglas gegossen und 200 ccm destilliertes Wasser möglichst auf einmal und schnell dazu gegeben. Es entsteht eine milchartige Flüssigkeit. Sie wird zunächst filtriert, um die gröberen Flocken auszuschalten, die sich etwa gebildet haben. Mit dieser Flüssigkeit werden dieselben Versuche und in der gleichen Anordnung wie mit dem Eisenhydroxyd angestellt. Nach einstündiger Beobachtung sind die Schwellenwerte für die Flockung folgende:

$$
\begin{array}{ll}
NaCl & 0{,}1 \text{ normal} \\
\tfrac{1}{2}CaCl_2 & 0{,}01 \text{ normal} \\
\tfrac{1}{3}AlCl_3 & 0{,}0001 \text{ bis } 0{,}00001 \text{ normal} \\
\tfrac{1}{2}Na_2SO_4 & 0{,}1 \text{ normal}
\end{array}
$$

Die verschiedenen Chloride sind also nicht wie beim Eisenhydroxyd gleichwertig, sondern mit steigender Wertigkeit des Kations stark zunehmend in der Fällungswirkung. Andererseits wirkt Na_2SO_4 nicht stärker als NaCl, weil die Verschiedenheit dieser Salze im Anion liegt. Zusatz von Essigsäure oder Salzsäure flockt, dagegen NH_3 nicht; umgekehrt, wie beim Eisenhydroxyd.

Bei stark wirksamen Salzen kommen die sog. unregelmäßigen Reihen vor; kleine Konzentrationen des Salzes flocken, mittlere nicht, und noch höhere flocken wieder. Man stelle eine geometrische Reihe von $AlCl_3$-Lösungen nach dem Verdünnungsverfahren wie in Übung 1 her mit dem Quotienten 2, anfangend mit 0,5 molar, mindestens eine 20gliedrige Reihe, je 5 ccm. Zu jedem Röhrchen gibt man 5 ccm Mastixsol, und zwar ein dreifach verdünnteres Sol als in dem früheren Versuch. Man findet, je nach der Beschaffenheit des Mastixsols etwas verschieden, in den höchsten Konzentrationen Flockung, dann einige Röhrchen ohne Flockung, dann wieder Flockung, zum Schluß bei allerniedersten Konzentrationen keine Flockung (z. B. Flockung von den stärksten Konzentrationen bis 0,002 molar; flockenfrei bis etwa 0,0001 molar; wieder Flockung bis 0,00003 molar; dann wieder keine Flockung). Die Ursache liegt in der umladenden

Wirkung des $AlCl_3$ selbst; die nicht flockende Zwischenzone besteht aus positiv geladenem Mastix; hier fällt das $Al^{\cdots}$ nicht, weil es als gleichsinniges Ion belanglos ist, und das Cl' flockt, da es ein schwach wirksames Ion ist, erst in höherer Konzentration.

3. Übung.
Der Farbenumschlag des Kongorubins[1]).

Bei manchen gefärbten kolloiden Lösungen ist die Dispersitätsvergröberung mit einer Änderung der Farbe verbunden. Der Farbenumschlag tritt dann schon bei Dispersitätsvergröberungen ein, welche noch nicht zu einer grob sichtbaren Flockung führen, und demonstriert uns hier deutlicher als sonst, daß die sichtbare Flockung nur der Endeffekt einer allmählich zunehmenden Dispersitätsvergröberung ist. So wird die rote kolloide Goldlösung durch Elektrolyte blau gefärbt, als Vorstufe der Ausflockung. Das einfachste Objekt zum Studium dieser Erscheinung ist das Kongorubin: Man stelle eine dünne wässerige Lösung in ausgekochtem destillierten Wasser her, von solcher Farbenintensität, daß sie in der Schicht eines Reagenzglases noch gut durchsichtig ist, und fülle nach völliger Abkühlung in eine Reihe von Reagenzgläsern je 10 ccm ein.

Je 4 Röhrchen werden zu einer Reihe vereinigt und mit absteigenden Mengen einer Salzlösung versetzt; mit 1,0; 0,5; 0,25; 0,12 ccm, und destilliertes Wasser zur Auffüllung auf gleiches Volumen. Als Salzlösung wählt man in verschiedenen Versuchsreihen: nKCl, nNaCl, nNH_4Cl, nKSCN, nKOH, verdünnte Barytlauge; $m/2 K_2SO_4$, $m/2 (NH_4)_2SO_4$; $m/100$ $(= n/50)$ $CaCl_2$; $m/1000$ $(= n/333)$ $AlCl_3$; $n/250$ HCl. In allen Röhrchen bildet sich beim Stehen bald eine Farbenänderung aus, welche je nach dem Salzgehalt alle Stufen von Rot bis Blau durchläuft. Wenn man nach $^1/_4 - 1$ Stunde prüft, welche Mengen der verschiedenen Salze die gleiche Wirkung haben wie z. B. 0,25 ccm nKCl, so findet man bei NaCl, NH_4Cl etwa die gleiche Wirksamkeit wie bei KCl; von $CaCl_2$ haben 0,25 ccm der in bezug auf Normalität 50fach verdünnten Lösung die gleiche Wirkung, von $AlCl_3$ 0,25 ccm der an Normalität 333fach schwächeren Lösung, von HCl 0,25 ccm der 250fach verdünnten Lösung. Die Chloride sind also je nach der Art des Kations verschieden wirksam; am schwächsten und untereinander fast gleich K, Na, NH_4. 50 mal stärker (auf Äquivalentkonzentration berechnet) das zweiwertige Ca, 333 mal

[1]) OSTWALD, WOLFGANG: Kolloidchem. Beih. 10, 179. 1919.

stärker das dreiwertige Al. Das H-Ion ist trotz seiner Einwertigkeit fast ebenso stark wirksam wie Al (250fache Verdünnung). Die Wertigkeit ist hier, wie überhaupt, nicht das allein maßgebende Moment für die Wirksamkeit eines Ions. Das elektronegative Kongorubin verhält sich ganz ähnlich wie das ebenfalls negative Mastixsol.

Die Dispersität des Kongorubins hängt stark von der Temperatur ab. Wenn man eine durch Salzzusatz blau gefärbte Lösung erwärmt, wird sie rot und beim Abkühlen allmählich wieder blau. Kongorubin geht spontan und reversibel in Lösung, Mastix dispergiert sich in Wasser nicht spontan, die Zustandsänderungen seines Sols sind irreversibel.

Wenn man die Röhrchen nach 24 Stunden wieder ansieht, so bemerkt man folgendes. Nur in Versuchen mit HCl ist bei geeigneter Konzentration die blaue Lösung noch homogen. Sonst haben alle Röhrchen einen dunkelblauen flockigen Bodensatz gebildet, die überstehende Flüssigkeit ist rein rot, und zwar je nach dem Salzgehalt mehr oder weniger stark gefärbt; bei sehr starkem Salzgehalt ist eine rote Nuance oft kaum noch zu erkennen; was aber an Farbe noch zu sehen ist, ist rein rot (rosa), keine Spur violett oder blau. Nur die Lösungen mit $AlCl_3$ haben bei geeigneter Konzentration dieses Salzes (durch einen Reihenversuch auszuprobieren!) ein homogenes violettes Aussehen ohne Bodensatz. Die Deutung ist folgende. Kongorubin bildet in Wasser eine echte, rote Lösung. Durch Salzgegenwart wird die Löslichkeit vermindert (Aussalzung); der ausgefällte Anteil ist blau. Violett entsteht nur durch optische Mischung der roten Lösung und der blauen, noch schwebenden Teilchen. Die anfänglich schwebenden blauen Teilchen setzen sich allmählich ab. Nur in dem Fall des Al''', durch welches die Teilchen nicht nur entladen, sondern sogar bei geeigneter Konzentration positiv umgeladen werden, bleiben die blauen Teilchen infolge dieser Ladung in der Schwebe. Also nur das Röhrchen mit Al''' stellt eine eigentliche kolloide violette Lösung dar.

Die Besonderheit des Kongorubins besteht nur darin, daß das ausgefällte Kongorubin unter allen Umständen blau, das gelöste stets rot ist. Das sonst sehr verwandte Kongorot unterscheidet sich dadurch, daß es bald in roter Form (z. B. durch NaCl), bald in blauer Form (z. B. durch HCl) ausgefällt wird.

<h3 style="text-align:center">4. Übung.</h3>

<h2 style="text-align:center">Das Stabilitätsmaximum einer Chlorsilbersuspension.</h2>

Ein hydrophobes Kolloid ist ein Kolloid, welches nur durch die elektrische Ladung der Mizellen seine Stabilität erhält. Die elektrische Ladung rührt davon her, daß aus der Elektrolytlösung, in der die Mizellen suspendiert sind, eine Ionenart von der Oberfläche der Mizellen stärker adsorbiert wird als andere. Ein geeignetes Beispiel zur Demonstration dieser Tatsache gibt

folgender einfache Versuch. Man fülle in eine Reihe von Reagenzgläsern je 5 ccm 0,01 n-Silbernitratlösung und gebe dazu

Nr.	1	2	3	4	5	6	7	8	9	10	11	12
dest. Wasser:	4,9	4,8	4,73	4,68	4,6	4,5	4,38	4,22	4	3,8	3,0	1,0 ccm
0,1 n-KCl	0,1	0,2	0,26	0,32	0,4	0,5	0,62	0,78	1	1,2	2,0	4,0

Jedes einzelne Röhrchen wird nach Zugabe des KCl sofort gut
umgeschüttelt. Man lasse die Röhrchen, einigermaßen vor Licht
geschützt, 1—2 Stunden oder noch länger stehen. Dann beobachtet man folgendes. In dem mittelsten Röhrchen der Reihe,
in welchem $AgNO_3$ und KCl in äquivalenten Mengen vorhanden
sind, ist der Chlorsilberniederschlag zusammengeballt und die
Lösung klar. Rechts und links hiervon bleibt das AgCl in immer
höherem Grade in Suspension und gibt eine durchscheinende
kolloide Lösung. Die Deutung ist folgende. Die Lösung, in
welcher die AgCl-Teilchen eingebettet sind, enthält K^+-, Ag^+-,
NO_3^-- und Cl^--Ionen. Das feste AgCl adsorbiert von diesen
am stärksten Ag^+ und Cl^-. Ist in der Lösung ein Überschuß
von Ag^+ (die linke Hälfte der Reihe), so werden überwiegend
Ag^+-Ionen adsorbiert, und die Teilchen sind positiv geladen.
Ist in der Lösung ein Überschuß von Cl^--Ionen (rechte Hälfte
der Reihe), so werden diese stärker adsorbiert, und die Teilchen erhalten eine negative Ladung. Im mittelsten Röhrchen,
wo $AgNO_3$ und KCl in äquivalenten Mengen vorhanden sind,
bleiben in der Lösung nur so viel Ag^+- und Cl^--Ionen, als der
sehr geringen Löslichkeit des AgCl entspricht, und zwar von
beiden gleiche Mengen. In diesem Fall erhalten die AgCl-Teilchen überhaupt keine elektrische Ladung und koagulieren daher
am schnellsten.

5. Übung.

Der Synergismus der Ionen.

Läßt man auf ein Kolloid ein Gemisch von solchen Ionen ein-
wirken, von denen jedes einzelne auf den Zustand des Kolloids
wirksam ist, so kombiniert sich diese Wirkung in verschiedener
Weise. In den meisten Fällen tritt eine Summation der Wirkung
ein, in einzelnen Fällen aber auch eine antagonistische Wirkung.
Die Summationserscheinung ist bei irreversiblen Kolloiden die
gewöhnliche. Wir geben dafür ein Beispiel.

Man setze folgende 2 Versuchsreihen an: Die Ausgangslösung
für beide ist eine 0,1 proz. Lösung von Kongorubin.

Röhrchen Nr.		1	2	3*	4	5	6
n/100 Essigsäure	ccm	0,3	0,6	1,2	2,4	4,8	9,6
H₂O	,,	11,7	11,4	10,8	9,6	7,2	2,4
0,1% Kongorubin	,,	0,5	0,5	0,5	0,5	0,5	0,5

	Nr.	1	2	3	4	5	6
n/10000 Essigsäure	ccm	0,3	0,6	1,2	2,4	4,8	9,6
H₂O	,,	10,7	10,4	9,8	8,6	6,2	1,4
1-n-KCl	,,	1,0	1,0	1,0	1,0	1,0	1,0
0,1% Kongorubin	,,	0,5	0,5	0,5	0,5	0,5	0,5

Das Resultat für beide Versuchsreihen ist etwa folgendes:
etwa 5 Minuten nach dem Ansetzen des Versuches

1	2	3	4	5	6
rot	rot	violett	blau	blau	blau

jedes Röhrchen der unteren Reihe enthält nur den hundertsten
Teil der Essigsäure wie das der oberen. Durch den Zusatz von
Kaliumchlorid wird aber die Elektrolytwirkung in der unteren
Reihe der der oberen Reihe gleich gemacht; in der unteren Reihe
ist die Wirkung der Säure teilweise ersetzt durch die Wirkung
eines Neutralsalzes.

6. Übung.

Der Antagonismus der Ionen.

Der andere Fall ist der der antagonistischen Wirkung. Dieser
Fall wurde zuerst von JACQUES LOEB beschrieben, indem er
zeigte, daß die Giftwirkung gewisser einwertiger Ionen, z. B. K
oder Na, auf lebende Zellen durch Zusatz von kleinen Mengen
zweiwertiger Ionen (Ca, Zn) aufgehoben werden konnte; selbst
wenn diese zweiwertigen Ionen, allein angewendet, giftig sind.
Ein von SVEN ODÉN beschriebener Fall wurde von FREUNDLICH
und SCHOLZ näher untersucht, und wir geben in Anlehnung
an die Versuchsanordnung dieser Autoren folgende Vorschrift
zur Demonstration dieser Wirkung. Das Kolloid, mit welchem
gearbeitet wird, ist die sogenannte ODÉNsche Modifikation
des Schwefelsols. Es gibt noch eine zweite Modifikation,
welche dadurch entsteht, daß man eine alkoholische Schwefel-
lösung mit Wasser verdünnt. Dieses Sol hat den Charakter eines
irreversiblen Sols, genau wie die oben beschriebene Mastixlösung,
und zeigt die Erscheinungen des Ionenantagonismus nicht. Das
ODÉNsche Sol hat dagegen die Eigenschaften eines reversiblen
Sols, es geht nach Entfernung des Flockungsmittels spontan

wieder in Lösung und nähert sich daher den reversiblen Solen der lebenden Zellen, bei denen der Ionenantagonismus zuerst gefunden wurde.

Das ODÉNsche Sol wird folgendermaßen hergestellt:

Man leitet durch 100 ccm einer etwa 1 molaren [zweifach normalen, mit Phenolphthalein titrierten[1])] Lösung von schwefliger Säure (H_2SO_3) Schwefelwasserstoff ein; es bildet sich sofort eine gelbliche, milchartige Trübung von kolloidem Schwefel. Man leitet H_2S etwa 1 Stunde lang ein, bis der Geruch nach SO_2 annähernd verschwunden ist, läßt 24 Stunden stehen, damit die gröberen Teilchen sich absetzen, und gießt die kolloide Lösung ab. Diese Stammlösung wird unmittelbar vor dem Gebrauch 100fach mit destilliertem Wasser verdünnt. Man setzt folgende Reihen an:

I. Röhrchen Nr.	1	2	3	4*	5*	6*
10fach mol. LiCl ccm	0,24	0,32	0,42	0,56	0,75	1,00
Wasser ccm	0,76	0,68	0,58	0,44	0,25	0,00
Sol „	10,0	10,0	10,0	10,0	10,0	10,0

Resultat: 4—6 zeigt sofort dicke Trübung, späterhin Flockung. Röhrchen 1—3 bleibt klar. Es ist bemerkenswert, daß die Flockungsschwelle dieses Kolloids mit recht großer Schärfe anzugeben ist. Sie liegt wahrscheinlich bei Solen verschiedener Herstellungsart nicht immer gerade bei dem Röhrchen Nr. 4, aber jedenfalls doch innerhalb der von uns angegebenen Reihe.

II. Röhrchen Nr.	1	2	3	4*	5*	6*
0,1 mol. $MgCl_2$	0,10	0,12	0,14	0,17	0,20	0,24
Wasser ccm	0,90	0,88	0,86	0,83	0,80	0,76
Sol „	10,0	10,0	10,0	10,0	10,0	10,0

Dieser Versuch zeigt die Flockungsschwelle für Magnesiumchlorid. Nunmehr bereitet man ein Sol, welches zunächst mit dem vierten Teil der soeben flockenden Menge von LiCl versetzt ist, d. h. also, falls in der oben beschriebenen Reihe das Röhrchen Nr. 4 die Flockungsgrenze war, setzt man zu 100 ccm des verdünnten Sols 1,4 ccm 10fach molare LiCl-Lösung. Dieses Gemisch ist in der folgenden Tabelle als „Li-Sol" bezeichnet.

Man setzt also folgenden Versuch an:

III. Röhrchen Nr.	1	2	3	4	5*	6*
0,1 mol. $MgCl_2$	0,40	0,48	0,58	0,70	0,84	1,00
Wasser ccm	0,60	0,52	0,42	0,30	0,16	0,00
Li-Sol „	10,0	10,0	10,0	10,0	10,0	10,0

[1]) Vgl. hierzu KOLTHOFF: Die Maßanalyse, S. 144. Vorteilhafter ist die Titration mit Thymolphthalein. Man gibt karbonatfreie Lauge bis zur schwachen Blaufärbung zu.

Die Flockungsschwelle für $MgCl_2$ liegt bei 0,84 ccm, während sie bei Abwesenheit von LiCl bei 0,17 lag. Der Flockungsschwellenwert ist auf das 5fache gestiegen. Li und Mg wirken in Mischung miteinander nicht additiv, sondern antagonistisch.

7. Übung.
Wechselseitige Schutzwirkung und Fällung von Kolloiden.

Nebeneinander in Lösung befindliche Kolloide beeinflussen gegenseitig ihre Elektrolytempfindlichkeit. Ein elektrolytunempfindliches Kolloid schützt ein gleichsinnig geladenes empfindliches Kolloid gegen die Elektrolytwirkung. Zwei entgegengesetzt geladene Kolloide flocken bei passenden Mengenverhältnissen einander aus; oder sie erhöhen die Elektrolytempfindlichkeit des Systems.

1. Je 10 ccm Mastixsol (auf dieselbe Weise hergestellt wie S. 8) werden einerseits mit 1 ccm destilliertem Wasser, andererseits mit 1 ccm 1proz. Gelatinelösung versetzt. Je 3 ccm dieser Lösungen werden mit 10 ccm n-KCl-Lösung versetzt. In dem Röhrchen ohne Gelatine tritt schnell grobe Flockung ein, in dem mit Gelatine tritt keine Flockung ein.

Die schützende Wirkung verschiedener relativ unempfindlicher Kolloide auf ein gegebenes empfindliches Kolloid ist sehr verschieden. Diejenige Menge des unempfindlichen Kolloides, welche rotes Goldsol vor dem Farbenumschlag nach Blau durch eine bestimmte Menge NaCl schützt, nennt man nach R. ZSIGMONDY die „Goldzahl" desselben. An ihrer Stelle kann man nach Wo. OSTWALD die „Rubinzahl" benutzen. Man gibt in eine Reihe von Reagenzgläsern je 1 ccm einer 0,1proz. Lösung von Kongorubin und variierte Mengen des Schutzkolloides, füllt auf 9 ccm auf und gibt schließlich überall 1 ccm 0,5 n-KCl-Lösung hinzu. Man bestimmt die Konzentration des Schutzkolloides, bei der nach 10 Minuten kein erkennbarer Unterschied gegen die Kontrolle ohne KCl bei gleicher Verdünnung festzustellen ist.

Solcher Versuch kann folgendermaßen angesetzt werden:

0,1% Kongorubin ccm	1	1	1	1	1*	1*
1% Gelatine ccm	4	2	1			
0,5% Gelatine ccm				1	0,5	0,25
H_2O ccm	4	6	7	7	7,5	7,75
0,5 n-KCl-Lösung ccm	1	1	1	1	1	1

In den mit einem Stern bezeichneten Versuchen versagt die Schutzwirkung. Das vorangehende Röhrchen könnte man nach der vorangehenden Definition als Maß für die Schutzwirkung betrachten.

In diesen Fällen hat wohl stets das Schutzkolloid (z. B. Gelatine in neutraler Lösung) dieselbe Ladung wie das Suspensionskolloid (negativ). Hat aber das eine Kolloid entgegengesetzte Ladung wie das andere, so tritt im Gegenteil bei passenden Mengenverhältnissen sensibilisierende Wirkung für Elektrolytfällung, unter Umständen sogar Spontanfällung ein. Filtriert man von der Fällung ab, so zeigt sich, daß nicht nur das elektrolytempfindliche Kolloid ausgefallen ist, sondern von dem elektrolytunempfindlichen Kolloid mehr oder weniger mitgerissen hat. Hierauf beruht folgende Methode zur Enteiweißung von Blutserum[1]:

5 ccm Blutserum werden mit 50 ccm destilliertem Wasser verdünnt und unter dauerndem Umschütteln ganz allmählich tropfenweise aus einer Pipette mit 25 ccm 5fach verdünntem kolloidalem Eisenhydroxyd (Lq. ferri oxydati dialysati, nicht Liq. ferri oxychlorati Pharm. Germ.) versetzt. Es entsteht sofort eine Fällung, die sich nach einigen Minuten leicht abfiltrieren läßt. Das Filtrat ist wasserklar und frei von Eiweiß. Das Eisenhydroxyd ist positiv geladen, das Serumeiweiß bei der annähernd neutralen Reaktion negativ.

Etwas schwieriger ist die Enteiweißung von Blut, zum Teil wohl, weil das Hämoglobin, dessen isoelektrischer Punkt ungefähr bei neutraler Reaktion liegt, in dem annähernd neutralen Reaktionsgemisch nicht entschieden negativ geladen ist. Es entsteht beim Zusatz des Eisenhydroxydsols keine spontane vollkommene Flockung, sondern Elektrolytzusatz ist notwendig. Die für die Flockung erforderliche Elektrolytmenge ist wegen der Schutzwirkung des Hämoglobins größer als in der reinen Eisenlösung.

Die Methode der Enteiweißung von Blut gestaltet sich folgendermaßen: 5 ccm defibriniertes Blut werden mit 45 ccm Wasser verdünnt und ganz allmählich unter ständigem Umrühren mit 100 ccm 4fach verdünnter Lösung von kolloidalem Eisenhydroxyd versetzt. Es tritt nur eine unvollkommene Flockung ein. Nach 10 Minuten setzt man 0,1 g fein gepulvertes K_2SO_4 hinzu und rührt gut um. Jetzt tritt energische Flockung ein. Nach 5 Minuten filtriert man. Das Filtrat soll schnell und klar filtrieren. Es ist frei von Eiweiß und Hämoglobin. Sollte beim Enteiweißen größerer Blutmengen noch eine Spur Hämoglobin im Filtrat sein, so kann man dies durch Zusatz einer kleinen Menge der Eisenlösung nachträglich entfernen.

---

[1] Rona, P. und Michaelis, L.: Biochem. Zeitschr. **7**, 329. 1908 und **16**, 60. 1909.

Sehr sicher ist diese Enteiweißung, wenn sie mit der Hitzekoagulation kombiniert wird. Die Methode soll in der Form beschrieben werden, wie sie für eine Mikroanalyse des Zuckers im Blut geeignet ist[1]).

1 ccm Blut (durch NaF ungerinnbar gemacht, oder wenn es sich nur um Einübung der Enteiweißung handelt, defibriniertes Blut) wird in einem 100 ccm fassenden Kolben mit 11 ccm destilliertem Wasser (von denen man einen Teil zum Nachwaschen des Blutes aus der Pipette benutzen kann) versetzt, erhitzt und 2 Sekunden im Sieden erhalten und vom Feuer genommen. Dann werden 7,5 ccm einer aufs 5fache verdünnten Lösung von kolloidalem Eisenhydroxyd Tropfen für Tropfen unter dauerndem Umschütteln zugefügt, schließlich 0,5 ccm einer 0,5proz. Lösung von $MgSO_4$ zugesetzt. Es kann sofort filtriert werden. Die Lösung filtriert klar, farblos und nicht langsamer als blankes Wasser; sie ist eiweißfrei. Man kann die größere Hälfte der gesamten Lösung als Filtrat gewinnen und sie z. B. zur Zuckerbestimmung benutzen; da man nur einen Bruchteil der Lösung als Filtrat erhält, muß man von dem aliquoten Teil auf die Gesamtmenge umrechnen.

8. Übung.

Hofmeistersche Ionenreihen bei der Eiweißfällung.

Auch hydrophile Kolloide, wie Eiweißlösungen, werden durch die verschiedenartigsten Salze aus ihren Lösungen ausgesalzt, wenn auch erst bei höheren Salzkonzentrationen. Die aussalzende Wirkung eines Salzes hängt sowohl von der Natur seines Anions, als auch von der seines Kations ab. Sie hängt aber auch von der jeweiligen Ladung des leicht umladbaren Eiweißes ab. Um einen klaren Einblick zu bekommen, wollen wir daher dem Eiweiß zunächst eine entschieden saure Reaktion erteilen, wodurch es entschieden positiv aufgeladen wird.

5 ccm Blutserum werden mit 50 ccm n/50 HCl verdünnt. In eine Reihe von Reagenzgläsern bringt man von dieser Lösung je 2 ccm. Wir probieren dann aus, wieviel Kubikzentimeter einer Salzlösung man hinzugeben muß, damit eine deutliche Trübung entsteht. Wir machen eine Versuchsreihe mit molaren Lösungen der unten angegebenen Salze und erhalten folgende Resultate:

1. KCl, selbst nach Zugabe von 12 ccm noch keine Trübung.
2. KBr, nach 0,75 ccm starke Trübung.
3. KJ, nach 0,5 ccm starke Trübung.
4. KSCN, nach 0,2 ccm starke Trübung.

(Von einer Auffüllung auf gleiches Volumen wurde hier Abstand genommen.)

Ändern wir also nur die Anionen, so nimmt ihre fällende Wirkung in der Reihenfolge zu: Cl, Br, J, SCN. Das ist die Hofmeistersche Anionenreihe, die häufig, und nicht nur in der Kolloidchemie, wiederkehrt.

---

[1]) Michaelis, L.: Biochem. Zeitschr. **59**, 166. 1914.

III. Einige Versuche über optische Inhomogenität.

9. Übung.

Gute Versuche über die optische Auflösbarkeit einer Lösung sind nur mit dem Ultramikroskop von Siedentopf und Zsigmondy mit Küvetteneinrichtung anzustellen; die „Ultrakondensoren" sind für das Studium kolloidaler Lösungen für manche Fälle ein Ersatz. Die Erscheinung der Eiweißkörnchen mit Brownscher Molekularbewegung im Ultrakondensor (Parboloidkondensor und ähnliche) bei Beobachtung von verdünntem Serum oder Reizserum kann vom bakteriologischen Kurs her als bekannt angesehen werden, wo man beim Aufsuchen der Spirochäten Gelegenheit hat, sie zu sehen.

Einige Grunderscheinungen über optische Inhomogenität kann man mit Hilfe einer starken Lichtquelle ohne mikroskopische Vorrichtung studieren. Am besten eignet sich dazu die Bogenlampe, die in jedem Laboratorium zu dem Ultrakondensor benutzt wird.

Man fülle in ein Reagenzglas ein sehr stark verdünntes Mastixsol (wie S. 8) und lasse den Lichtkegel, den man durch eine vorgehaltene Sammellinse (Lupe) von der Lichtquelle erhält, in die Lösung fallen. Man sieht den Lichtkegel hell aufleuchten: Tyndallsches Phänomen. Betrachtet man diesen Lichtkegel durch ein Nicolsches Prisma, so erscheint er bei Drehung des Nicol um seine Achse bald hell, bald ist er kaum sichtbar; die Drehung des Nicol von der Stellung: hell bis zu der Stellung: dunkel beträgt 90°. Das von den Teilchen abgebeugte Licht ist also stark (wenn auch nicht vollkommen) linear polarisiert.

Auch in fluoreszierenden Lösungen (sehr verdünnte Lösungen von Eosin, Fluoreszein, Chinin) sieht man den Lichtkegel in der Farbe der Fluoreszenz. Dieser ist aber nicht polarisiert, er ändert seine Lichtstärke beim Drehen des Nicol nicht. Das Fluoreszenzlicht entsteht an den einzelnen Molekülen, es ist nicht polarisiert. Das abgebeugte Licht in kolloiden Lösungen entsteht an den gröberen, schwebenden Teilchen derselben und ist polarisiert.

Bei farbigen Kolloiden hat das abgebeugte Licht oft eine andere (nicht selten komplementäre) Farbe als das durchfallende Licht. Dann ist es mit Hilfe des Nicols möglich, zu entscheiden, ob Fluoreszenz oder farbige Lichtbeugung, „Pseudofluoreszenz" vorliegt.

Pseudofluoreszenz kann man z. B. folgendermaßen beobachten: Man löse einige Körnchen Indophenol in Alkohol und verdünne sehr stark mit destilliertem Wasser. Die blaue alkoholische Lösung behält ihre blaue Farbe im durchfallenden Licht; aber Indophenol ist in Wasser nicht eigentlich löslich, sondern bildet ein Sol wie Mastix. Bei seitlicher Beleuchtung mit der Bogenlampe sieht man einen rotbraunen Lichtkegel, der sich als polarisiert erweist.

Eine sehr stark verdünnte wäßrige (kolloide) Lösung von Berlinerblau ist im durchfallenden Licht blau, im seitlichen Licht der Bogenlampe zeigt sich ein roter Lichtkegel, der sich ebenfalls als Pseudofluoreszenz erweist.

Eine aufs äußerste verdünnte wäßrige Lösung von Nilblau zeigt eine Erscheinung von äußerlich ganz gleicher Beschaffenheit wie die vorige; aber es ist echte Fluoreszenz, das Licht ist nicht polarisiert. Versetzt man diese Nilblaulösung mit NaOH, so färbt sie sich für gewöhnliche Betrachtung rötlich, genau in dem Ton der soeben beschriebenen Fluoreszenz. Der Lichtkegel hat in diesem Falle die gleiche Farbe, aber er ist polarisiert, d. h.: die freie Nilblaubase ist in Wasser nicht löslich, sondern bildet (als Vorstadium ihrer Ausflockung) eine kolloide Lösung.

Mit der Dispersitätsänderung ist häufig eine Farbänderung verbunden; der Sinn der Farbenänderung ist nicht einheitlich. Z. B. ändert sich die Farbe bei Goldsol oder bei Kongorubin von Rot nach Blau bei zunehmender Teilchengröße, bei Nilblau (Toluidinblau u. a.) von Blau nach Rot bei zunehmender Teilchengröße.

10. Übung.

Trübungsmessung (Nephelometrie).

Besteht die trübende Substanz nicht nur aus Teilchen, die kolloidal dispers sind, sondern auch aus gröberen Teilchen (Aufschlämmungen, Suspensionen), so wird Licht senkrecht zu den Lichtstrahlen nicht nur durch Beugung, sondern auch durch Brechung und Reflexion ausgesandt. Das in das Auge endgültig gelangende Licht setzt sich also aus von den trübenden Teilchen abgebeugten sowie der reflektierten und gebrochenen Lichtstrahlen zusammen, die wiederum bei Durchgang durch höherliegende Schichten zum Teil absorbiert werden. Die Beziehung zwischen der auffallenden Lichtmenge und der senkrecht zur Lichtrichtung ins Auge gelangenden ist daher äußerst kompliziert. Trotzdem läßt sich die Messung des von einer trüben Lösung senkrecht zur Beleuchtungsachse ausgestrahlten Lichtes zur Messung der Konzentration an trübender Substanz gebrauchen. Derartige Messungen werden als Trübungsmessungen im allgemeinen, wenn die

Lichtmessung durch Änderung der Höhe der beleuchteten Flüssigkeitssäule erfolgt, als Nephelometrie bezeichnet.

Die Messung beruht darauf, daß eine Trübung, abgesehen von der Wellenlänge des Lichtes, vor allem durch die Konzentration an trübender Substanz und durch die Größe der Teilchen bedingt wird.

Will man durch eine Trübungsmessung die Konzentration an trübender Substanz ermitteln, so muß man sie gegen eine andere gleichstoffliche Trübung vergleichen (Vergleichstrübung, Standardtrübung), deren Konzentration bekannt ist und die gleichdispers wie die zu untersuchende Lösung ist. Der Vergleich zweier Trübungen geschieht dadurch, daß man das in das Auge gelangende Licht derart durch eine Optik betrachtet, daß man es bequem vergleichen kann. Dann werden die Lichtmengen, die die einzelnen Lösungen aussenden, dadurch verändert, daß man die Höhe der beleuchteten Flüssigkeitssäulen variiert. Innerhalb gewisser Grenzen verhalten sich nämlich Schichthöhe und Konzentration umgekehrt proportional.

Als Apparatur, für die die genannten Beziehungen Geltung haben, wird das Nephelometer von KLEINMANN angewandt. Die Abb. 1 gibt einen schematischen Längsschnitt. a stellt ein Reagenzglas zur Aufnahme einer Flüssigkeitsmenge von 17 ccm Volumen dar. Dasselbe wird durch die Lichtquelle von vorn beleuchtet. Das senkrecht zur Beleuchtungsrichtung ausgestrahlte Licht wird von oben beobachtet. Hierzu geht das Licht zunächst durch einen massiven Glaskonus b, der in die Flüssigkeit eintaucht. Er sorgt für die Entnahme der zur Messung geeigneten optischen Strahlen. Das Licht durchläuft dann eine Optik e und d und gelangt in einen Okular zur Beobachtung, in dem die Hälfte des Gesichtsfeldes dem Lichte je einer Flüssigkeitssäule entspricht. Die Höhen der dem Licht ausgesetzten Gefäße können durch die Blenden g und g_1, von denen die untere

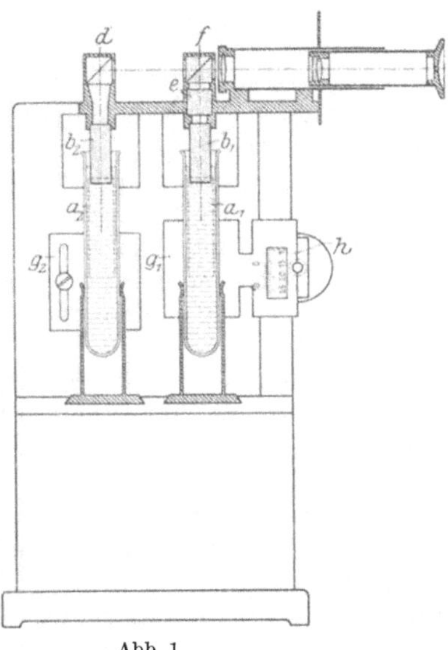

Abb. 1.

beweglich angeordnet ist, geändert werden. Ihre Stellung und somit die Länge der beleuchteten Flüssigkeitshöhe ist durch Millimeterskala und Nonius auf 0,1 mm genau abzulesen. Zur Beleuchtung dient eine 200—500 kerzige mattierte Osramlampe.

Handhabung des Apparates. Die Lichtquelle wird in 75 cm Entfernung in möglichst gleiche Höhe und symmetrische Stellung zu den Nephelometerfenstern gebracht. Die Messungen werden im Dunkelzimmer ausgeführt. Die Reagenzgläser werden mit der gleichen Lösung gefüllt, rechtes und linkes Fenster werden gleichgestellt; durch vorsichtiges Rücken des Apparates und der Lichtquelle wird gleiche Helligkeit im Gesichtsfelde erzielt. Sodann werden a_1 und a_2 miteinander vertauscht und, falls das Gesichtsfeld unverändert bleibt, die Stellungen des Apparates und der Lichtquelle auf dem Tisch markiert, am einfachsten durch Kreide- oder Buntstiftstriche. Zeigt sich nach dem Umtauschen der Zylinder das Gesichtsfeld nicht mehr einförmig hell, so muß die Einstellung so lange variiert werden, bis der Umtausch keine Veränderung mehr ergibt. Nunmehr ist der Apparat zum Arbeiten fertig. Die Gefäße werden in die Metallröhrchen heruntergedrückt und mitsamt diesen aus der Schiene herausgenommen; sodann werden sie mit einem Leder sehr sorgfältig von außen geputzt. Sie innen zu reinigen und auszutrocknen, empfiehlt sich nur nach Abschluß der gesamten Arbeit. Durch Reinigung mit Bürsten und Tüchern bleiben stets kleine störende Fäserchen zurück. Es ist daher ratsam, sie mit der zu untersuchenden Lösung gründlich auszuspülen. Mit der Lösung gefüllt, werden sie wieder in die Schienen gebracht, worauf die Gläser hochgezogen werden, bis der kompakte Glaszylinder in sie eintaucht. Sehr sorgsam ist auf dessen Reinhaltung zu achten, da Verunreinigungen leicht zu einer Veränderung des kolloidalen Zustandes der Lösung führen. Auch darauf muß geachtet werden, daß beim Eintauchen der kompakten Glaszylinder in die Lösung keine Luftblasen unter dieselben geraten oder sich bei einer eventuellen Erwärmung der Lösung im Zimmer unter ihnen festsetzen. Nach der Festlegung der Stellung des einen Fensters wird das andere durch den Trieb eingestellt, bis im Gesichtsfeld gleiche Helligkeit erzielt ist.

Nephelometrische Messung einer peptischen Spaltung von Serumeiweiß: Als Beispiel für eine quantitative Bestimmung mittels des Nephelometers sei die Messung einer peptischen Spaltung gegeben[1]).

---

[1]) RONA, P., und KLEINMANN, H.: Biochem. Zeitschr. **140**, 461. 1923.

Prinzip: Eine klare angesäuerte Eiweißlösung (Serumeiweiß) wird peptisch gespalten. Vor und während der Spaltung werden Proben entnommen und mittels eines Trübungsreagenzes getrübt. Der Vergleich der Trübungen vor und während der Spaltung ergibt die jeweilig noch vorhandene Eiweißmenge und damit den Grad der Spaltung.

Reagenzien: 1. Substratlösung. Serum (Menschen- oder Tierserum, mit physiologischer Kochsalzlösung 1:60 bis 1:100 verdünnt — siehe Vorversuch). 2. Salzsäure 1 n. 3. Natronlauge n/40. 4. Salzsäure 25% (Volumprozent). 5. Natriumsulfosalizyl-säurelösung 20%. 6. NaOH n/50. 7. Pepsinpräparat, evtl. Magen-saft. Die Pepsinlösung wird hergestellt durch Digerieren von Pepsinpulver mit etwa 10—20 ccm physiologischer Kochsalzlösung bei Zimmertemperatur 15—20 Minuten lang, Filtration und Ver-dünnung des Filtrates. Die Verdünnung richtet sich nach der Stärke der Fermentwirkung. Die Fermentlösung soll die Eiweiß-lösung unter den Versuchsbedingungen in 30 Minuten etwa zu 50% spalten. Es werden von starken Pepsinpräparaten Ver-dünnungen von etwa 1:600000 (auf festes Pulver bezogen), von Pepsin D.A.B. Verdünnungen von etwa 1:17000 zur Anwendung kommen. Normaler Magensaft (filtriert) ist gewöhnlich in Ver-dünnung von 1:60 brauchbar.

Vorbereitung: 1. Herstellung der Substratmischung. Zunächst wird eine geeignete Eiweißverdünnung ausgeprobt. Gewöhnlich zeigt eine Serumverdünnung 1:75 bis 1:80 eine zur Spaltung geeignete Konzentration. Zur Prüfung werden 5 ccm einer Serumverdünnung, z. B. 1:80 mit 5 ccm 25 proz. Salzsäure, 3,0 ccm Wasser und 7,0 ccm der 20 proz. Sulfosalizylsäure versetzt. Nach ca. 3 Minuten muß sich eine starke gleichmäßige Trübung entwickelt haben, die weder so stark ist, daß sie in 30 Minuten flockt, noch so schwach, daß nicht eine Verdünnung von ihr im Verhältnis 1:2 noch gut meßbar ist. Je nach dem Ausfall des Vorversuches wird die endgültige Serumverdünnung gewählt. Diese wird dann durch Zusatz von HCl auf das zur peptischen Spaltung notwendige p_h-Optimum von 2,0—2,3 gebracht. Als Beispiel für die Herstellung einer geeigneten, zur Spaltung dienen-den Substratmischung sei eine Mischung von 20 ccm Serumver-dünnung 1:25 mit 3 ccm n-Salzsäure und physiologischer Koch-salzlösung ad 70 ccm genannt.

2. Vorbereitung der Vorlage. Für eine Fermentspaltung, die 30 Minuten dauern soll, werden Proben gleich nach dem Ansatz und dann 3 Proben nach je 10 Minuten entnommen. Es werden, da jedesmal 2 Parallelbestimmungen ausgeführt werden, zur Auf-

nahme der Entnahmen 8 Vorlagen bereitet. Hierzu werden 8 Reagenzgläser von 25 ccm Fassungsvermögen mit je 5 ccm n/50 NaOH beschickt. Die Lauge dient dazu, die Entnahmen zu neutralisieren und dadurch sofort die Spaltung zu unterbrechen. Zu dem ersten Reagenzglaspaar werden 0,5 ccm Wasser gegeben.

Ausführung der Spaltung: Von dem Substratsäuregemisch werden 18 ccm in ein 25 ccm fassendes Reagenzglas gefüllt. Eine Parallele wird genau so angesetzt; beide Gläser werden in ein Wasserbad von 37° gebracht. Außerdem werden von dem Substratsäuregemisch je 4,5 ccm in das erste Reagenzglaspaar der Vorlage gegeben.

Nunmehr werden zu den beiden Reagenzgläsern mit 18 ccm Substratmischung im Wasserbad je 2 ccm einer ausgeprobten Pepsinverdünnung (Pepsin D. A. B. 5 z. B. 1:17000, Magensaft z. B. 1:60) getan, worauf die Mischung mit einer Pipette durchgerührt und die Zeit markiert wird. Nach je 10 Minuten werden je 5 ccm den Reagenzgläsern mittels Pipette entnommen und in je eine Vorlage gegeben, so daß nach 30 Minuten 3 Parallelabnahmen erfolgt sind. Daß in die ersten Gefäße nur 4,5 ccm Substratlösung anstatt 5 ccm wie bei den folgenden Abnahmen gekommen sind, beruht auf der Berücksichtigung der Verdünnung des Substrates durch die Fermentlösung.

Die fehlenden 0,5 ccm sind bei der Bereitung der Vorlagen durch H_2O ergänzt worden. Nunmehr werden zu den Reagenzgläsern je 5 ccm 25proz. HCl, 3,0 ccm Aqua dest. und 7,0 ccm Sulfosalizylsäurelösung (20proz.) gegeben. und die Gläser umgeschüttelt. Man läßt die entstehenden Trübungen sich ca. 3 Minuten entwickeln und vergleicht dann die Trübungen gegen die Trübung der ungespaltenen Substratlösung des ersten Paares im Nephelometer innerhalb $^3/_4$ Stunden.

Berechnung der Ergebnisse: Die Berechnung der Ergebnisse erfolgt folgendermaßen: Die Eiweißkonzentrationen verhalten sich umgekehrt wie die Nephelometerablesungen. Die Konzentration der ungespaltenen Lösung an Eiweiß wird = 100% gesetzt. Ist z. B. die ungespaltene Lösung auf 20 gestellt, die untersuchte auf 25, so verhalten sich 20:25 wie x:100, also x = 80; d. h. die gespaltene Lösung enthält 80% des Eiweißes der ungespaltenen Lösung, und die gespaltene Menge beträgt 100 − 80 = 20%.

IV. Die Bestimmung der Wasserstoff-Ionen durch Indikatoren.

Die Sonderstellung der H·- und OH′-Ionen.

Es ist nicht möglich, einen klaren Einblick in die Wirkungen irgendwelcher Ionen zu erhalten, ohne jedesmal auch die H·- und OH′-Ionen mit zu berücksichtigen. Denn niemals beobachten wir in wäßriger Lösung die reine Wirkung eines Elektrolyten, d. h. eines Ionenpaares, sondern stets in Konkurrenz mit dem Ionenpaar H· + OH′, welches in keiner wäßrigen Lösung fehlt. Da nun diese beiden Ionen zu den wirksamsten gehören, so muß man sie sogar in etwa „neutralen" Lösungen, in denen ihre Menge minimal ist, aufs genaueste berücksichtigen. Alles, was wir im vorigen Abschnitt an Flockungsschwellenwerten kennenlernten, kann nur als vorläufig betrachtet werden und wird durch das, was uns z. B. die Übungen 23 bis 24 zeigen werden, ein ganz anderes Gesicht bekommen. Ein kleines Beispiel für die Wichtigkeit dieser Betrachtungen: Wir bestimmten die Flockungsschwelle eines Mastixsol für NaCl in „neutraler Lösung". Wenn wir diesen Wert messen, beantworten wir in Wirklichkeit nur die Frage: „Welche Konzentration an NaCl hebt die dispergierende Wirkung der OH′-Ionen der neutralen Lösung auf und summiert sich mit der flockenden Wirkung der H·-Ionen in neutraler Lösung so, daß sichtbare Flockung entsteht?" Es gibt gar keine absolute Schwelle für die NaCl-Wirkung, sondern nur eine relative Schwelle, welche auf eine ganz bestimmte OH′-Konzentration der Lösung bezogen werden muß und bei geringfügigsten Änderungen der OH′-Konzentration sich ebenfalls ändert. Unsere „neutrale" Mastixlösung ist aber meist in Wirklichkeit gar nicht genau neutral, und so hat der Schwellenwert des NaCl gar keine wertvolle innere Bedeutung, wenn wir nicht angeben, für welche OH′-Konzentration er gilt.

Oder ein anderes Beispiel: Alle oberflächenaktiven Stoffe haben, wie J. TRAUBE fand, eine hohe pharmakologische Wirksamkeit. Nun sind die Alkaloide bedingt oberflächenaktive Stoffe (siehe 33. Übung), d. h. die Oberflächenspannung ihrer Lösung ist abhängig von den gleichzeitig in Lösung befindlichen Ionen, und unter diesen wiederum in besonders hohem Maße von den OH′-Ionen. Fragt man nun nach der Wirkungsschwelle z. B. des Chinins auf einen fermentativen Prozeß oder auf den Schwellenwert für seine bakterizide Wirkung in einer Bakterienaufschwemmung, so ist dieser Schwellenwert nicht absolut, sondern nur in bezug auf die H˙-Konzentration der Lösung anzugeben, und er muß mit dieser variieren[1]). Diese Beispiele ließen sich beliebig vermehren.

Die Dosierung und Messung der H˙-Ionen erfordert aber besondere Methoden. Wollen wir einer Lösung eine bestimmte Konzentration an Cl-Ionen erteilen, so fügen wir einfach die gewünschte Menge NaCl hinzu; da dieses weitgehend dissoziiert ist, ist die Cl'-Konzentration fast gleich der NaCl-Konzentration. Fügen wir aber einer Lösung etwas Essigsäure hinzu, so dissoziiert diese nur zu einem winzigen Bruchteil, und wir können nicht ohne weiteres voraussagen, welche H˙-Ionenmenge wir der Lösung hinzufügen. Die Dosierung und Bestimmung der H˙- und OH'-Ionen erfordert also besondere Methoden: zur Dosierung brauchen wir die **Regulatoren** oder **Puffer**, zur Bestimmung gibt es hauptsächlich zwei Methoden, die **elektrometrische** (besser: **potentiometrische**) **Methode** und die **Indikatorenmethode**. Wir lernen zunächst die letztere kennen.

Die Sonderstellung der H˙- und OH'-Ionen zeigt sich schon darin, daß in wäßriger Lösung beinahe alle Elektrolyte sehr stark dissoziiert sind, mit Ausnahme der Säuren und Basen, von denen es zahllose sehr schwach dissoziierende gibt.

Maßeinheit und Schreibweise.

Die Konzentration der H-Ionen wird ausgedrückt in Gramm-Ion pro Liter. Das Symbol für Konzentration der H^+-Ionen ist C_{H^+} oder $[H^+]$ oder $[H˙]$. Wir werden im folgenden einfach h schreiben und „Wasserstoffzahl" sprechen.

Das Symbol p_h, der „Wasserstoffexponent"[2]), hat folgende Bedeutung:

$$p_h = -\overset{10}{\log} h = \log \frac{1}{h}.$$

Die Konzentration der OH'-Ionen werden wir oh (Hydroxylzahl) schreiben, und entsprechend den Hydroxylexponenten

$$p_{oh} = -\overset{10}{\log} oh = \log \frac{1}{oh}$$

definieren.

---

[1]) Vgl. z. B. Rona und Bloch: Biochem. Zeitschr. **118**, 185. 1921.
[2]) Sörensen, S. P. L.: Biochem. Zeitschr. **21**, 131. 1909.

Das Produkt $h \cdot oh = k_w$ ist die Dissoziationskonstante, oder besser, das Ionenprodukt des Wassers. Es ist in jeder wäßrigen Lösung, ob sauer, neutral oder alkalisch

$$h \cdot oh = k_w \quad \text{oder} \quad p_h + p_{oh} = p_{kw},$$

p_{kw} bedeutet, entsprechend dem obigen, $- \overset{10}{\log} k_w$.

k_w beträgt bei $18°$ $0{,}72 \cdot 10^{-14}$ | bei $37°$ $3{,}2 \cdot 10^{-14}$

p_{kw} ,,   ,, $18°$ $14{,}14$ | ,, $37°$ $13{,}50$

Neutrale Reaktion ist charakterisiert durch folgenden Zustand:

$$\text{bei } 18° \quad h = oh = 0{,}85 \cdot 10^{-7}; \quad p_h = p_{oh} = 7{,}07$$
$$\text{,, } 37° \quad h = oh = 1{,}77 \cdot 10^{-7}; \quad p_h = p_{oh} = 6{,}76\,.$$

Bei saurer Reaktion ist $h >$ bei neutraler Reaktion

$$p_h < \text{,,} \qquad \text{,,} \qquad \text{,,}$$
$$oh < \text{,,} \qquad \text{,,} \qquad \text{,,}$$
$$p_{oh} > \text{,,} \qquad \text{,,} \qquad \text{,,}$$

Von den gebräuchlichen Indikatoren hat seinen Farbenumschlag:

$$\text{Methylorange etwa bei } p_h = 4$$
$$\text{Methylrot ,, ,, } p_h = 6$$
$$\text{Lackmus ,, ,, } p_h = 7$$
$$\text{Phenolphthalein ,, ,, } p_h = 8$$

p_h des strömenden Blutes ist $= 7{,}35$ bis $7{,}40$

des Harnes . . . . 5 bis 7,

der Nährbouillon . . . . 7 bis $7{,}5$

des gewöhnlichen, nicht von CO_2 befreiten destillierten Wassers . . . .   gegen 6, sogar bis 5

des frischen Wasserleitungswassers . . . . $7{,}5$ bis $7{,}6$

des Magensaftes . . . . $1{,}5$ bis 2

Beispiel für die Umrechnung von h und p_h:

1) Es sei
$$h = 2 \cdot 10^{-5},$$

dann ist

$$\log h = \log 2 + \log 10^{-5},$$
$$= 0{,}30 - 5 = -4{,}70$$
$$p_h = +4{,}70\,.$$

2) Es sei

$$p_h = 6{,}70 \,,$$

dann ist

$$\log h = -6{,}70 = +0{,}30 - 7$$
$$h = 2{,}0 \cdot 10^{-7}.$$

Einer geometrischen h-Reihe mit dem Quotienten 2, also z. B.

$$1 \cdot 10^{-5} \qquad 2 \cdot 10^{-5} \qquad 4 \cdot 10^{-5} \qquad 8 \cdot 10^{-5}$$

entspricht die arithmetische p_h-Reihe mit der Differenz 0,3, also

$$5{,}0 \qquad 4{,}7 \qquad 4{,}4 \qquad 4{,}1$$

Also eine Reihe, welche dem geforderten Prinzip der geometrischen Abstufung der h Genüge leistet, ist in bezug auf p_h eine arithmetische Reihe.

Zum bequemeren Umrechnen von h in p_h und umgekehrt wird am Schluß des Buches eine dreistellige Logarithmentafel gegeben. Die erste Stelle des Numerus ist in der ganz linken Vertikalreihe, die zweite (bzw. zweite und dritte) in der obersten Horizontalreihe abzulesen. Neben jeder Mantisse steht der sich zu 1000 ergänzende Wert derselben, den man für die Rechnung von p_h braucht.

Diese Tafel enthält noch eine Mantissenstelle mehr, als zur Angabe von p_h in Anbetracht der erreichbaren Genauigkeit der Messung erforderlich wäre. Man runde p_h immer auf 2 Dezimalen ab.

Die Stellenzahl dieser Tafel reicht übrigens für die meisten im Laboratorium vorkommenden Aufgaben aus. Sie kann allgemein als Logarithmentafel benutzt werden. Sowohl Multiplikation als auch Division der Numeri kann in Addition von Mantissen verwandelt werden. Für die Multiplikation benutzt man die obere, für die Division die untere, kursiv gedruckte Mantisse zum Addieren.

<h2 style="text-align:center">11. Übung.</h2>

<h1 style="text-align:center">Die Regulatoren oder Puffer.</h1>

a) In einem Gemisch einer schwachen Säure mit einem ihrer Salze ist h fast ausschließlich von dem Verhältnis von Säure zu Salz abhängig, kaum aber von der absoluten Menge derselben. Verdünnen mit Wasser ändert also h nicht oder kaum. Diese dem Anfänger paradox klingende Tatsache kann man sich in elementarer Weise folgendermaßen zurechtlegen. Eine schwache Säure ist immer nur wenig dissoziiert, und diese Dissoziation wird durch ihre Salze noch herabgedrückt. Verdünnt man nun das

Säure-Salzgemisch, so wird die Säurekonzentration zwar geringer, aber in demselben Grade wird auch das dissoziationsvermindernde Vermögen des Salzes geringer.

Man bereite eine normale Lösung von kristallisiertem Natriumazetat ($CH_3COONa + 3 H_2O$), indem man 13,61 g auf 100 ccm destilliertes Wasser löst, ferner eine normale Lösung von Essigsäure (titriert gegen n-NaOH mit Phenolphthalein als Indikator). Aus diesen Lösungen bereite man $^1/_{10}$ normale Lösungen durch Verdünnung. Man stelle folgende 4 Mischungen zur Demonstration der Pufferwirkung an:

	Nr. 1	2	3	4
0,1 normales Natriumazetat ccm	5	7	8,5	9
0,1 normale Essigsäure ccm	5	3	1,5	1

Die Abstufung der Reihe ist nicht nach irgendeinem Reihenprinzip getroffen, sondern nur mit Rücksicht auf die günstigen Farbentöne des Indikators.

In eine zweite Reihe von 4 Röhrchen bringe man zunächst 8 ccm Wasser und gieße aus jedem Röhrchen der ersten Reihe ungefähr 1 ccm in das entsprechende Röhrchen der zweiten Reihe. Nun gebe man in alle 8 Röhrchen 1—2 Tropfen Methylrot (0,1 g in 300 ccm 90proz. Alkohol und 200 ccm Wasser), jedenfalls in alle Röhrchen die gleiche Menge. In den ersten 4 Röhrchen durchläuft die Farbe alle Nuancen von rein rot bis rein gelb. Jedes Röhrchen der zweiten Reihe entspricht in seiner Farbe dem entsprechenden Röhrchen der ersten Reihe fast völlig, obgleich die Lösung aufs 10fache verdünnt ist. h hängt also nur von dem (molaren) Verhältnis von freier Essigsäure zu Natriumazetat ab, und zwar ist angenähert

$$h = k \cdot \frac{(\text{freie Säure})}{(\text{Na-Salz der Säure})}, \tag{1}$$

k ist die Dissoziationskonstante der betreffenden Säure; diese beträgt in runden Zahlen für

$$
\begin{aligned}
&\text{Weinsäure} &&\dots\dots\dots\dots\quad 1\ \cdot 10^{-3} \\
&\text{Milchsäure} &&\dots\dots\dots\dots\quad 1,5 \cdot 10^{-4} \\
&\text{Essigsäure} &&\dots\dots\dots\dots\quad 2\ \cdot 10^{-5} \\
&\text{primäres Natriumphosphat} &&\dots\ 2\ \cdot 10^{-7} \\
&\text{Kohlensäure} &&\dots\dots\dots\dots\quad 3\ \cdot 10^{-7}
\end{aligned}
$$

Das primäre Natriumphosphat wird hier als eine Säure betrachtet; ihr zugehöriges Natriumsalz ist das sekundäre Natriumphosphat. Für starke Säuren wie HCl gilt die obige Regel nicht. Die Pufferung der Gewebsflüssigkeiten wird in der Regel durch das Gemisch $CO_2 + NaHCO_3$ hergestellt. Na_2CO_3 gibt es in lebenden Gebilden nicht.

Enthält eine Lösung gleichzeitig zwei Puffer, also z. B. 1. $CO_2 + NaHCO_3$, 2. $NaH_2PO_4 + Na_2HPO_4$, so kann man h berechnen entweder aus dem Gehalt an CO_2 und $NaHCO_3$ oder aus dem Gehalt an NaH_2PO_4 und Na_2HPO_4. Mischt man z. B. CO_2 und Na_2HPO_4, so setzen sich diese Stoffe derart um, daß die Lösung, als Karbonatpuffer berechnet, dieselbe h hat wie als Phosphatpuffer berechnet.

Blut ist ein überwiegender Karbonatpuffer, Harn ein überwiegender Phosphatpuffer.

Die obige Formel (1) für h ist nur eine angenäherte. Meist ist h ein wenig größer, als dieser Formel entspricht. Es ist also genauer

$$h = k' \cdot \frac{\text{(freie Säure)}}{\text{(Na-Salz der Säure)}},$$

wo k' ein wenig größer ist als die aus Leitfähigkeitsmessungen bestimmte Dissoziationskonstante k der Säure. Die Größe von k' hängt vom Gesamtelektrolytgehalt der Lösung ab; sie nähert sich bei sehr geringem Elektrolytgehalt dem wahren k, ist bei einem Salzgehalt von etwa 0,01 normal meist um 10—15%, bei 0,1 normal um etwa 25%, bei CO_2-Puffern sogar um etwa 100% größer.

Die Deutung dieser Tatsache war bis vor kurzem folgende: Da das Maßgebliche für die unter dem Bruchstrich stehende Größe nur die durch Dissoziation aus dem Na-Salz gebildeten Säure-Ionen sind, das Salz aber nicht total dissoziiert ist, so muß die Konzentration des Na-Salzes unter dem Bruchstrich noch mit dem Dissoziationsgrad δ desselben multipliziert werden, welcher je nach der Konzentration wechselt und stets < 1 ist. Neuerdings hat sich die Auffassung[1]) geltend gemacht, daß die Na-Salze immer praktisch total dissoziiert sind, daß aber die aktive Masse der Ionen (im Sinne des Massenwirkungsgesetzes) in ionenreichen Lösungen infolge elektrostatischer Wechselwirkung dieser Ionen aufeinander verringert ist.

b) Man mische 10 ccm n-Essigsäure + 1 ccm n-Natriumazetat (p_h etwa $= 3,7$) und gebe einen Tropfen Methylorange zu (ebenso gelöst, wie oben das Methylrot). Die Lösung färbt sich orange. In ein zweites Reagenzglas gebe man 10 ccm physiologische NaCl-Lösung, einen Tropfen Methylorange und tropfenweise so viel 0,01 n-HCl, daß die Farbnuance ungefähr ebenso wird wie in der

---

[1]) BJERRUM, N.: Z. f. Elektrochemie **24**, 321. 1918.

Azetatmischung. In beide Röhrchen gebe man jetzt 0,5—0,6 ccm einer 1proz. Gelatinelösung. Während die Farbe in dem Azetatröhrchen ungeändert bleibt, wird sie in dem HCl-Röhrchen rein gelb. Die Azetatmischung wird also durch Zusatz eines säurebindenden Stoffes (Gelatine) in ihrer h nur wenig geändert, eine HCl-Lösung von gleicher Anfangs-h wird stark geändert.

Die beiden Säurelösungen haben, wie man sich ausdrücken kann, die gleiche Säure-Intensität, aber eine verschiedene Säure-Kapazität. Die verschiedene Kapazität oder das verschiedene „Pufferungsvermögen" zweier Lösungen von gleicher h wird durch folgenden Versuch gezeigt.

c) Man mische 10 ccm n-Essigsäure + 1 ccm n-Natriumazetat; in einem zweiten Glas mischt man 1 ccm dieser, aus dem ersten Glas entnommenen Mischung mit 9 ccm dest. Wasser. Zu beiden fügt man Methylorange. Entsprechend der oben entwickelten Regel ist die Farbnuance in beiden Röhrchen und somit auch die h fast genau gleich. Verunreinigt man nun diese Lösungen mit einem säurebindenden Stoff, z. B. tropfenweise zugefügter 0,1 n-NaOH, so ändert sich die h in dem verdünnten Puffer leichter als in dem unverdünnten, wie man an der Farbänderung des Indikators erkennen kann.

Hieraus ergeben sich folgende Leitsätze über die Regulatoren oder Puffer: Ein Gemisch aus einer schwachen Säure mit ihrem Alkalisalz hat die Eigenschaft eines Puffers, nämlich:

1. Es ändert seine h kaum bei Verdünnung mit reinem Wasser.

2. Es ist in seiner h widerstandsfähiger gegen säurebindende Verunreinigungen, als eine nichtgepufferte Lösung von gleicher h.

3. Durch Verdünnung mit Wasser wird zwar h nicht wesentlich geändert, aber die Widerstandsfähigkeit gegen Verunreinigungen (die „Pufferung" oder „Pufferkapazität") wird vermindert.

Haben wir also die Aufgabe, irgendeiner Lösung eine bestimmte h zu erteilen, so versetzen wir sie mit einem Puffer, welcher diese h hat, und die Aufgabe ist wenigstens angenähert gelöst. Dies ist die Methode, nach der wir die h dosieren. Wir müssen aber durch eine Messung der h nachträglich kontrollieren, inwieweit diese Dosierung gelungen ist. Die Dosierung ist nur eine angenäherte, da ja die Säurekapazität eines Puffers nicht unendlich groß ist; die wirklich durch den Puffer erzeugte h muß durch eine Messung genauer festgestellt werden[1]).

Orientierende Bemerkungen über die Aktivitätstheorie.

Nach dem Massenwirkungsgesetz in seiner einfachsten Form erfolgt z. B. die Dissoziation der Essigsäure nach der Formel

$$\frac{[H^+] \cdot [A^-]}{[A]} = k,$$

wo A die undissoziierten Moleküle der Säure, A^- ihre Ionen und die Klammern die Konzentration in Mol pro Liter bedeuten. Diese Formel gilt aber nur in Lösungen von sehr hoher Verdünnung, daß es erlaubt ist, die idealen Gasgesetze auf sie anzuwenden. In höheren Konzentrationen treten Abweichungen auf, welche man in folgender Weise darstellen kann. Man kann für jede der drei beteiligten Molekülarten einen Faktor angeben, mit dem man sie multiplizieren muß, damit das Massenprodukt wieder denselben Wert k wie in sehr verdünnten Lösungen erhält, und man kann somit schreiben:

$$\frac{f_{H^+} \cdot [H^+] \cdot f_{A^-} \cdot [A^-]}{f_A \cdot [A]} = k.$$

f_{H^+} nennt man den Aktivitätsfaktor der H-Ionen usw. Die Größe $f_{H^+} \cdot [H^+] = a_{H^+}$ nennt man die Aktivität der H-Ionen usw. Der Aktivitätsfaktor ist bei idealen Lösungen für jede Molekülart gleich 1, bei nichtidealen Lösungen in der Regel kleiner. Der Aktivitätsfaktor kann für jede der beteiligten Molekülarten verschieden sein. Bei unelektrischen Molekülarten pflegt er herauf bis zu Konzentrationen von 1 molar nicht viel von 1 abzuweichen. Bei Ionen ist schon in 0,01 normalen Lösungen die Abweichung jedes einzelnen Aktivitätsfaktors von 1 merklich, und zwar hängt sie ab erstens von der Wertigkeit des betreffenden Ions, zweitens von der Konzentration und der Wertigkeit auch aller anderen, gleichzeitig mit der betreffenden Ionenart in Lösung befindlichen Ionenarten, auch derjenigen, mit denen die erstere chemisch nicht reagiert. Der Sinn des Aktivitätsfaktors ist, daß er die zwischen den einzelnen Molekülarten bestehenden anziehenden und abstoßenden Kräfte berücksichtigt, welche im Fall einer idealen Lösung vernachlässigt werden dürfen und für den Fall sehr verdünnter Elektrolytlösungen allein durch die elektrostatischen Wirkungen der Ionen aufeinander repräsentiert werden. Für den Fall, daß die gesamte Ionenkonzentration sehr niedrig ist (etwa bis 0,01—0,02 molar), wird der Aktivitätsfaktor nicht durch die chemische Individualität der Ionen, sondern nur durch das Vorzeichen der Ladung und die Wertigkeit bestimmt, und zwar ist nach DEBYE[2]) der Logarithmus des Aktivitätsfaktors einer Ionenart (für 25°)

$$\log f_i = -0,816 \cdot w_i^2 \sqrt{w_1^2 c_1 + w_2^2 c_2 + w_3^2 c_3 + \cdots w_i^2 c_i + \cdots}$$

Hier ist w_i die Wertigkeit der Ionenart, deren Aktivitätsfaktor berechnet werden soll, w_1, w_2 usw. sind die Wertigkeiten der einzelnen in Lösung befindlichen Ionenarten, c_1, c_2 usw. ihre Konzentrationen. Die unter dem Wurzelzeichen stehende Summe heißt nach BJERRUM die ionale Kon-

---

¹) Über Pufferungsvermögen des Serums vgl. S. 202.
²) Siehe HÜCKEL, E.: Zur Theorie der Elektrolyte. Ergebn. d. exakt. Naturwiss. Berlin 1924.

zentration der Lösung, oder ihr halber Wert die Ionenstärke (Ionic strength nach G. N. Lewis). Ist die ionale Konzentration größer als etwa 0,02, so kann der Aktivitätsfaktor nicht mehr nach einer einfachen Formel berechnet werden. Er hängt dann nicht allein von der ionalen Konzentration ab, sondern auch von der chemischen Individualität jeder einzelnen vorhandenen Ionenart und wird vorläufig am besten als eine rein empirisch zu ermittelnde Größe betrachtet. Immerhin gibt die obige Formel auch für etwas stärkere (physiologische) Salzlösungen wenigstens einen Näherungswert für den Aktivitätsfaktor.

12. Übung.

Die Bestimmung der Wasserstoffzahl mit Indikatoren nach Sörensen[1]) (mit Puffern).

Das Prinzip der Methode ist folgendes: Es wird eine Reihe geeigneter Stammlösungen vorrätig gehalten, durch deren verschiedenartige Mischung man jederzeit „Puffer"-Lösungen von ganz bestimmter h herstellen kann. Soll nun in irgendeiner Flüssigkeit h bestimmt werden, so gibt man einen geeigneten Indikator hinzu und probiert durch Mischen obiger Stammlösungen miteinander dasjenige Puffergemisch aus, welches diesem Indikator die gleiche Nuance erteilt wie der unbekannten Lösung. Die h der verschiedenen Pufferlösungen sind durch die elektrometrische Methode (s. Kap. XIV) ein für allemal geeicht. Die h der unbekannten Lösung ist dann gleich der der farbgleichen Pufferlösung.

Von den Stammlösungen sind für die zunächst aufgestellte Übungsaufgabe, die h im frischen Wasser der Wasserleitung zu bestimmen, nur zwei erforderlich.

1. Eine $^1/_{15}$ molare Lösung von primärem Kaliumphosphat.

9,078 g dieses Salzes werden in destilliertem Wasser gelöst und auf einen Liter aufgefüllt. Das Wasser wird für diesen Zweck zur Austreibung der Kohlensäure kurz vorher in einem verzinnten Kupfergefäß oder in einem Kolben aus Jenaer Glas zum Sieden erhitzt, 5 Minuten im Sieden erhalten und unter kohlensäuresicherem Verschluß abgekühlt. Dieser Verschluß wird hergestellt durch einen durchbohrten Gummistopfen, dessen Bohrung mit einem Natronkalkrohr verschlossen ist. Das Salz wird zunächst in einem Maßkolben in dem noch ziemlich warmen Wasser gelöst, nach dem völligen Erkalten auf einen Liter aufgefüllt und sofort in eine Wulffsche Flasche eingegossen (Abb. 2); die eine Öffnung der Flasche wird mit einem Vorlagegefäß mit

---

[1]) Sörensen, S. P. L.: Biochem. Zeitschr. **21**, 131. 1909.

Natronkalk verbunden, die andere mit einer Bürette mit automatischer Nullpunktseinstellung. Die obere Öffnung der Bürette ist mit einem Natronkalkaufsatz verschlossen. Das offene Ende dieses Aufsatzes wird in der Regel mit einem Stopfen verschlossen, der nur während des Gebrauches abgenommen wird. Auch die äußere Öffnung der Natronkalkvorlage ist im Ruhezustand mit einem Stopfen verschlossen, der während des Gebrauches durch einen Ventilgummiball ersetzt wird.

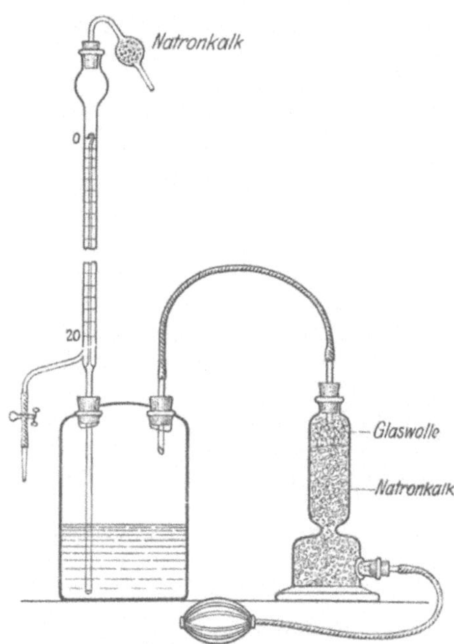

Abb. 2. Vorratsgefäß mit Bürette für die Stammlösungen.

2. Eine $^1/_{15}$ molare Lösung von „sekundärem Natriumphosphat nach SÖRENSEN". 11,876 g von diesem Salz werden genau in derselben Weise zu 1 Liter gelöst und in derselben Weise aufbewahrt.

Dieses „sekundäre Natriumphosphat nach SÖRENSEN" unterscheidet sich von dem gewöhnlichen (sekundären) „Natriumphosphat" durch seinen Kristallwassergehalt. Das gewöhnliche Phosphat enthält 6 Mol. Kristallwasser, verwittert aber leicht und ist deshalb in seiner Zusammensetzung unzuverlässig. Das SÖRENSENsche Salz enthält 2 Mol. H_2O und ist beständig. Es entsteht aus dem ersteren, indem man es in zerriebenem Zustand wochenlang in flachen Schalen an der Luft verwittern läßt. Die Verwitterung ist jedoch mitunter nicht vollkommen und hängt von klimatischen Bedingungen ab. Es ist daher folgendes Verfahren zu empfehlen. Von dem vorrätig gehaltenen, scheinbar gut verwitterten „sekundären Natriumphosphat nach SÖRENSEN" wird etwa das 1,5fache der erforderlichen Menge in flacher Schicht ausgebreitet und auf 1—2 Tage in den Brutschrank bei 36—37° C (nicht höher!) gestellt. Danach läßt man die Schale in einem verschlossenen, aber mit keinem Trocknungsmittel beschickten Exsikkator erkalten und wägt die gewünschte Portion ab. Das so vorbereitete Salz ist gewichtskonstant und hat den richtigen Wassergehalt von 2 Mol. H_2O.

3. Einige Indikatoren: Methylrot (nach PALITZSCH) 0,1 g gelöst in 300 ccm etwa 93proz. Alkohol + 200 ccm destilliertem Wasser.

p-Nitrophenol, 0,4 g in 60 ccm Alkohol + 90 ccm Wasser.
Neutralrot 0,01 proz. Lösung in 50 proz. Alkohol.
Phenolrot, 0,02 proz. alkohol. Lösung.
Phenolphthalein 0,5 g gelöst in 1 Liter 50 proz. Alkohol.
Auswahl des passenden Indikators.

In ein Reagenzglas füllt man 10 ccm ungefähr 0,1 normale
Salzsäure, in ein zweites ebensoviel 0,1 normale Natronlauge. In
beide Röhrchen gibt man die gleiche Menge, z. B. 5 Tropfen,
Methylrot. Man erkennt hier, welche Farbe der Indikator bei
extrem saurer und bei extrem alkalischer Reaktion hat. Genau
dasselbe macht man mit allen anderen Indikatoren. Nunmehr
nimmt man so viel Reagenzgläser mit je 10 ccm der zu untersuchenden Lösung (also frischem Wasserleitungswasser) als man
Indikatoren hat, und fügt in jedes wiederum 5 Tropfen je eines
Indikators. Es wird nun einige Röhrchen geben, bei denen hier
der Indikator dieselbe extreme Nuance hat wie entweder in der
Salzsäure oder in der Natronlauge. Diese Indikatoren sind für
den vorliegenden Fall unbrauchbar. Einen Indikator aber wird
man finden, der eine Übergangsfarbe zwischen den Extremen
zeigt. Diesen muß man für die weitere Untersuchung wählen.
Dieses ist in unserem Fall Neutralrot oder Phenolrot.
　Die eigentliche Bestimmung der h.

10 ccm der zu untersuchenden Flüssigkeit werden mit einer
für die Farbabschätzung geeigneten Menge des erwählten Indikators versetzt, in unserem Fall 2—5 Tropfen Neutralrot.
Die Zahl der Tropfen muß ganz genau festgestellt werden. Sie
müssen aus einer gleichmäßig tropfenden Pipette ganz langsam
abgetropft werden. Nunmehr füllt man in ein Reagenzglas
5 ccm der obigen sekundären Phosphatlösung und 5 ccm der
primären Phosphatlösung, und in dieses Gemisch genau die
gleiche Menge desselben Indikators. Man prüft nun durch Farben-
vergleichung, ob das Phosphatgemisch saurer ist als die unbekannte Lösung oder alkalischer. Je nach dem Befund stellt
man nun ein neues Phosphatgemisch her, von dem man annehmen kann, daß es bei der Prüfung mit demselben Indikator
der unbekannten Lösung ähnlicher wird; z. B. 6 ccm sekundäres
Phosphat + 4 ccm primäres Phosphat, so daß das Gesamtvolumen
der Phosphatmischung immer 10 ccm ist. Diese Mischung nennt
man „Phosphatgemisch 6". Und so stellt man immer neue
Phosphatmischungen her, bis man das zutreffende gefunden hat.
Das kann dann als erreicht betrachtet werden, wenn man ein
Gemisch hat, welches eben ein wenig zu sauer ist, und eines,
welches ein wenig zu alkalisch ist. Dazwischen wird schließlich

dasjenige Phosphatgemisch ausprobiert, welches nicht mehr zu unterscheiden ist. Dies wird für frisches Leitungswasser in der Regel das Phosphatgemisch „8,7" sein. Die Farbvergleichung muß gegen einen etwa 10 cm entfernten Untergrund von rein weißem Schreibpapier erfolgen. Die Betrachtung geschieht am besten, indem man von oben her durch die ganze Länge des Reagenzglases blickt. Die Gläser müssen genau gleiches Lumen haben. Sie werden vor dem Versuch daraufhin genau geprüft. Der p_h der unbekannten Flüssigkeit ist nunmehr gleich dem des farbgleichen Phosphatröhrchens. Der p_h der Phosphatgemische kann aus einem Diagramm (s. Abb. 3) entnommen werden, welches von Sörensen durch elektrometrische Bestimmung geeicht ist. Dieses Diagramm ist gleichzeitig für andere Puffergemische gezeichnet. Man liest es z. B. folgendermaßen:

Um den p_H eines Phosphatgemisches aus 8,7 ccm sekundärem + 1,3 ccm primärem Phosphat zu finden, sucht man auf der Ordinate den Punkt 8,7. Die Horizontale, welche von diesem Punkt ausgeht, schneidet die „Phosphatkurve" an einem bestimmten Punkt. Dieser, auf die Abszisse projiziert, zeigt $p_h = 7,60$. Dies ist ungefähr der Wert, den man im Leitungswasser zu finden pflegt.

Abgestandenes Wasser aus der Wasserleitung ist infolge von CO_2-Verlust alkalischer, d. h. Neutralrot wird mehr gelb, das farbgleiche Phosphatgemisch ist nicht mehr „8,7", sondern etwa „9" und darüber. Man koche ferner eine Probe Leitungswasser kurz auf und überzeuge sich von der sehr bedeutenden Änderung des p_h im Sinne zunehmender Alkalität.

Das Diagramm enthält auch die Werte für die anderen Pufferlösungen, zu deren Herstellung man folgende Stammlösungen braucht:

„Glykokoll" bedeutet eine Lösung von 7,505 g Glykokoll und 5,85 NaCl auf 1 Liter Wasser.

„Salzsäure" ist in 0,1 n-Salzsäure.

„Natron" ist ein 0,1 n-Natronlauge, frei von CO_2. Sie wird hergestellt, indem man in einem hohen, mit (Vaselin, nicht Fett) gefettetem Glasstöpsel verschlossenen Zylinder Ätznatron zur Sättigung in Wasser löst, so daß noch reichlich Bodenkörper bleibt, oft durchschüttelt, mehrere Tage, besser Wochen, bis zur Klärung sedimentieren läßt und dann von einer mit einer Pipette abgehobenen Probe (Vorsicht! Nicht mit dem Mund ansaugen!) unter den schon oben beschriebenen Vorsichtsmaßregeln gegen das Eindringen von CO_2 eine Lösung des gewünschten Titers herstellt. Die so hergestellte Lauge ist CO_2-frei, da Na_2CO_3 in der konzentrierten Lauge unlöslich ist.

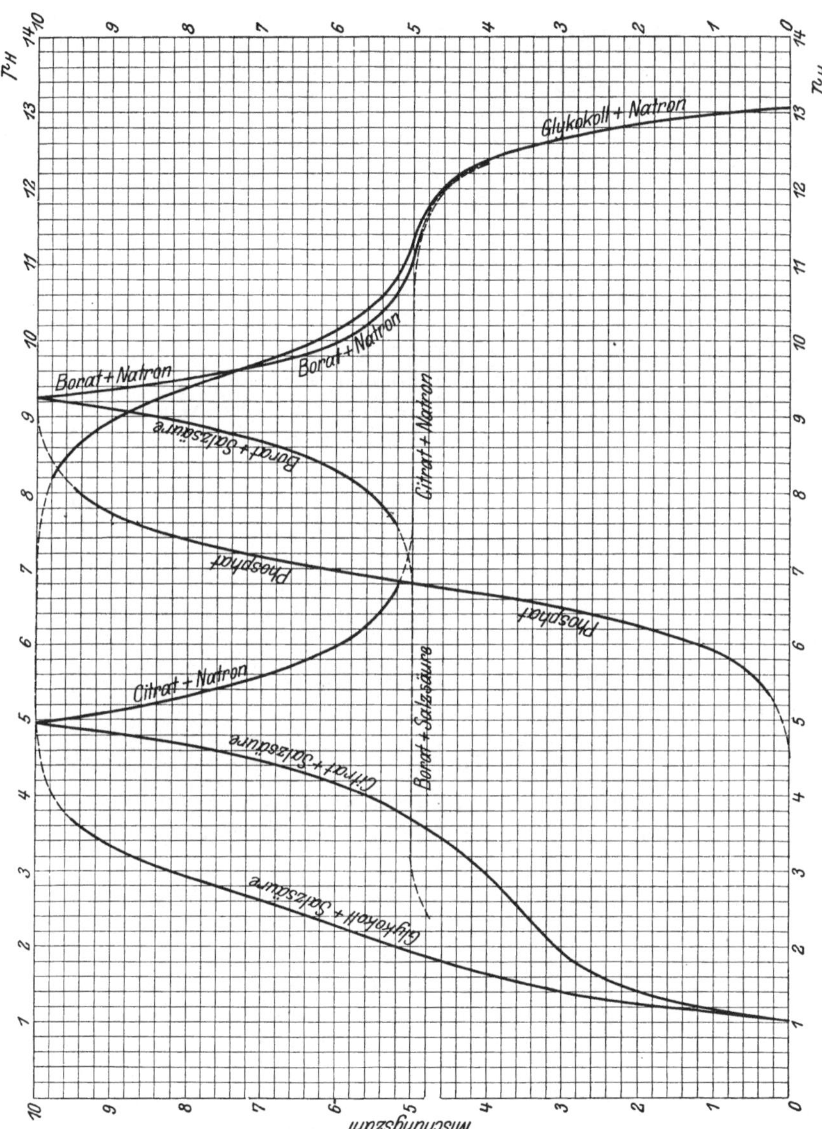

Abb. 3. Puffer-Diagramm nach Sörensen. Die punktierten Kurvenabschnitte sind schlecht reproduzierbar und sollen nicht verwendet werden.

„Zitrat" ist eine Lösung von 21,008 g Zitronensäure + 200 ccm n-Natronlauge, auf 1 Liter aufgefüllt.

„Borat" ist eine Lösung von 12,404 g Borsäure und 100 ccm n-Natronlauge, auf 1 Liter Wasser aufgefüllt.

Alle diese Lösungen müssen in der oben angegebenen Weise mit CO_2-freiem Wasser hergestellt und CO_2-sicher aufbewahrt werden, insbesondere ist diese Vorschrift für die alkalisch reagierenden Lösungen streng zu befolgen.

Beispiel für die Anwendung des Diagramms für diese Puffer: Um für eine Mischung von 6 ccm Zitrat + 4 ccm Salzsäure (Summe stets 10 ccm) den p_h zu finden, sucht man den Schnittpunkt der Horizontalen „6" mit der Kurve „Zitrat + Salzsäure" und liest an der Abszisse $p_H = 4{,}18$ ab.

Sehr gut brauchbare Puffergemische in einem für physiologische Arbeiten besonders wichtigen p_H-Bereich von 6,8—9,6 sind nach dem Vorschlag von Michaelis mit Veronal (Diäthylbarbitursäure) herzustellen[1]. Sie können vor allem als ein Ersatz für den Boratpuffer dienen, der infolge der Neigung der Borsäure zur Bildung von Komplexen (z. B. mit Zuckern) oft unbrauchbar ist.

Man löst 10,30 g diäthylbarbitursaures Natrium auf 500 ccm mit CO_2-freiem Wasser. 10 ccm dieser Lösung mit 0,1 n-HCl titriert, müssen genau 10 ccm Säure verbrauchen (Indikator Methylrot). Sonst muß für die in der Tabelle angegebenen Zahlen Kubikzentimeter Veronallösung eine entsprechende Korrektur angebracht werden.

Folgende Mischungen mit 0,1 n-HCl geben die in der Tabelle angegebenen p_H-Werte:

Tabelle.

Wenn n ccm 0,1 m Veronalnatrium mit 10 — n ccm 0,1 n-HCl vermischt werden, erhält man die folgenden p_H-Werte:

n	p_H	n	p_H	n	p_H
(5,10)	(6,40)	6,15	7,60	9,08	8,80
(5,14)	(6,60)	6,62	7,80	9,36	9,00
5,22	6,80	7,16	8,00	9,52	9,20
5,36	7,00	7,69	8,20	9,74	9,40
5,54	7,20	8,23	8,40	9,85	9,60
5,81	7,40	8,71	8,60	(9,93)	(9,80)

Die Zahlen in Klammern sind nicht genau reproduzierbar.

Die obengenannten Indikatoren umspannen nur eine beschränkte Reihe von p_H. Eine Auswahl geeigneter Indikatoren für ein größeres Bereich ist folgende:

---

[1] L. Michaelis: The Journal of biolog. Chemistry **87**, 33. 1930.

Indikator	Farbenumschlag alkal.—sauer	Anwend-barkeit für $p_h =$	Herstellung der Lösung
Tropäolin 00	gelb—rot	1,4—2,6	0,1⁰/₀₀ wäßr. Lösung
Rotkohlauszug	blau—rot	2,0—4,5	500 g zerschnittener Rotkohl 2 Tage in 500 g 96% Alkohol, dann filtriert.
Methylorange	gelb—rot	3,1—4,4	0,1 g in 300 Alk.+ 200 Wass.
Methylrot	gelb—rot	4,2—6,3	
p-Nitrophenol	gelb—farblos	4,0—6,4	0,1 g in 15 „ + 235 „
Neutralrot	gelb—rot	6,5—8,0	0,1 g in 500 „ + 500 „
α-Naphtholphthalein	blaugrün— graugelb	7,3—8,7	0,1 g in 150 „ + 100 „
Phenophthalein	rot—farblos	8,3—10,0	0,1 g in 100 „ + 100 „
Thymolphthalein	blau—farblos	9,3—10,5	0,1 g in 125 „ + 125 „
Alizaringelb R	rot—gelb	10,1—12,1	0,1⁰/₀₀ wäßr. Lösung

Schöne Indikatoren für die Sörensensche Methode mit prachtvollen Farbenübergängen sind folgende, von Lubs und Clark[1]) angegebenen:

Chem. Bezeichnung	Gewöhnliche Bezeichnung	p_H-Gebiet	Farbenumschlag	Konzentration der anzuwendenden alkoholischen Lösung
Thymolsulfophthalein	Thymolblau	1,2—2,8	rot—gelb	0,04%
Tetrabromphenol-sulfophthalein	Bromphenol-blau	3,0—4,6	gelb—blau	0,04%
o-Carboxy-benzol-azo-dimethylanilin	Methylrot	4,4—6,0	rot—gelb	0,02%
Dibrom-o-kresol-sulfophthalein	Bromkresol-purpur	5,2—6,8	gelb—purpur	0,04%
Dibrom-thymol-sulfophthalein	Bromthymol-blau	6,0—7,6	gelb—blau	0,04%
Phenol-sulfophthalein	Phenolrot	6,8—8,4	gelb—rot	0,02%
o-Kresol-sulfophthalein	Kresolrot	7,2—8,8	gelb—rot	0,02%
Thymolsulfophthalein	Thymolblau	8,0—9,6	gelb—blau	0,04%
o-Kresolphthalein	Kresolphthalein	8,2—9,8	farblos—rot	0,02%

An Stelle des Methylrots, welches allein in dieser Reihe nicht zu den Sulfophthaleinen gehört, ist von B. Cohen[2]) empfohlen worden:

Tetrabrom-m-kresol-sulfophthalein   Bromkresolgrün p_H 4,0—5,6

---

[1]) Lubs, Herbert A. und Clark, William M.: Journ. of the Washington acad. of sciences **5**, 609. 1915 und Clark und Lubs: Journ. of bacteriol. **2**, 1. 1917 und besonders das empfehlenswerte Buch: The Determination of Hydrogen Ions, von W. Mansfield Clark, Baltimore. 1920.

[2]) Barnett Cohen: Public Health Reports, U. S. P. H. S. **38**, 199. 1923.

13. Übung.

Der Salzfehler der Indikatoren.

Neben den H-Ionen haben auch andere Ionen einen Einfluß auf die Nuance eines Indikators; die meisten allerdings erst in hohen Konzentrationen. In salzreichen Lösungen sind daher die p_h-Messungen mit Indikatoren mit einem kleinen Fehler behaftet, der je nach Art und Konzentration des Salzes sowie nach dem angewandten Indikator verschieden ist. Physiologische Salzlösungen machen bei den hier ausgewählten Indikatoren nur sehr kleine Fehler, die meist nicht berücksichtigt zu werden brauchen. Da der „Salzfehler" der Indikatoren aber eine sehr instruktive theoretische Vorbereitung für andere biologisch wichtige Salzwirkungen darstellt, soll er an einem Beispiel gezeigt werden:

Man mischt in vier verschiedenen Röhrchen in gleicher Weise je 4,5 ccm m/15 primäres Phosphat und 4,5 ccm m/15 sekundäres Phosphat (wie oben), und gibt dazu

in Röhrchen Nr.	1	2	3	4
gesättigte (etwa 4,5 molare) KCl-Lösung	0	1	0	1
destilliertes Wasser	1	0	1	0

Dann bringt man in Lösung 1 und 2 einige Tropfen Lackmuslösung (nach KUBEL-THIEMANN), in 3 und 4 einige Tropfen Neutralrot. Vergleicht man nun die beiden Lackmusröhrchen, so ist ihre Farbe nahezu gleich, allenfalls ist das mit Salz ein Spürchen blauer. Wir würden daraus schließen, daß h durch den Salzzusatz gleichgeblieben oder allenfalls ein Spürchen kleiner, d. h. p_h ein Spürchen größer geworden ist. Vergleichen wir aber die beiden Neutralrotröhrchen, so finden wir, daß das mit Salz deutlich röter ist, d. h. daß h durch den Salzzusatz entschieden größer (p_h kleiner) geworden ist. Infolge der Unstimmigkeit beider Indikatoren bei Gegenwart reichlicher Salzmengen haben wir Grund, die Richtigkeit beider Resultate zu bezweifeln.

Wenn wir nun auf die in der vorigen Übung angegebene Weise durch Aufsuchen des für den gleichen Indikator farbgleichen Phosphatgemisches den p_h zu bestimmen suchen, so finden wir in den Röhrchen ohne Salz für beide Indikatoren gleichmäßig:

Das farbgleiche Gemisch ist das Phosphatgemisch „5", also $p_h = \mathbf{6{,}81}$.

In den Röhrchen mit Salz finden wir

für Lackmus: p_h ziemlich genau ebenfalls **6,81**.

für Neutralrot: Das farbgleiche Gemisch ist das Phosphatgemisch „2,4", also $p_h =$ **6,35**.

Zur Entscheidung dieses Dilemmas versuchen wir eine andere Methode der h-Bestimmung zu Rate zu ziehen. Wenn man mit der an späterer Stelle beschriebenen elektrometrischen Methode in einem Röhrchen mit und ohne Salz p_h bestimmt, so finden wir:

$$\text{ohne Salz: } p_h = 6{,}80,$$
$$\text{mit Salz: } p_h = 6{,}56.$$

Die Messung ohne Salz stimmt also mit beiden Indikatorenmessungen überein. Das ist selbstverständlich; denn die Indikatorenmethode ist auf Grund elektrometrischer Parallelmessungen mit salzarmen Pufferlösungen geeicht worden. Mit Salz dagegen zeigt uns die elektrometrische Messung einen Wert, der etwa in der Mitte steht zwischen dem Lackmus- und dem Neutralrotwert. Es ist nun theoretisch begründet, den elektrometrisch erhaltenen Wert als den „richtigen" anzusehen und alle Abweichungen, welche die Indikatoren in salzreichen Lösungen hiervon zeigen, als „Salzfehler" zu bezeichnen. Diese Fehler können bald negativ, bald positiv sein.

Wie BJERRUM gezeigt hat, ist auch das, was wir mit der Gaskette messen, bei Gegenwart größerer Mengen von Elektrolyten nicht genau die wahre Konzentration der H˙, sondern eine Größe, welche er die „Wasserstoffaktivität", a_h, genannt hat. Diese ist je nach der Art und Menge der anwesenden Elektrolyte um einige Prozent kleiner als die wahre Konzentration der H˙-Ionen und läßt sich theoretisch aus dieser ableiten. Das Wort „Aktivität" hat denselben Sinn wie die „aktive Masse" beim Massenwirkungsgesetz, welche in konzentrierteren Lösungen ja auch nicht der wahren Konzentration genau proportional ist.

Die chemische Reaktionsfähigkeit der H-Ionen im Sinne des Massenwirkungsgesetzes geht nun, ebenso wie ihre elektromotorische Wirksamkeit, der „aktiven Masse" derselben, nicht ihrer wahren Konzentration proportional. Dieser Umstand gibt uns die Berechtigung, die mit der elektrometrischen Methode erhaltenen Werte als die Standardwerte zugrunde zu legen. Denn die chemische Reaktionsfähigkeit der H-Ionen einer Lösung ist es vor allem, die wir durch eine solche Messung ermitteln wollen.

Zum Schluß sei noch einmal darauf hingewiesen, daß bei physiologisch in Betracht kommenden Salzkonzentrationen diese Salzfehler immer sehr klein sind. Alle angegebenen Indikatoren sind daraufhin ausgewählt, daß sie möglichst kleine Salzfehler geben, d. h. daß ihre Angaben sich auch bei Gegenwart mäßiger Salz- oder Eiweißmengen mit den elektrometrischen Messungen möglichst decken.

Alle diese Umstände bewirken, daß die Unsicherheit aller p_h-Messungen mit irgendeiner Indikatorenmethode meist mehrere Einheiten der zweiten Dezimale des p_h-Wertes beträgt.

14. Übung.

Der Eiweiß- und Alkaloid-Fehler der Indikatoren.

Die Voraussetzung für die Richtigkeit der Indikatorenmethoden ist, daß in der Lösung keine Stoffe vorhanden sind, welche mit dem Indikator Bindungen eingehen und den durch die H-Ionen bestimmten Dissoziationszustand des Indikators verändern. Von derartigen Stoffen kommen vor allem die Eiweißkörper in Betracht. Die empfohlenen Indikatoren sind alle nach dem Prinzip ausgewählt, daß ihr „Eiweißfehler" möglichst gering ist, und bei den meisten ist unter gewöhnlichen Umständen dieser Fehler zu vernachlässigen. Außer den Eiweißkörpern gibt es noch andere Stoffe, welche solche Fehler hervorrufen; zur Demonstration folgendes Beispiel:

Es wird die Phosphatmischung „4,0" hergestellt. Von dieser Mischung werden je 5 ccm einerseits mit 0,5 ccm dest. Wasser, andererseits mit 0,5 ccm Chininchlorhydrat 1:100 versetzt und zu beiden Bromthymolblau (etwa 6 Tropfen) zugefügt. Obwohl es ausgeschlossen ist, daß in dieser stark gepufferten Lösung diese geringe Chininmenge eine wesentliche Änderung des p_h erzeugt, unterscheiden sich die Farben stark voneinander. Bei längerem Warten scheidet sich eine flockige, gefärbte Chininverbindung des Indikators ab. Dieselben Phosphatmischungen, mit je 0,2 ccm p-Nitrophenol (1:1000) versetzt, zeigen mit und ohne Chinin den gleichen Farbgrad. Bei Gegenwart von solchen Alkaloiden kann man den p_h zwar mit einfarbigen Indikatoren der Nitrophenolreihe, aber nicht mit den Indikatoren von CLARK und LUBS bestimmen.

15. Übung.

Die Bestimmung der Wasserstoffzahl mit Indikatoren ohne Puffer[1]).

Prinzip. Die Methode läßt sich am einfachsten mit sog. einfarbigen Indikatoren, die von farblos in eine Farbe umschlagen können, anwenden. Man versetzt 10 ccm der zu untersuchenden Lösung mit einer abgemessenen Menge eines Indikators. Ist der Indikator geeignet, so wird er weder ganz farblos sein, noch diejenige maximale Farbtiefe zeigen, die er in stark alkalischer Lösung haben würde. Die maximale Farbtiefe haben die hier verwendeten Indikatoren in 0,01 n-NaOH; stärkere Lauge vertieft die Farbe

---

[1]) MICHAELIS, L., und GYEMANT, A.: Biochem. Zeitschr. **109**, 165. 1920.

nicht weiter. Man stellt nun durch einen Reihenversuch fest,
wieviel Indikator man zu 10 ccm 0,01 n-NaOH zusetzen muß,
um dieselbe Farbtiefe zu erhalten, wie in der unbekannten Lösung.
Man wird für die Lauge weniger Indikator brauchen. Das Verhältnis dieser Indikatormenge zu jener anderen nennen wir den
Farbgrad, F.[1] Dieser muß stets < 1 sein. Aus ihm läßt sich h
der zu untersuchenden Lösung berechnen nach der Formel

$$h = k \cdot \frac{1 - F}{F} \, .$$

Hier bedeutet k eine für den angewendeten Indikator charakteristische Zahl, die Indikatorkonstante.

Wir stellen uns, wie in der vorigen Übung, die Aufgabe, die
h des frischen Wasserleitungswassers zu bestimmen. Der hierfür geeignete Indikator ist m-Nitrophenol, 0,3 g unter mäßigem
Erwärmen in 100 ccm destilliertem Wasser gelöst. Man füllt in
ein Reagenzglas 10 ccm des zu untersuchenden Wassers und
dazu 1 ccm des Indikators. In 2—3 Minuten hat der Indikator
seinen definitiven Farbton angenommen. Nun füllt man in eine
Reihe von ganz gleichmäßigen Reagenzgläsern zunächst je 9 ccm
einer aus n-NaOH frisch hergestellten 0,01 n-NaOH. (Es
kommt gar nicht auf genauen Titer an; man kann ebensogut
0,02 n-NaOH nehmen.) Nun stellt man eine 10fache Verdünnung
des Indikators mit destilliertem Wasser her und gibt in das erste
der mit Lauge versetzten Gläser 0,5 ccm des verdünnten Indikators, in das zweite 1,0 ccm, in das dritte 2,0 ccm; also eine
geometrische Reihe mit dem Quotienten 2. Schließlich füllt man
die drei Gläser mit 0,01 n-NaOH auf das Volumen der zu untersuchenden Lösung auf, welches einschließlich des zugesetzten
Indikators 11 ccm beträgt. Vergleicht man der Reihe nach die
Farben dieser Gläser, so findet man, daß das erste zu hell, das
dritte zu dunkel, das mittlere ungefähr richtig ist. Für den Ver-

---

[1]) Der Dissoziationsgrad einer Säure α (in unserem Falle gleich dem
Farbgrad F) ist gleich $\dfrac{S'}{A}$, wo S' das Säure-Ion, A die Gesamtmenge der
Säure (in unserem Falle des Indikators) ist.

Aus der Gleichung $h = \dfrac{k[SH]}{[S']} = k\,\dfrac{[\text{undiss. Säure}]}{[\text{Säure-Ion}]}$ folgt indem wir
für $[SH]$ schreiben $[A] - [S']$:

$$h = \frac{k([A] - [S'])}{[S']} \quad \text{oder} \quad \frac{k[A]}{[S']} - k = h$$

und
$$\frac{k}{\alpha} - k = h \quad \text{oder} \quad k\left(\frac{1}{\alpha} - 1\right) = h$$

und
$$\frac{1 - \alpha}{\alpha}\, k = h \, .$$

gleich darf man immer nur die zwei zu vergleichenden Röhrchen nebeneinander halten, bei guter Beleuchtung gegen einen rein weißen Hintergrund (Schreibpapier, Porzellanteller) aus nicht allzu naher Entfernung von demselben. Man blickt am besten von oben durch die Röhrchen, jedoch ist manchmal auch die Betrachtung durch die Seitenwand vorteilhaft.

Nunmehr engt man die Beobachtung durch eine feiner abgestufte Reihe ein, am besten mit dem Quotienten 1,2 oder sogar 1,15. Wir hatten 1,0 ccm in der groben Reihe am besten gefunden; wir fügen also Versuche mit 1,2 und 1,44 sowie mit 0,83 und mit 0,69 ccm verdünnten Indikators hinzu. Wir finden als definitives Resultat, daß 1,0 ccm richtig ist, 1,2 schon zu viel, 0,83 zu wenig ist. In der zu untersuchenden Lösung war 1,0 ccm Indikator, in der farbgleichen Lauge 1,0 ccm des 10fach verdünnten Indikators. Der Farbgrad ist also $= 0,10$. Um die obige Formel anwenden zu können, müssen wir noch den k-Wert für m-Nitrophenol kennen. Er beträgt (für Zimmertemperatur) $4,7 \cdot 10^{-9}$. Also ist

$$h = \frac{1 - 0,10}{0,10} \cdot 4,7 \cdot 10^{-9} = 42 \cdot 10^{-9} = 4,2 \cdot 10^{-8}.$$

Will man p_h ausdrücken, so ist

$$\log h = 0,62 - 8 = -7,38,$$
$$p_h = 7,38.$$

Hiermit ist die Bestimmung beendet.

Dieser Wert wird mit einem kleinen Spielraum (etwa $\pm\, 0,05$) im Leitungswasser stets gefunden, wenn es nicht durch Abstehen CO_2 verloren hat.

———

Um bei häufigerer Benutzung der Methode aus der Farbvergleichung sofort den p_h zu finden, benutzen wir folgende Methode. Wir logarithmieren die Gleichung (S. 41):

$$\log h = \log k + \log \frac{1 - F}{F}$$

und daher

$$p_h = p_k + \log \frac{F}{1 - F},$$

wobei wir unter p_k den „Indikatorexponenten", den negativen Logarithmus der Konstanten (analog p_h) verstehen. Die nebenstehenden Tabellen (S. 43) geben für einige geeignete Indikatoren die Werte für p_k an. Sie sind bei verschiedenen Temperaturen etwas verschieden, aber dafür können wir mit dieser Methode p_h auch bei beliebiger Temperatur bestimmen. Aus dem Diagramm Abb. 4, Kurve I, kann für jedes beliebige experimentell gefundene F der

Übersicht über die einfarbigen Indikatoren.

Gewöhnliche Bezeichnung	Chemische Bezeichnung	Farbe	p_k für 18°	Anwend. Bereich. p_h	Stammlösung
β-Dinitrophenol	1-Oxy-2,6-dinitrobenzol	gelb	3,69	2,2—4,0	0,1 g : 300 Wasser
α-Dinitrophenol	1-Oxy-2,4-dinitrobenzol	gelb	4,06	2,8—4,5	0,1 g : 200 Wasser
γ-Dinitrophenol	1-Oxy-2,5-dinitrophenol	gelb	5,15	4,0—5,5	0,1 g : 400 Wasser
p-Nitrophenol	p-Nitrophenol	gelb	7,18	5,2—7,0	0,1 g : 100 Wasser
m-Nitrophenol	m-Nitrophenol	gelb	8,33	6,7—8,4	0,3 g : 100 Wasser
Phenolphthalein	Phenolphthalein	rot	9,73	8,5—10,5	0,04 g in 30 ccm Alkohol + 70 Wasser
Alizaringelb GG (Salizylgelb)	m-Nitrobenzolazosalizylsäure	gelb	11,16	10,0—12,0	0,05 g in 50 ccm Alkohol + 50 Wasser

Die Indikatoren-Konstanten p_k bei verschiedenen Temperaturen.

Temp.	β-Dinitrophenol (1:2:6)	α-Dinitrophenol (1:2:4)	γ-Dinitrophenol (1:2:5)	p-Nitrophenol	m-Nitrophenol
0°	3,79	4,16	5,24	7,39	8,47
5°	3,76	4,13	5,21	7,33	8,43
10°	3,74	4,11	5,18	7,27	8,39
15°	3,71	4,08	5,16	7,22	8,35
18°	**3,69**	**4,06**	**5,15**	**7,18**	**8,33**
20°	3,68	4,05	5,14	7,16	8,31
25°	3,65	4,02	5,11	7,10	8,27
30°	3,62	3,99	5,09	7,04	8,22
35°	3,59	3,96	5,07	6,98	8,18
40°	3,56	3,93	5,04	6,93	8,15
45°	3,54	3,91	5,02	6,87	8,11
50°	3,51	3,88	4,99	6,81	8,07

Wert von $\log \dfrac{F}{1-F}$ abgelesen werden. Die Ordinate ist F, die Abszisse $\varphi = \log \dfrac{F}{1-F}$. Da Werte $< 0,1$ an der Ordinate schwer abgelesen werden können, ist der Anfang der Kurve in Kurve II mit 10fach vergrößertem und in Kurve III mit 100fach vergrößertem Ordinatenmaßstab dargestellt. (Die Ordinatenwerte muß man bei der Ablesung durch 10 bzw. 100 dividieren, die Abszissenwerte aber gelten unverändert.)

Alle diese Indikatoren schlagen von gelb (alkalisch) nach farblos (sauer) um, nur Phenolphthalein von rot nach farblos.

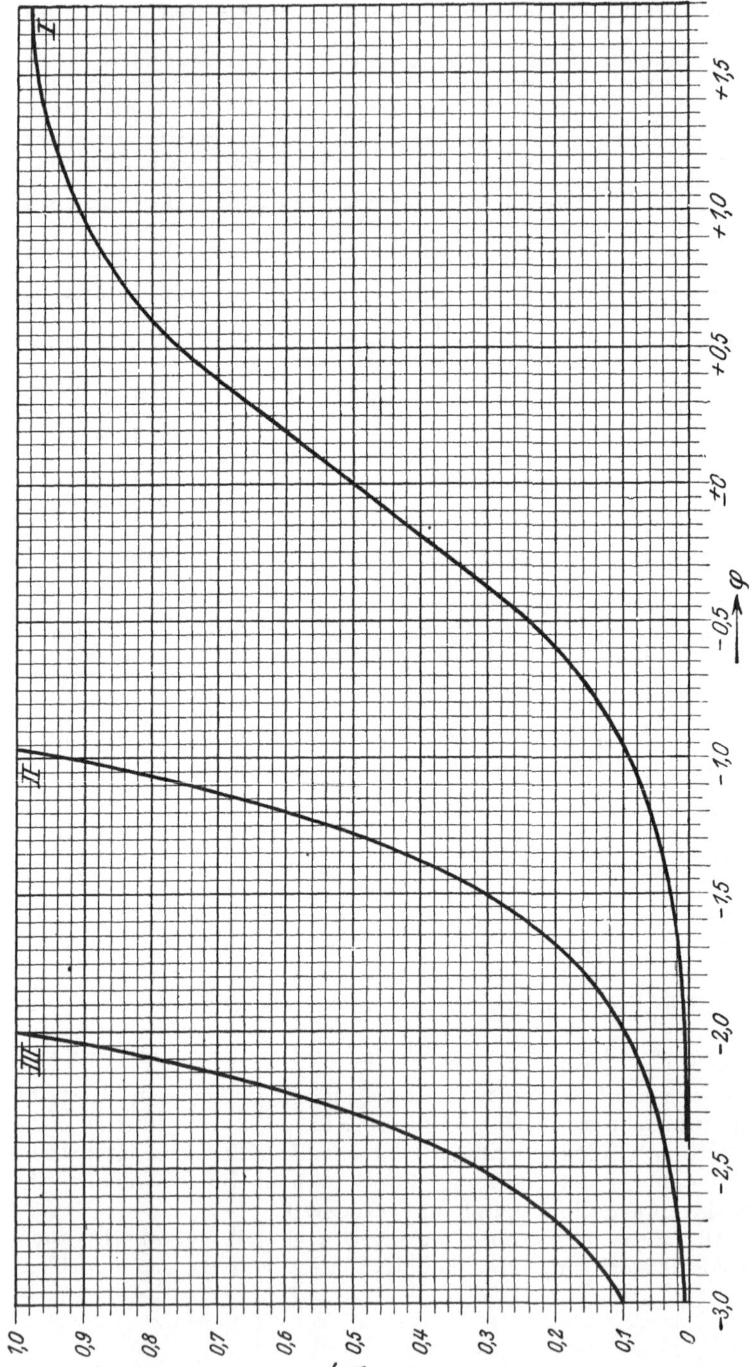

Abb. 4. Diagramm für die Indikatorenmethode ohne Puffer.

Für Phenolphthalein und m-Nitrobenzol-Azosalizylsäure findet man die zugehörigen Werte für F und p_h bei 18° Zimmertemperatur aus folgenden Tabellen.

Phenolphthalein

F	p_h	F	p_h	F	p_h
0,01	8,45	0,16	9,10	0,55	9,80
0,014	8,50	0,21	9,20	0,60	9,90
0,030	8,60	0,27	9,30	0,65	10,0
0,047	8,70	0,34	9,40	0,70	10,1
0,069	8,80	0,40	9,50	0,75	10,2
0,090	8,90	0,45	9,60	0,80	10,3
0,120	9,00	0,50	9,70		

m-Nitrobenzol-Azosalizylsäure

F	p_h	F	p_h
0,13	10,00	0,56	11,20
0,16	10,20	0,66	11,40
0,22	10,40	0,75	11,60
0,29	10,60	0,83	11,80
0,36	10,80	0,88	12,00
0,46	11,00		

Das obige Versuchsbeispiel würde nach diesen Tabellen folgendermaßen berechnet werden. Man benutzt die Formel

$$p_h = p_k + \varphi\,.$$

p_k beträgt für m-Nitrophenol bei der Versuchstemperatur von 18° nach der Tabelle auf S. 43 8,33. Aus Diagramm S. 44 finden wir für den beobachteten Farbgrad F = 0,10 den zugehörigen Wert von $\varphi = -0,95$, also ist $p_h = 8,33 - 0,95 = 7,38$.

Um sich zu überzeugen, daß die Indikatorenmethode mit Vergleichs-Pufferlösungen und diese Methode ohne Puffer dasselbe Resultat gibt, messe man ein Gemisch von 20 ccm n-NaOH, 21 ccm n-Essigsäure, mit destilliertem Wasser auf 200 ccm aufgefüllt, und zwar eine Probe mit der Methode mit Puffer (Indikator: Methylrot), eine andere Probe mit der Methode ohne Puffer (p-Nitrophenol). Das Resultat muß innerhalb der erlaubten Fehlergrenzen, d. i. innerhalb einiger Einheiten der zweiten Dezimalstelle des p_h, gleich sein.

16. Übung.
Der Säurefehler der Indikatoren[1]).

Die Indikatorenmethode kann nur unter der Bedingung richtige Resultate liefern, daß der p_h der Lösung durch den zugesetzten Indikator selbst nicht verändert wird. Da die Indikatoren selbst Säuren oder Basen sind, so trifft diese Bedingung nicht unter allen Umständen zu, sondern nur dann, wenn die zu untersuchende Lösung von Natur aus genügend gepuffert ist, um durch den Zusatz des Indikators in ihrem p_h nicht merklich geändert zu werden. In theoretisch reinem, destilliertem Wasser kann man daher p_h mit Indikatoren überhaupt nicht bestimmen, denn nach Zusatz des Indikators wird in diesem Falle der p_h auf alle Fälle geändert. Das gewöhnliche, etwas CO_2-haltige destillierte Wasser ist etwas günstiger, gestattet aber exakte Bestimmungen auch nicht. Fluß- oder Meerwasser ist infolge seines Gehaltes an Bikarbonat $+ CO_2$ schon besser gepuffert. Sehr farbkräftige Indikatoren, wie Neutralrot oder Phenolrot, von denen man nur äußerst geringe Mengen braucht, gestatten daher die p_h-Messung auch in Fluß- und Meerwasser ohne weiteres. Die etwas weniger farbkräftigen Indikatoren der Nitrophenolreihe können bei unsachgemäßer Anwendung hier schon zu Fehlern führen; wir nennen dies den Säurefehler des Indikators. Zu seiner Demonstration geben wir folgendes Beispiel: Zunächst wird in einer Probe von frischem, nicht abgestandenen Wasserleitungswasser nach der S. 31 beschriebenen Vorschrift p_h bestimmt. Man findet z. B. in Berlin in der Regel $p_h = 7,3—7,4$. Dieselbe Probe, nach der Indikatorenmethode mit Vergleichspuffer unter Anwendung von Neutralrot (S. 37) ergibt $p_h = 7,5$ bis 7,6. Es handelt sich also darum, die Indikatormethode ohne Puffer so zu gestalten, daß der Unterschied gegen die andere Methode verschwindet. Dies erreicht man dadurch, daß man viel weniger Indikator, als S. 40 angegeben, zusetzt und die Farbtiefe durch eine größere Höhe der durchblickten Wasserschicht vermehrt. Man benutzt dazu zweckmäßig 25 ccm hohe farblose Reagenzgläser, welche ein wenig mehr als 40 ccm fassen und in dem Abb. 5 abgebildeten Gestell aufbewahrt werden. Um Wasserleitungs- oder Flußwasser zu messen, füllt man 6 solche Gläser der Reihe nach mit 0,25; 0,29; 0,33; 0,38; 0,45; 0,50 ccm einer 10fach verdünnten Stammlösung von m-Nitrophenol (Konzentration der Stammlösung 0,3 g in 100 ccm Wasser) und gibt

---

[1]) MICHAELIS, L., und KRÜGER, R.: Biochem. Zeitschr. **119**, 307. 1921; MICHAELIS, L.: Zeitschr. f. Unters. d. Nahrungsmittel **42**, 75. 1921.

dazu noch je 40 ccm einer durch Verdünnung aus n-Natronlauge frisch hergestellten 1/50 n-Lauge; auf genauen Titer der Lauge kommt es nicht an. Nunmehr gibt man in ein ebensolches Reagenzglas 40 ccm frisches Wasserleitungswasser und so viel m-Nitrophenol, daß die Färbung irgendwo in das Bereich der Farbtiefe der vorbereiteten 6 Vergleichslösungen fällt. Es pflegen 2—2,5 ccm der 10fach verdünnten Stammlösung erforderlich zu sein (bei Meerwasser pflegt 1 ccm erforderlich zu sein). Der Indikator wird durch mehrmaliges Umdrehen des Röhrchens gut durchgemischt, dagegen sollen die Röhrchen mit Wasserleitungswasser nicht etwa durch Umgießen in andere Röhrchen durchgemischt werden, weil dabei CO_2-Verlust zu befürchten ist.

In dem Gestell sind 3 Löcher durch ein Holzrähmchen abgegrenzt. In das mittlere derselben stellt man das zu untersuchende Wasser, zu beiden Seiten die Vergleichslösung. Man blickt von oben durch die Röhrchen gegen eine schräg gestellte Milchglasplatte, welche von diffusem Tageslicht gut und gleichmäßig beleuchtet ist.

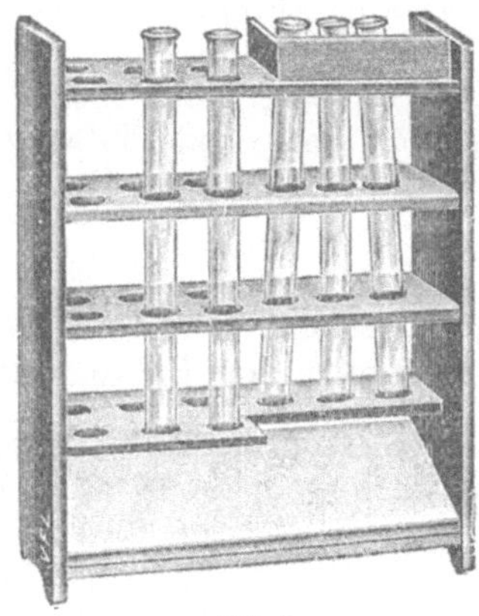

Abb. 5.

Auf diese Weise wird die Bestimmung fehlerfrei. Sie ist so exakt, daß es berechtigt ist, die kleinen Korrekturen, welche Verschiedenheiten des Salzgehaltes und der Temperatur erfordern, anzubringen. Die genaue Berechnung von p_h geschieht nach der Formel:

$$p_h = p_k + s + \vartheta + \varphi.$$

p_k ist eine für das m-Nitrophenol charakteristische Konstante und beträgt ein für allemal 8,33.

s ist die Salzkorrektur. Für Leitungs-, Fluß- und andere fast salzfreie Wasser ist $s = 0$. Für Meerwasser innerhalb aller in Betracht kommenden Salzgehalte beträgt $s = -0,16$.

ϑ ist die Temperaturkorrektur. Die Temperatur des Wassers wird in dem Röhrchen direkt gemessen und danach folgender Wert für ϑ eingesetzt:

Temperatur in °C

5	10	15	17,5	20	25	30	35	40
$\vartheta + 0,10$	$+0,06$	$+0,02$	± 0	$-0,02$	$-0,06$	$-0,11$	$-0,15$	$-0,18$

φ wird in dem Diagramm S. 44 abgelesen.

Mit dieser Methode erhält man für Berliner Leitungswasser in der Regel $p_h = 7{,}6$, also denselben Wert wie bei der Bestimmung nach SÖRENSEN mit Neutralrot, aber einen etwas anderen als bei der Bestimmung mit m-Nitrophenol ohne Puffer wie in der 15. Übung (7,4). In jener Übung wurde das Wasserleitungswasser als Objekt erstens der Einfachheit halber empfohlen, zweitens um auf die jetzige Übung vorzubereiten. Für die gewöhnlich untersuchten Flüssigkeiten: Harn, bakteriologische Nährböden, Bier u. dgl., kommt dagegen ein solcher Säurefehler nicht in Frage, weil diese Flüssigkeiten gut gepuffert sind durch Phosphate, Laktate, Eiweiß usw.

Die in dieser Übung beschriebene Methode eignet sich auch gut für wissenschaftliche Expeditionen zur Untersuchung des p_h von Meer- und Flußwasser, weil sie die Mitnahme der Pufferlösungen nicht erfordert.

<h2 style="text-align:center">17. Übung.</h2>

p_h-Messung nach der Indikatorenmethode in einer gefärbten oder getrübten Flüssigkeit nach dem WALPOLEschen Prinzip.

In einem normalen sauer reagierenden Harn soll p_h nach der Indikatorenmethode ohne Puffer bestimmt werden. Es handelt sich darum, die Eigenfarbe des Harns optisch unschädlich zu machen. Man benutzt hierzu das WALPOLEsche Prinzip. Der dazu erforderliche einfache Apparat, der Komparator, ist in Abb. 6 abgebildet. Er besteht aus einem Holzblock mit eingebohrten Löchern, in welche Reagenzgläser gesteckt werden können, und den Gucklöchern a, b, c, durch welche man je zwei hintereinander stehende Gläser gleichzeitig durchblickt. An der Rückseite kann man eine Mattscheibe und eine helle Blauscheibe einsetzen.

Der Harn wird zunächst zur Verminderung seiner Eigenfarbe aufs 2- bis 3fache verdünnt. Als Verdünnungsflüssigkeit nimmt man wohl am besten eine dem Harn einigermaßen entsprechende Salzlösung, eine etwa 2proz. NaCl-Lösung; jedoch macht es kaum etwas aus, wenn man statt dessen destilliertes Wasser nimmt. 10 ccm des verdünnten

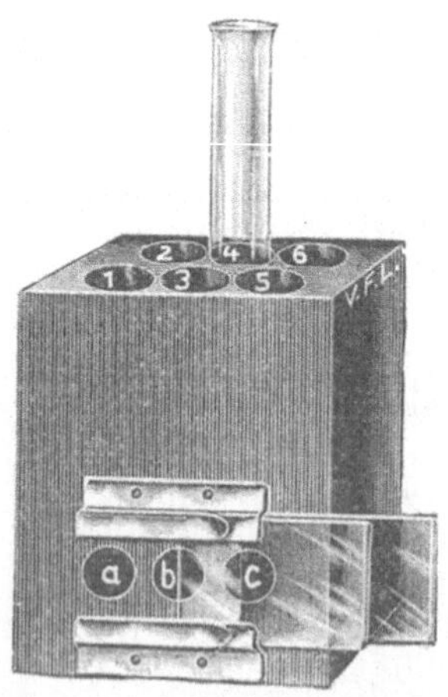

Abb. 6. Dreilöchriger Komparator, von hinten gesehen.

Harns werden in ein Reagenzglas gefüllt und dazu eine genau abgemessene Menge der oben angegebenen Stammlösung von p-Nitrophenol zugesetzt (in der Regel wird 0,5—1 ccm geeignet sein). Es muß eine deutliche, aber nicht zu intensive gelbe Färbung auftreten. Dieses Röhrchen steckt man in das Loch 3, ein zweites Röhrchen füllt man in genau derselben Weise, nur nimmt man statt der Indikatorlösung die gleiche Menge Wasser und steckt dieses Röhrchen in das Loch 1. In das Loch Nr. 4 steckt man ein Reagenzglas mit beliebig viel Wasser. Nun stellt man in derselben Weise wie in Übung 15 eine Serie von Verdünnungen von p-Nitrophenol in 1/50 normal Natronlauge her, von denen jede das gleiche Gesamtvolumen hat wie das Röhrchen mit dem Harn, und probiert aus, welches dieser Vergleichsröhrchen man in das Loch Nr. 2 des Komparators stecken muß, damit Farbgleichheit eintritt. Die Beobachtung geschieht durch die Gucklöcher a und b, während man das Loch c, wofern man es nicht als ein zweites Vergleichsloch benutzen will, mit dem Daumen verschließt. Da man

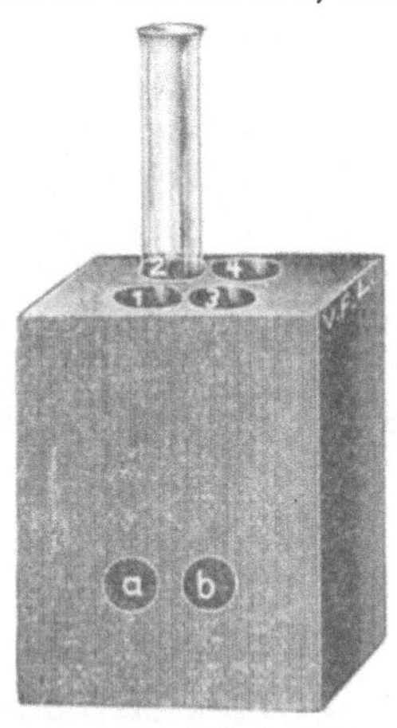

Abb. 7. Zweilöchriger Komparator, von vorn gesehen.

das dritte Loch entbehren kann, kann man auch mit einem zweilöchrigen Komparator (Abb. 6) arbeiten. Die in der Abb. 7 sichtbare Wand des Komparators, welche die Matt- und Blauscheibe trägt, wird dem Himmel zugekehrt, die Beobachtung geschieht von der anderen Seite her. Durch beide Löcher beobachtet man die Mischfarbe des Harnfarbstoffs und des Indikators; in dem einen Falle sind diese beiden Farben wirklich vermischt, in dem anderen mischen sie sich, obwohl sie räumlich getrennt sind, optisch, da man die beiden Röhrchen hintereinander durchblickt. In beiden Röhrchen ist daher der Indikator mit dem Harnfarbstoff in gleicher Weise kombiniert und Farbgleichheit kann nur eintreten, wenn der Indikator in beiden Röhrchen denselben Farbgrad hat. Durch die Blauscheibe wird bewirkt, daß die verschiedenen Helligkeitsgrade des Gelb in verschiedene Farbqualitäten von gelb über grün nach blau umgewandelt werden, was die Beobachtung erleichtert. Bei Indikatoren anderer Färbung läßt man die Blauscheibe fort und arbeitet nur mit der Mattscheibe. Die Berechnung von p$_h$ erfolgt in derselben Weise wie in der 15. Übung. Bei normalem Harn finde man beispielsweise, wenn 0,75 ccm p-Nitrophenol zum Harn zugesetzt waren, Farbgleichheit mit demjenigen Laugenröhrchen, welches 0,30 ccm 10 fach verdünnten Indikator enthält. Der Farbgrad ist dann also

$$0,030:0,75 = 0,040 \text{ und somit } p_h = 7,16 - 1,38 = 5,78.$$

Im Harn findet man p_h zwischen 5 und 7.

Das WALPOLEsche Prinzip bewährt sich ebenso gut, wenn die zu untersuchende Lösung trübe ist. Man kann z. B. Bouillon, in welcher Bakterien gewachsen sind, messen. Frische Nährbouillon pflegt p_h 7—7,5 zu zeigen (Indikator m-Nitrophenol), mit Bacterium coli geimpfte Traubenzuckerbouillon erreicht einen p_h von etwa 5 (Indikator γ-Dinitrophenol).

Dieser Komparator[1]) war ursprünglich für die p_h-Bestimmung in gefärbten Lösungen nach der SÖRENSENschen Methode (12. Übung) bestimmt, eignet sich aber für die Methode ohne Puffer ebensogut.

18. Übung.
Zur Theorie des Farbenumschlages der Indikatoren.

WI. OSTWALD erklärte den Farbenumschlag der Indikatoren dadurch, daß er den Ionen dieser Stoffe eine andere Farbe zuschrieb als den undissoziierten Molekülen. HANTZSCH dagegen bewies, daß der Farbenumschlag an eine tautomere (desmotrope) Umlagerung geknüpft ist (z. B. von einer chinoiden in eine laktoide Form). Der Gegensatz dieser beiden Anschauungen verschwindet bei der heutigen Betrachtung der Molekülstrukturen: das Auftreten einer freien elektrischen Ladung bei der Bildung eines Ions erscheint uns als ein hinreichender Grund, um die innere Struktur eines zur tautomeren Umlagerung befähigten Moleküls gleichzeitig zu verändern. Diese tautomere Umlagerung braucht aber nicht plötzlich zu geschehen, es gibt Fälle, bei denen die für das Auge sichtbare Farbänderung mehrere Stunden erfordert, während doch die Ionenbildung selbst augenblicklich geschieht. Gute Beispiele hierfür sind Säurefuchsin oder Wasserblau. Man stelle sich drei Phosphatmischungen von $p_h = 6,5$, 7,0 und 7,5 her und gebe zu je 10 ccm derselben von einer 1 promill. Lösung von Wasserblau eine geeignete Menge hinzu. Zunächst zeigen alle drei Röhrchen dieselbe Farbtiefe; ganz allmählich blassen sie um so stärker ab, je größer der p_h ist; nach mehrstündigem Warten stellt sich jedes Röhrchen auf einen ganz bestimmten Farbgrad definitiv ein. Bei höherer Temperatur wird die definitive Farbe schneller erreicht. Ein so beschaffener Indikator wäre in der Praxis in der Regel nicht brauchbar.

---

[1]) Komparator von HURWITZ, MEYER und OSTENBERG. Proc. of the soc. f. exp. biol. a. med. **13**, 24. 1915. Zitiert nach W. MANSFIELD CLARK: The Determination of Hydrogen Ions. Baltimore 1920, S. 57. Der Komparator wird in erprobten Dimensionen und mit Hinzufügung der Vorrichtung für Matt- und Blauscheibe jetzt in Deutschland fabriziert.

19. Übung.
Vereinfachung der Indikatorenmethode ohne Puffer: die Indikator-Dauerreihen.

Die Lösungen der einfarbigen Indikatoren der Nitrophenolreihe sind so gut wie unbegrenzt haltbar. Man braucht daher die Vergleichslösungen nicht jedesmal frisch herzustellen, sondern kann sie in zugeschmolzenen Reagenzgläsern vorrätig halten. Die erforderlichen Lösungen haben folgende Zusammensetzung:

Man bereitet zunächst folgende Stammlösungen:

m-Nitrophenol	. . .	0,300 g	auf	100 ccm	dest. Wasser
p-Nitrophenol	. . .	0,100 ,,	,,	100 ,,	,,	,,
γ-Dinitrophenol	. .	0,100 ,,	,,	400 ,,	,,	,,
α-Dinitrophenol	. .	0,100 ,,	,,	200 ,,	,,	,,

Von diesen Stammlösungen bereitet man sich zur Herstellung der Dauerreihen eine Verdünnung mit dest. Wasser genau auf das 10fache (z. B. 2 ccm + 18 ccm dest. Wasser). Von diesen Verdünnungen füllt man in eine Reihe Reagenzgläser mit eingeschnürtem Hals („Einschmelzgläser“) von genau gleichem Kaliber die in der folgenden Tabelle angegebenen Mengen ein, füllt jedes Glas mit 0,1 n-Lösung von Natriumkarbonat auf genau 7,00 ccm auf, schmilzt die Gläser zu und bezeichnet sie mit dem in den Tabellen angegebenen p_h-Etikett.

I. Dauerreihe für m-Nitrophenol.

Glas Nr.	1	2	3	4	5	6	7	8	9
ccm Indikator	5,2	4,2	3,0	2,3	1,5	1,0	0,66	0,43	0,27
p_h-Etikett	8,4	8,2	8,0	7,8	7,6	7,4	7,2	7,0	6,8

II. Dauerreihe für p-Nitrophenol.

Glas Nr.	1	2	3	4	5	6	7	8	9
ccm Indikator	4,05	3,0	2,0	1,4	0,94	0,63	0,40	0,25	0,16
p_h-Etikett	7,0	6,8	6,6	6,4	6,2	6,0	5,8	5,6	5,4

III. Dauerreihe für γ-Dinitrophenol.

Glas Nr.	1	2	3	4	5	6	7	8
ccm Indikator	6,6	5,5	4,5	3,4	2,4	1,65	1,1	0,74
p_h-Etikett	5,4	5,2	5,0	4,8	4,6	4,4	4,2	4,0

IV. Dauerreihe für α-Dinitrophenol.

Glas Nr.	1	2	3	4	5	6	7	8	9
ccm Indikator	6,7	5,7	4,6	3,4	2,5	1,74	1,20	0,78	0,51
p_h-Etikett	4,4	4,2	4,0	3,8	3,6	3,4	3,2	3,0	2,8

Ein 9. Röhrchen der III. Reihe anzusetzen, lohnt nicht. Es ist schon zu blaß.

Die letzten Röhrchen der IV. Reihe sind ebenfalls sehr blaß; man kann sie ersetzen durch eine kleine Reihe mit β-Dinitrophenol; Stammlösung 0,100 g auf 300 ccm dest. Wasser; sie wird zur Herstellung der Dauerreihe, wie die früheren, 10fach verdünnt.

V. Dauerreihe für β-Dinitrophenol.

Glas Nr.	1	2	3	4	5
ccm Indikator	2,44	1,68	1,15	0,76	0,49
p_h-Etikett	3,2	3,0	2,8	2,6	2,4

Die 4 Dauerreihen werden in einem Gestell wie Abb. 8 vor Licht geschützt aufbewahrt und sind fast unbegrenzt haltbar. Die p_h-Etikettierung gilt bei folgenden Arbeitsbedingungen: In das Glas Nr. 3 des Komparators werden **6 ccm** der zu untersuchenden Lösung $+ 1$ ccm der (unverdünnten) Stammlösung des geeigneten Indikators eingefüllt; in das Glas Nr. 1 werden 6 ccm der zu untersuchenden Lösung $+$ 1 ccm Wasser eingefüllt. In das Glas Nr. 4 kommt reines Wasser, und nun versucht man, welches Röhrchen der entsprechenden Dauerreihe man in das Glas Nr. 2 stecken muß, damit bei Beob-

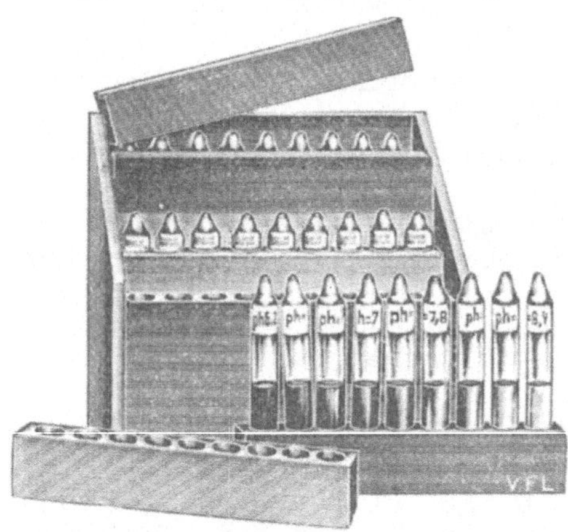

Abb. 8. Gestell mit den fertigen Indikator-Dauerreihen, für $p_h = 2,8$—$8,4$.

achtung mit Matt- und Blauscheibe Farbgleichheit eintritt. Die p_h-Stufen dieser Reihen betragen 0,2; dazwischen kann man leicht noch durch Schätzung interpolieren, so daß die Fehlerbreite der Bestimmung auf höchstens $\pm 0,05$ angesetzt werden kann, vorausgesetzt, daß ein Salz- oder Eiweißfehler nicht in Betracht kommt; diese Indikatoren haben sämtlich sehr kleine Salz- und Eiweißfehler.

Sehr stark gefärbte Flüssigkeiten dürfen, wenn sie den Charakter von Pufferlösungen haben, unbeschadet der Genauigkeit der Messung aufs 3fache, bei Bedarf ohne bedeutenden Fehler sogar aufs 10fache verdünnt werden; als Verdünnungsflüssigkeit kann einfach destilliertes Wasser genommen werden. Übungsbeispiele sind für m-Nitrophenol: Nährbouillon (3fach verdünnt); für m- oder p-Nitrophenol: menschlicher Harn (2—3fach verdünnt); für γ-Dinitrophenol: helles Bier (3fach verdünnt), dunkles Bier (5—10fach verdünnt); Traubenzuckerbouillon, in welcher Bacterium coli 24 Stunden gewachsen ist; Magensaft eines Säuglings (wenn erforderlich 2—3fach verdünnt).

Ein weiteres Übungsbeispiel ist Gelatine, 10proz. Lösung. Man verflüssigt sie im Wasserbad, versetzt, wenn nötig, nach Verdünnung noch flüssig 6 ccm mit 1 ccm Indikator bzw. Wasser, läßt sie abkühlen (Erstarren schadet nichts) und verfährt weiter wie gewöhnlich. Ebenso kann mit festen Agarnährböden verfahren werden.

20. Übung.

Der Unterschied zwischen aktueller Azidität und Titrationsazidität.

Die aktuelle Azidität einer Lösung ist identisch mit der h. Die Titrationsazidität ist ein Maß für ihr Laugenbindungsvermögen. Titriert man die Lösung einer starken Säure (HCl, HNO_3, H_2SO_4), so decken sich beide Begriffe. Es ist dann auch praktisch fast belanglos, mit welchem Indikator man titriert. Man titriere 10 ccm einer etwa $^1/_{10}$ n-HCl-Lösung mit 0,1 n-NaOH und verwende in drei Parallelversuchen als Indikator

a) Phenolphthalein (Lösung wie S. 37); man titriert bis zur eben beginnenden Rosafärbung.

b) Lackmustinktur nach KUBEL-TIEMANN; titrieren bis zum violetten Ton.

c) Methylorange (Lösung wie S. 37), bis zum völligen Verschwinden jedes roten Tons, d. h. so lange, bis der nächste Tropfen NaOH die schwach gelbe Farbe nicht mehr verändert. Die drei Werte werden identisch sein; nehmen wir an genau 10 ccm, dann wäre also die titrierte HCl genau 0,1 n. Die h in dieser Lösung ist ebenfalls fast genau 0,1 n, wenn wir absehen von der nicht vollständigen Dissoziation[1]).

Wenn wir dagegen 10 ccm 0,1 n-Essigsäure mit 0,1 n-NaOH titrieren, so finden wir:

a) bei Phenolphthalein verbrauchen wir 10 ccm,

b) bei Lackmus nahezu ebensoviel,

c) Methylorange wird schon durch etwa 4—5 ccm Lauge gelb, und zwar so allmählich, daß ein Endpunkt der Titration

---

[1]) Oder besser von der Verminderung der H-Ionen-Aktivität nach BJERRUM; s. S. 39.

nicht scharf angegeben werden kann; insbesondere hebt sich der erwartete Endpunkt der Titration (bei 10 ccm 0,1 n-Lauge) in keiner Weise heraus.

Wenn wir viertens in der 0,1 n-Essigsäure h nach der Methode S. 31 bestimmen, so finden wir rund $1,4 \cdot 10^{-3}$. Hier deckt sich h mit der Titrationsazidität gar nicht; die letztere ist sogar für verschiedene Indikatoren ganz verschieden.

Beim Titrieren ändert sich die h durch den Zusatz der Lauge schrittweise; der Endpunkt bei Phenolphthalein zeigt den Durchgang durch $p_H =$ etwa 8, Lackmus durch $p_H =$ etwa 7, Methylorange durch etwa $p_H = 5$ an.

Beim Titrieren einer starken Säure geschieht der Durchgang durch diese drei verschiedenen p_H so dicht hintereinander, daß es fast belanglos ist, welchen Indikator man wählt. Bei Essigsäure wird der Durchgang von $p_H = 6$ bis $p_H = 8$ erst durch eine größe Menge Lauge bewirkt, daher ist hier die Wahl des Indikators von Bedeutung;

Beim Titrieren erfährt man also, außer bei einer Mineralsäure, niemals die h. Das Titrieren kann in zwei Absichten geschehen:

a) um festzustellen, wieviel Kubikzentimeter Lauge bis zur Erreichung der neutralen Reaktion erforderlich sind. Dann darf man von den soeben genannten drei Indikatoren nur Lackmus anwenden. Dieser Punkt ist oft nur unscharf zu bestimmen, weil p_h sich beim Laugenzusatz nur sehr allmählich ändert und daher eine sehr allmähliche Farbenänderung stattfindet. Die Feststellung dieses Punktes hat auch kaum jemals eine praktische Bedeutung.

b) um festzustellen, wieviel Äquivalente Essigsäure in der Lösung sind. Dann muß man so viel Lauge zufügen, daß eine reine Lösung von Natriumazetat resultiert, so daß der nächste Tropfen Lauge überschüssige Lauge ist. Der Indikator muß also diejenige h markieren, welche eine reine Natriumazetatlösung hat. Da Natriumazetat infolge hydrolytischer Dissoziation ein Spürchen alkalisch ist (p_h zwischen 7 und 8, je nach der Konzentration), so muß man Phenolphthalein wählen; derjenige Tropfen, welcher soeben Rötung hervorruft, zeigt p_h etwa $= 8$ an.

Beispiele für Lösungen, welche gleiche h, aber verschiedene Titrationsazidität haben:

1. 0,0014 n-HCl und 0,1 n-Essigsäure haben gleiche h, rund $= 1,4 \cdot 10^{-3}$. Die Titrationsazidität mit Phenolphthalein gegen 0,1 n-NaOH ist für HCl kaum meßbar klein (71,4 ccm verbrauchen 1 ccm Lauge); 10 ccm der Essigsäure verbrauchen dagegen 10 ccm Lauge.

2. Man stelle eine Mischung von 20 ccm n-Essigsäure $+$ 10 ccm n-NaOH her und von dieser Mischung zweitens eine 10fache Verdünnung. In beiden Lösungen ist h die gleiche (s. S. 29, c), etwa $2 \cdot 10^{-5}$. 10 ccm der ersteren Lösung, mit 0,1 n-NaOH und Phenolphthalein titriert, verbrauchen 33 ccm 0,1 n-NaOH; 10 ccm der zweiten 3,3 ccm Lauge.

Sehr lehrreich ist die Titration einer wässerigen Lösung von Phosphorsäure. Primäres Natriumphosphat NaH_2PO_4 reagiert gegen Methylorange soeben noch sauer; ein Tropfen überschüssige Lauge entfärbt Methylorange zum reinen Hellgelb. Sekundäres Natriumphosphat Na_2HPO_4 reagiert gegen Phenolphthalein gerade eben deutlich alkalisch, so daß ein Tropfen Säure den Indikator gerade entfärbt. Tertiäres Natriumphosphat Na_3PO_4 reagiert stark alkalisch und verhält sich gegen Phenolphthalein wie Lauge. Wenn man Phosphorsäure gegen 0,1 n-NaOH titriert, wobei man Methylorange (wenig!) und Phenolphthalein gleichzeitig zugeben kann, so braucht man zur Erreichung des Phenolphthaleinumschlags genau doppelt soviel Lauge wie für den Methylorangeumschlag. Als Methylorange-Endpunkt muß derjenige gelten, wo noch eine Spur Orange sichtbar ist, derart, daß der nächste Tropfen das reine, blasse Gelb erzeugt; dieser „nächste" Tropfen wird nicht mehr mitgerechnet. Der Phenolphthaleinumschlag ist bei demjenigen Tropfen Lauge erreicht, wo ein (nicht nur andeutungsweise sichtbares, sondern ein) deutliches Rot auftritt; dieser Tropfen muß mitgerechnet werden. Am besten macht man sich die Endpunkte der Titration dadurch deutlich, daß man eine Lösung von verdünntem primären Kaliumphosphat (s. S. 31) mit Methylorange, und eine Lösung von sekundärem Natriumphosphat (S. 32) mit Phenolphthalein daneben stellt. Die Endpunkte sind auf 1—2 Tropfen genau bestimmbar.

<h2 style="text-align:center">21. Übung.</h2>

<h3 style="text-align:center">Titration von Magensaft[1].</h3>

Die Titration des Magensaftes kann in angenäherter Weise auf zwei Fragen Antwort geben:

1. Wie groß ist die h des Magensaftes? Diese Frage ist deshalb von Bedeutung, weil das Pepsin zur optimalen Entfaltung seiner Wirksamkeit einer engbegrenzten Zone der h bedarf (p_h 1,7—2). Die Frage kann man auch formulieren: Wie groß ist die Menge der „freien HCl"?

---

[1] MICHAELIS, L.: Biochem. Zeitschr. **79**, 1. 1917.

2. Wieviel HCl hat der Magen überhaupt sezerniert? („Gesamte HCl".) Denn da im Magen säurebindende Stoffe (Eiweiß, Pepton) sind, so bleibt nicht die ganze sezernierte HCl „frei".

Die erste Frage kann durch eine p_H-Messung nach einer der beschriebenen Methoden, mit Anwendung des WALPOLEschen Prinzips praktisch ausreichend genau ausgeführt werden. Exakter ist sie mit der Gaskette (s. später) zu beantworten. In angenäherter Weise kann sie auch durch das folgende Titrationsverfahren gelöst werden. Der Beweis für die Richtigkeit des Verfahrens wurde durch Vergleichung mit p_H-Bestimmungen empirisch erbracht.

Man gibt 10 ccm des filtrierten Magensaftes ohne weitere Verdünnung in eine weiße Porzellanschale und gibt 2 Tropfen einer 0,1 proz. alkoholischen Lösung von Dimethylaminoazobenzol hinzu. Bei Anwesenheit freier HCl färbt sich die Lösung rosenrot. Man titriert, bis eben eine Spur Orange durchschimmert, d. h. bis etwa ein lachsfarbener Ton entsteht. Dieser Umschlag ist zwar nicht haarscharf, aber immerhin auf 2—3 Tropfen genau anzugeben. Ein richtiges Orange ist jedenfalls zu weit titriert. Das ist der Endpunkt für die Titration der freien HCl. Ist dieser Punkt z. B. bei 3 ccm $^1/_{10}$ n-Lauge erreicht, so heißt das: 10 ccm Magensaft enthalten so viel freie HCl wie 3 ccm $^1/_{10}$ n-HCl. In der Magenchemie sagt man gewöhnlich: die Azidität in bezug auf freie HCl ist 30 (die Anzahl der für 100 ccm Magensaft verbrauchten Kubikzentimeter 0,1 n-Lauge). Die Konzentration an freier HCl ist demnach 0,03 n, und die h ebensogroß, wenn man die für den gegebenen Genauigkeitsgrad genügend zutreffende Annahme macht, daß die freie HCl total dissoziiert sei; p_h ist daher = 1,5.

Die gesamte HCl erfährt man folgendermaßen: Man fügt in dieselbe Lösung nunmehr (wenn man will, schon vorher) noch 2 Tropfen Phenolphthalein und titriert weiter, bis die reine, zitronengelbe Farbe des Dimethylaminoazobenzol erreicht ist, welche gar keine Orange mehr enthält. Man titriert so weit, daß der nächste Tropfen Lauge keine weitere Veränderung der Farbe mehr hervorruft (dieser Tropfen rechnet dann nicht mehr mit), und notiert die Laugenmenge. Nun titriert man noch weiter bis zur beginnenden Phenolphthaleinrötung und notiert die Laugenmenge wieder. Die Mitte zwischen den beiden Notierungen gibt das Ende der gesamten Salzsäure an; z. B.:

10 ccm Magensaft verbrauchen

bis Dimethylaminobenzol	lachsfarben	3,0	ccm
„ „	rein gelb	5,0	„
„ Phenolphthalein	rosa	7,4	„

Dann ist das Ende der freien HCl bei 3,0 ccm,

      ,,   ,,   ,, gesamten HCl bei 6,2 ccm,

h ist dann = 0,030 n.

In der Ausdrucksweise der Magenchemie ist

        die freie HCl 30

        die gesamte HCl 62

        die gebundene HCl 32.

Färbt sich ein Magensaft mit Dimethylaminoazobenzol von vornherein nur lachsfarben oder gar orange oder gelb, so enthält er nach dieser Definition ,,keine freie HCl''. Die Definition des ,,Mangels an freier HCl'' ist mit absoluter objektiver Schärfe nicht zu geben; die obige willkürliche Definition wird deshalb als einzig praktisch anwendbare empfohlen.

Enthält der Magensaft Milchsäure, so ist deren Azidität in die Titration der ,,gesamten HCl'' inbegriffen. Die Titration der gesamten HCl durch Indikatoren ist daher nur bei praktischer Abwesenheit von Milchsäure möglich.

Die Zahlen für sehr kleine Mengen gesamter HCl (Aziditäten von 10 und darunter) haben keinen strengen Wert mehr; unter solchen Bedingungen werden die Voraussetzungen für die Methode unsicher. Für die Fragestellung der Klinik reicht die Methode aus.

V. Fällungsoptima bei variierter Wasserstoffzahl.

Das Prinzip der h-Reihe mit Salzkonstanz [1]).

Will man den Einfluß der h auf den Zustand irgendeiner Lösung untersuchen, so können wir das durch einen Reihenversuch, in welchem durch passend gewählte Regulatoren die h in geometrischer Reihe (also p_h in arithmetischer Reihe, S. 26) abgestuft ist. Nun haben aber auf die Zustände der verschiedenen Substanzen nicht allein die H-Ionen, sondern bald mehr, bald weniger auch andere Ionenarten einen Einfluß. Will man den reinen Einfluß der Variation der H-Ionen untersuchen, so muß man die anderen Ionenarten innerhalb einer jeden einzelnen Reihe konstant halten. Das Problem ist also, eine Reihe von Lösungen herzustellen, in denen h ansteigt, die anderen Ionenarten aber konstant bleiben. Dieses Problem ist mit völliger

---

[1]) MICHAELIS, L. und RONA, P.: Biochem. Zeitschr. **27**, 38. 1910. Man könnte heute statt ,,Salzkonstanz'' besser sagen: ,,Konstanz der Ionenstärke''.

Exaktheit natürlich unlösbar, da man Änderungen von h nur durch Änderung der Zusammensetzung an den anderen Ionen, mit denen sie im Gleichgewicht sind, erreichen kann. Mit einer praktisch durchaus genügenden Annäherung wird jedoch das Problem auf folgende Weise gelöst: Wir variieren in einer Reihe von Natriumazetat-Essigsäuregemischen nur die Menge der Essigsäure und halten die Menge des Natriumazetats konstant (nicht aber umgekehrt!). Diese Lösungen enthalten alle 1. Na$\cdot$-Ionen, 2. Azetat-Ionen, 3. H$\cdot$-Ionen (4. OH$'$-Ionen, die nicht besonders betrachtet zu werden brauchen, weil ihre Menge stets durch die H-Ionen festgelegt ist; s. S. 25). Halten wir die Menge des Natriumazetats konstant, so bleibt die Menge der Na-Ionen sicher konstant; die Menge der Azetat-Ionen vermehrt sich nur dadurch, daß mit steigendem Zusatz von Essigsäure auch die Azetat-Ionen etwas mehr werden. Da aber die Essigsäure auf alle Fälle nur zu einem winzigen Bruchteil dissoziiert ist, so ist die von der Essigsäure gelieferte Azetat-Ionenmenge zu vernachlässigen gegenüber der vom Natriumazetat gelieferten; und so bleibt praktisch auch die Menge der Azetat-Ionen konstant. Außer den H-Ionen ändert sich also in der Reihe nur die Menge der nichtdissoziierten Essigsäure. Diese trägt keine Ladung und ist für die meisten Fälle als indifferenter Stoff zu betrachten. Damit ist das Problem, in einer Reihe allein die h zu variieren, praktisch gelöst.

22. Übung.

Das Kristallisationsoptimum oder Löslichkeitsminimum der m-Aminobenzoesäure[1].

Aminosäuren haben in ihrem isoelektrischen Punkt ein Kristallisationsoptimum, d. h. ein Löslichkeitsminimum. Die Schärfe dieses Optimums hängt von der Größe des Produktes $K_a \cdot K_b$ ab. (K_a = Dissoziationskonstante als Säure, K_b als Base.) Die größten vorkommenden Werte für $K_a \cdot K_b$ betragen nicht viel mehr als 10^{-16}. Bei solchen Aminosäuren ist das Kristallisationsoptimum ziemlich scharf ausgeprägt. Ist $K_a \cdot K_b$ kleiner, so hebt sich das Optimum viel weniger scharf heraus. Eine geeignete Aminosäure zur Demonstration eines ziemlich scharfen Kristallisationsoptimums ist m-Aminobenzoesäure mit $K_a = 1{,}6 \cdot 10^{-5}$, $K_b = 1{,}2 \cdot 10^{-11}$, also $K_a \cdot K_b =$ etwa $2 \cdot 10^{-16}$. Der isoelektrische Punkt J, d. h. diejenige h, bei der ein Maximum von nicht ioni-

---

[1] MICHAELIS, L. und DAVIDSOHN, H.: Biochem. Zeitschr. **30**, 143. 1910.

sierten Molekülen der Aminosäure vorhanden ist, steht in folgender Beziehung zu den Dissoziationskonstanten:

$$J = \sqrt{\frac{K_a}{K_b} \cdot K_w}\,,$$

wo K_w die Dissoziationskonstante des Wassers bei Zimmertemperatur $0{,}6 \cdot 10^{-14}$ ist. Also ist J angenähert:

$$J = \sqrt{\frac{1{,}6 \cdot 10^{-5}}{1{,}2 \cdot 10^{-11}} \cdot 0{,}6 \cdot 10^{-14}} = 9 \cdot 10^{-5}\,.$$

Um dies zu demonstrieren, setze man folgenden Versuch an. Man mische zunächst

Röhrchen Nr.	1	2	3	4	5
Wasser ccm	1,5	1,4	1,2	0,8	0,0
7,5fach n-Essigsäure ccm	0,1	0,2	0,4	0,8	1,6

Nun gibt man in jedes Röhrchen 1 ccm einer 8proz. Lösung von m-Aminobenzoesäure in $^1/_1$ n-NaOH. Sollte sofort ein Niederschlag entstehen, so setzt man alle Röhrchen in ein heißes Wasserbad und nimmt sie nach einigen Minuten heraus. Bei der Abkühlung auf Zimmertemperatur kristallisiert allmählich die Aminosäure aus. Man beobachtet z. B. folgendes:

	1	2	3	4	5
Die Kristallisation wird deutlich	gar nicht	gar nicht	nach 3 Minuten	nach 1 Minute	gar nicht

Ist die Beobachtung beendet, so kann man im Wasserbad die Kristalle wieder lösen und die Kristallisation durch Abkühlen beliebig oft wiederholen. Fast noch schöner hebt das Optimum der Kristallisation sich heraus, wenn man die Röhrchen je mit 1 ccm Wasser verdünnt. Das Optimum der Kristallisation (Nr. 4) entspricht einem Gehalt von 0,8 ccm 7,5n-Essigsäure $+$ 1 ccm n-NaOH, d. h. von 5 Äquivalenten Essigsäure $+$ 1 Äquivalent Natriumazetat. Hieraus ergibt sich $h = 1 \cdot 10^{-4}$: das Röhrchen Nr. 3 würde ergeben $h = 0{,}5 \cdot 10^{-4}$. Die Zahlen stehen in guter Übereinstimmung mit dem erwarteten isoelektrischen Punkt[1]).

Die Berechnung von h bzw. p_h aus der Zusammensetzung des Azetat-Regulators hat nur angenäherte Bedeutung; die Anwesenheit der Aminosäure ist dabei nicht berücksichtigt. Für genaue zahlenmäßige Feststellung des Optimums wird man sich mit der Berechnung von h nicht begnügen, sondern sie nach Beendigung

---

[1]) Nur Präparate von m-Aminobenzoesäure, die genügend rein sind und in völlig luftdicht schließenden Gefäßen aufbewahrt worden sind, eignen sich für den Versuch.

des Versuchs in den Lösungen einzeln messen (am besten mit Hilfe der später zu besprechenden elektrometrischen Methode). Für diese Demonstration können wir uns das ersparen, denn 1. ist aus theoretischen Gründen gerade im isoelektrischen Punkt kein Einfluß der Aminosäure auf h vorhanden, 2. sind bei dieser Versuchsanordnung die Abweichungen der wirklichen h von der berechneten selbst in den ungünstigsten Fällen nicht so groß, wie der h-Unterschied von einem Röhrchen zum nächsten beträgt.

Für unsere Zwecke soll diese angenäherte Berechnung genügen. In wissenschaftlichen Arbeiten ist es aber unbedingt erforderlich, die h auch wirklich in jedem Röhrchen zu messen, wenn die absolute Größe der Zahl Anspruch auf Genauigkeit erheben will. Das gilt für alle folgenden Versuchsbeispiele ebenso.

Man vergegenwärtige sich, welche Verluste an Substanz man beim Umkristallisieren hat, wenn man die Aminobenzoesäure nicht genau bei optimaler h umkristallisiert!

23. Übung.
Das Fällungsoptimum des Kaseins bei variierter h[1]).

Ganz analog dem Löslichkeitsminimum der Aminobenzoesäure ist das Flockungsoptimum eines kolloiden Eiweißkörpers bei variierter h, das wir zuerst am Kasein kennenlernen wollen. Die Deutung kann auf zweierlei Weisen gegeben werden, die keinen Gegensatz zueinander darstellen, sondern dasselbe in „zwei Sprachen" ausdrücken.

1. Entweder sagt man: reines Kasein ist unlöslich, die Kasein-Ionen, sowohl das positive (bei stark saurer Reaktion) als auch das negative (bei alkalischer Reaktion) sind löslich. Infolgedessen muß es eine bestimmte h geben, wie bei der Aminobenzoesäure, bei der ein Löslichkeitsminimum besteht.

2. Oder man sagt: Eine Kaseinlösung ist eine kolloide Lösung, welche Aggregate von Kaseinmolekülen als disperse Phase enthält. Die elektrische Ladung dieser dispersen Phase hängt von der h ab (siehe das Kapitel Elektrophorese); bei einer bestimmten h, dem isoelektrischen Punkt des Kaseins, ist sie $= 0$; ist h größer, wird sie positiv; wenn kleiner, negativ. Die Oberflächenspannung an der Grenze der Phasen wird durch eine elektrische Ladung vermindert; die Oberflächenspannung hat daher ein Maximum, wenn die Ladung $= 0$ ist, d. h. im isoelektrischen Punkt. Je größer die Oberflächenspannung, um so größer ist die Neigung zum Ausflocken.

---

[1]) MICHAELIS, L. u. PECHSTEIN, H.: Biochem. Zeitschr. **47**, 260. 1912.

Beide Auffassungen kommen auf dasselbe hinaus. Denn bei der ersten Auffassung ist offen gelassen, ob die in Lösung gehenden Ionen wirkliche Einzel-Ionen sind; es könnten auch Aggregate von mehreren Einzel-Ionen sein; nur muß man den Kasein-Ionen überhaupt eine feinere Dispersität zuschreiben als dem isoelektrischen („unlöslichen") Kasein; denn Verfeinerung der Dispersität ist Annäherung an den Lösungszustand, Vergröberung Annäherung an den geflockten Zustand.

Die zweite Auffassung sagt deshalb dem Verständnis zu, weil sie vermittels Einführung der „Oberflächenspannung" zu erklären vermag, warum das isoelektrische Kasein ein größeres Flockungsbestreben hat als das geladene Kasein. Die erste Auffassung hat wieder für sich, daß sie den theoretischen Anschluß an die Verhältnisse bei nicht kolloiden Ampholyten gibt. Man verzichtet dann auf die Erklärung der Tatsache, warum isoelektrisches Kasein schwer löslich ist, wie man ja auch auf die Erklärung verzichtet hatte, warum isoelektrische Aminosäure verhältnismäßig schwer löslich ist.

Das Kasein ist weder ein völlig reversibles noch ein völlig irreversibles Kolloid. Hat man einmal eine Lösung von Kasein, so sind Zustandsänderungen kleineren Umfanges in sehr verdünnter Lösung ziemlich gut reversibel und eindeutig durch die Natur des Lösungsmittels bestimmt. Ist aber erst einmal eine grobe Flockung namentlich aus einer kaseinreichen Lösung entstanden, so ist die Dispergierung nach Beseitigung des Flockungsmittels nur mühsam zu erreichen. Der Versuch muß daher so angeordnet werden, daß es niemals während des Mischens der Substanzen zu einer groben Flockung kommt, wenn diese nicht dem definitiven Zustand entspricht. Die folgende Anordnung erfüllt diese Bedingung.

0,2 g völlig fettfreies Kasein (nach HAMMARSTEN) werden in 5 ccm norm. Natriumazetat (Lösung von 13,6 g kristallisiertem Natriumazetat [$CH_3COONa + 3 H_2O$] auf 100 ccm Wasser) und etwas Wasser unter mäßigem Erwärmen gelöst. Es entsteht eine leicht opaleszierende Lösung. Man fülle sie auf 50 ccm mit dest. Wasser auf. Dies ist also eine Kaseinlösung in 0,1 mol. Natriumazetat. Nun fülle man in 9 Reagenzgläser

	Nr. 1	2	3	4	5	6	7	8	9
Dest. Wasser ccm	8,38	7,75	8,75	8,5	8	7	5	1	7,4
n/100-Essigsäure	0,62	1,25							
n/10-Essigsäure			0,25	0,5	1	2	4	8	
n/1-Essigsäure									1,6

Zum Schluß fülle man in jedes Röhrchen 1 ccm der obigen Kasein-Natriumazetatlösung; zu jedem Röhrchen wird möglichst schnell, durch Einblasen aus einer Vollpipette zu 1 ccm, das Kasein zugefügt und sofort nach dem Einblasen gut umgeschüttelt. Es entstehen sofort Trübungen, welche folgendes Bild ergeben. Die Zahl der Kreuze deutet die Stärke der Trübungen an:

Nr.	1	2	3	4	5	6	7	8	9
p_h	5,9	5,6	5,3	5,0	4,7	4,4	4,1	3,8	3,5
Trübung:	0	0	+	++	+++	++	+	+	0

Nach 5 Minuten haben einige der Trübungen zu Flockungen geführt; die Stärke der Flockung ist durch liegende Kreuze angedeutet:

Nr.	1	2	3	4	5	6	7	8	9
	0	0	+	+++	×××	××	++	+	0

Nr. 5 ist also das Flockungsoptimum.

Man wiederhole den Versuch, indem man in jedem Röhrchen einen Kubikzentimeter des dest. Wassers ersetzt

a) durch m-NaCl; b) durch m-Natriumrhodanid.
c) durch m-CaCl$_2$; d) durch m/1000-AlCl$_3$;
e) durch m/100-ZnCl$_2$.

NaCl verschiebt das Optimum nur wenig nach rechts, NaCNS stärker nach rechts; CaCl$_2$ etwa ebenso. AlCl$_3$ verschiebt das Optimum nach links und hemmt gleichzeitig die Flockung; ZnCl$_2$ verschiebt nach links, ohne zu hemmen[1]).

Die verschiebende Wirkung gewisser Ionen kann man sich folgendermaßen vorstellen. Zur völligen Entladung ist eine bestimmte Konzentration an H$^{\cdot}$-Ionen erforderlich. Die Entladung geschieht durch die Bindung von positiven H$^{\cdot}$-Ionen an die negativen Eiweiß-Ionen. Sind aber in der Lösung noch andere Kationen vorhanden, welche selber in merklicher Menge von den Eiweiß-Ionen gebunden werden, so braucht man weniger H$^{\cdot}$-Ionen bis zur Entladung als vorher; bei gleicher H$^{\cdot}$-Ionenmenge wie vorher tritt schon eine Umkehrung der Ladung der Eiweißmoleküle ein. Ein Ion verschiebt also das h-Optimum um so mehr, je stärker es an Eiweiß bindungsfähig („adsorbierbar") ist.

---

[1]) MICHAELIS, L., u. v. SZENT-GYÖRGYI, A.: Biochem. Zeitschr. **103**, 178. 1920.

24. Übung.

Herstellung von denaturiertem, kolloid gelöstem Serumalbumin und Bestimmung seines Flockungsoptimum[1]).

Genuines Serumalbumin ist ein hydrophiles Kolloid. Seine Dispersität ist selbst im isoelektrischen Punkt noch so groß, daß es nicht in demselben geflockt wird. Durch Erhitzen wird es „denaturiert", d. h. es gewinnt mehr die Charaktere eines Suspensionskolloids. Es flockt im isoelektrischen Punkt wie das Kasein. Sein Flockungsoptimum ist im isoelektrischen Punkt; dieser aber ist verschieden von dem des genuinen Albumin. Wird Albumin bei einer h erhitzt, welche genügend verschieden von seinem isoelektrischen Punkt ist, bei möglichst geringem Elektrolytgehalt, so flockt es bei der Erhitzung nicht, sondern gibt eine milchige, getrübte Suspension. Durch Dialyse gereinigte Albuminlösungen pflegen eine solche h zu haben, daß sie bei genügender Verdünnung durch Erhitzen nicht geflockt werden, denn sie reagieren etwa neutral (p_H etwa 7), während der isoelektrische Punkt des denaturierten Albumin etwa $p_H = 5,4$ entspricht. Der Umstand, daß bei nicht gar zu langer Dialyse Spuren von Alkali in dem Serum übrigbleiben, begünstigt die Stabilität des dialysierten Albumin beim Kochen. Diese etwa vorhandenen Alkalispuren stören die weiteren Versuche nicht, da wir h-Regulatoren anwenden. Über die Reversibilität der Zustandsänderung gilt dasselbe wie beim Kasein.

In einer Diffusionshülse von SCHLEICHER und SCHÜLL (kleines Format) werden 7 ccm Blutserum unter Zugabe von etwas Toluol gegen häufig gewechseltes destilliertes Wasser mindestens 4 Tage lang dialysiert. Man setze gleichzeitig 2—3 solcher Hülsen an. Dann hebe man mit einer Pipette 5 ccm von oben ab, ohne das ausgefallene Globulin aufzurühren, verdünne sie mit 40 ccm destillierten Wassers und stelle das Gefäß in siedendes Wasser. In kurzer Zeit trübt sich die Lösung, ohne zu flocken. Nach 3—4 Minuten ist die Denaturierung vollendet. Die Lösung hält sich lange Zeit gut, ohne zu flocken.

a) Bestimmung der optimal flockenden h bei möglichst geringem und konstantem Gesamtelektrolytgehalt.

---

[1]) MICHAELIS, L., und RONA, P.: Biochem. Zeitschr. **27**, 38. 1910.

Man fülle in eine Reihe von Röhrchen

0,1 norm. Natrium-	Nr. 1	2	3	4	5	6	7	8
azetat ccm ...	1	1	1	1	1	1	1	1
0,01 norm. Essigsäure	0,1	0,2	0,4	0,8	1,6	3,2	—	—
0,1 norm. Essigsäure .	—	—	—	—	—	—	0,64	1,28
destilliertes Wasser .	6,9	6,8	6,6	6,2	5,4	3,8	6,36	5,72
Zusatzflüssigkeit ccm	1	1	1	1	1	1	1	1
p_h	6,7	6,4	6,1	5,8	5,3	5,0	4,7	4,4

„Zusatzflüssigkeit" ist die Lösung, deren besonderer Einfluß studiert werden soll. In diesem ersten Versuch soll kein besonderer Zusatz gemacht werden; die Zusatzflüssigkeit ist also destilliertes Wasser.

Wenn alles eingefüllt ist, wird umgeschüttelt, in jedes Glas 1 ccm der oben beschriebenen Lösung von denaturiertem Albumin eingefüllt und die Röhrchen nochmals umgeschüttelt.

Man beobachte nun Trübungen und Ausflockungen. Der Versuch nimmt viel längere Zeit in Anspruch als der mit Kasein; im Optimumröhrchen bemerkt man in einigen Minuten eine stärkere Trübung; erst nach $^1/_2$ Stunde pflegen deutliche, sich absetzende Flocken zu entstehen. Man beobachte, in welchem Röhrchen die Trübung und Flockung zuerst eintritt; dies ist gewöhnlich Nr. 5. Die h in diesem Röhrchen berechne man in derselben Weise wie in der vorigen Übung. Auch Nr. 4 flockt allmählich; schon die beiderseitigen Nachbarröhrchen von 4 und 5 zeigen höchstens Andeutungen von Flocken. Das Flockungsoptimum ist der isoelektrische Punkt des denaturierten Albumin; in dem Röhrchen links von ihm (bei weniger saurer Reaktion) hat es negative Ladung; rechts, bei saurerer Reaktion, positive Ladung.

b) Als „Zusatzflüssigkeit" benutze man in der zweiten, sonst gleichen Reihe n/3-NaCl. Die Flockung wird stark gehemmt; das Optimum wird nicht verschoben, aber es ist als Optimum nur noch soeben erkennbar, weil es kaum flockt.

c) Noch viel stärker hemmend wirkt m/6 Na_2SO_4.

d) Dagegen hemmt nicht m-NaJ oder NaCNS. Hier wird gleichzeitig die Flockung nach rechts (in das saurere Gebiet) verschoben.

e) $CuSO_4$ selbst in 0,1 mol. oder sogar 0,01 mol. Lösung verschiebt die Flockung ganz an das linke Ende der Reihe.

f) Ein saurer Farbstoff (gut geeignet Eosin; noch besser Diaminechtrot; 1 promill. Lösungen) verschiebt die Flockung stark nach rechts; die Flocken sind gefärbt. [Bei Eosin 1 : 1000 ist das Optimum Röhrchen Nr. 7.] Bei Anwendung von Eosin erhält man auch im Optimum nur Trübung, mit Diaminechtrot starke Flockungen.

g) Ein basischer Farbstoff (zu empfehlen wegen der nicht allzu störenden Farbtiefe der Lösung: Trypaflavin, 1 promill. Lösung) oder Chinin verschiebt die Flockung nach links; die Flocken sind bei dem Versuch mit Trypaflavin gefärbt. Das Optimum ist ganz an das linke Ende der Reihe verschoben; die Flockungen sind kräftig und erstrecken sich, nach 1 Stunde, von Röhrchen Nr. 1 bis etwa 3.

Die Flockung des denaturierten Albumin in der Gegend der isoelektrischen h wird also durch Neutralsalze etwas verändert, und zwar wird

1. die Flockung gehemmt, und zwar in steigendem Maße in der Reihe

der Anionen: saure Farbstoffe, CNS, J, Br, Cl, SO_4 (als Alkalisalze); (die ersten Glieder fördern die Fällung sogar).

Die angegebene Anionenreihe gilt nur, wenn die Salze in relativ niedrigen Konzentrationen (etwa bis 1 mol.) vorhanden sind. Bei noch viel höheren Konzentrationen dreht sie sich um: während vorher SO_4 das am stärksten hemmende Ion ist, ist es dann das am stärksten fällende.

Bei den Kationen hemmen nur die dreiwertigen besonders stark; die Schwermetallionen fördern die Fällung.

2. die optimal flockende h verschoben, und zwar

bei den Anionen (in Form der Alkalisalze) nach der sauren Seite in der steigenden Reihenfolge:

$$SO_4 \quad Cl \quad Br \quad J \quad CNS \quad \text{saure Farbstoffe};$$

bei den Kationen (in Form der Chloride oder Sulfate) nach der weniger sauren Seite in der steigenden Reihenfolge:

Alkalikationen, Mg¨, Zn¨, Cu¨, Al¨¨, basische Farbstoffe.

Die Wirkung der Salze beruht unter anderem darauf, daß ihre Ionen vom Eiweiß teilweise gebunden werden. Deshalb haben sie einen Einfluß auf den Ladungszustand des Eiweißes, welcher mit dem Einfluß der h konkurriert. Die Bindung der Ionen an das Eiweiß kann man entweder als Salzbildung oder als Ionenadsorption auffassen, je nachdem, auf welchen Standpunkt man sich gemäß der Erläuterung auf S. 61 stellt. Prinzipiell ist der Unterschied nicht.

25. Übung.

a) Die Alkoholempfindlichkeit der Gelatine bei variierter h [1].

Nicht alle Eiweißkörper werden in ihrem isoelektrischen Punkt ausgeflockt. Geflockt werden: Kasein, Globuline. Nicht geflockt werden: Albumine, Hämoglobin, Gelatine. Aber die letzteren sind in ihrem isoelektrischen Punkt für eine auf eine andere Weise (ohne Änderung der h und ohne Beteiligung sonstiger Elektrolyte) herbeigeführte Flockung am empfindlichsten. Es soll gezeigt werden, daß Gelatine im isoelektrischen Punkt am empfindlichsten für die Fällung durch Alkohol ist.

Man setzt folgende Reihe an

Nr.	1	2	3	4	5	6	7	8	9
n/10-Natriumazetat ccm .	2	2	2	2	2	2	2	2	2
n/10-Essigsäure ccm . . .	0,12	0,25	0,5	1	2	4	—	—	—
n/1-Essigsäure ccm. . . .	—	—	—	—	—	—	0,8	1,6	3,2
dest. Wasser ccm	3,88	3,75	3,5	3	2	0	3,2	2,4	0,8
1 proz. Gelatinelösung ccm	2	2	2	2	2	2	2	2	2

Nach dem Mischen gibt man zunächst in Röhrchen 5 so viel 90 proz. Alkohol zu, daß längere Zeit nach dem Vermischen eine soeben erkennbare Trübung entsteht. Es werden dazu gewöhnlich 8 ccm Alkohol erforderlich sein. Die gleiche Alkoholmenge gibt man dann in alle Röhrchen. Die Trübung ist nach 30 Minuten folgendermaßen:

Röhrchen Nr.	1	2	3	4	5	6	7	8	9
Trübung	—	—	—	++	+++	±	—	—	—
p_h . .	6,0	5,6	5,3	5,0	4,7	4,4	4,1	3,8	3,5

Die Alkoholfällung ist also am stärksten in 5. Der isoelektrische Punkt der Gelatine entspricht nun auf Grund von Kataphoreseversuchen in der Tat $p_h = 4,7$.

Nach 24 Stunden sind aus den Trübungen Flockungen geworden. Das Optimum ist nicht mehr so scharf; das linke Ende der Reihe (vom Optimum aus gerechnet) ist durchweg stärker geflockt als das rechte. Die Reihe ist asymmetrisch um das Optimum gruppiert.

---

[1] In Anlehnung an PAULI, WO.: Kolloidchemie der Eiweißkörper. 1. Hälfte. S. 32. Dresden und Leipzig 1920.

b) Die Alkoholempfindlichkeit des genuinen Serumalbumins bei variierter h[1]).

10 ccm Blutserum werden mit 10 ccm gesättigter Ammonsulfatlösung versetzt, nach $^1/_2$ Stunde filtriert und das Filtrat in SCHLEICHER-SCHÜLLschen Dialysierhüllen (siehe S. 63) gegen häufig gewechseltes destilliertes Wasser so lange dialysiert, bis in der Außenflüssigkeit keine wesentliche Menge Sulfat mehr nachweisbar ist. Dies ist einigermaßen schon in 5 Tagen, vollkommener nach 2—3 Wochen zu erreichen. Für unsere Zwecke genügt zur Not die kürzere Dialyse von einigen Tagen. Dem Eiweiß wird während der Dialyse etwas Toluol zugesetzt. So erhalten wir eine vom Globulin befreite Lösung von Serumalbumin. Diese Lösung wird für den Versuch noch mit gleichen Teilen destilliertem Wasser verdünnt. Nun setzt man folgende Reihe an:

Nr.	1	2	3	4	5	6	7	8	9
n/10-Natriumazetat ccm .	1	1	1	1	1	1	1	1	1
Wasser ccm	7,38	6,75	7,75	7,5	7	6	4	0	6,4
n/100-Essigsäure ccm . .	0,62	1,25							
n/10-Essigsäure ccm . . .			0,25	0,5	1	2	4	8	
n/1-Essigsäure ccm. . . .									1,6

Nun fügt man zu jedem Röhrchen 1 ccm der Albuminlösung und mischt um. Der isoelektrische Punkt des genuinen Serumalbumin entspricht Röhrchen Nr. 5 ($p_h = 4,7$). Es tritt aber keine Fällung ein, weil Albumin zu denjenigen Eiweißkörpern gehört, deren Dispersitätsgrad selbst im isoelektrischen Zustand sehr hoch ist. Nun setze man zu jedem Röhrchen 6 ccm etwa 90proz. Alkohol, nach einiger Zeit entsteht eine Trübung mit folgender Abstufung:

Nr.	1	2	3	4	5	6	7	8	9
p_h	6,0	5,7	5,4	5,1	4,7	4,4	4,1	3,8	3,5
Trübung nach 10 Min. .	0	0	±	±	╫	╫	±	0	0

Das Fällungsoptimum liegt also ganz dicht am isoelektrischen Punkt. Die geringfügige Abweichung ist wohl daraus zu erklären, daß in der etwa 30proz. Alkohol enthaltenden Lösung die Dielektrizitätskonstante der Lösung und folglich auch die Dissoziationskonstanten der Essigsäure, des Wassers und des Eiweißes etwas verändert sind.

---

[1]) In Anlehnung an W. PAULI: l. c.

26. Übung.

Das Flockungsoptimum eines Gemisches von Tannin und Gelatine[1]).

Zwei gleichzeitig in Lösung befindliche Kolloide, selbst hydrophile Kolloide, können sich gegenseitig ausflocken. Wie groß das gegenseitige Ausflockungsvermögen ist, läßt sich nicht allgemein voraussagen, ebensowenig wie man allgemein voraussagen kann, ob das Salz, welches sich aus einer Säure und einer Base bildet, leicht oder schwer löslich ist (man denke an die zwei Beispiele: Essigsäure + NaOH: keine Fällung des Salzes; Phosphorsäure + Barythydrat: Fällung des Salzes). Aber man kann oft voraussagen, von welchen Bedingungen das Flockungsbestreben eines gegebenen Kolloidgemischs beeinflußt wird. Handelt es sich um zwei amphotere Kolloide mit verschiedenen isoelektrischen Punkten, so wird die Flockung bei einer solchen h am besten, bei der das eine Kolloid noch genügend positiv, das andere schon genügend negativ geladen ist. Die Schärfe des Flockungsoptimums hängt von der Affinität der beiden Kolloide ab. Eiweiß + spezifisches Eiweißpräzipitin flockt fast ebensogut bei leicht saurer, neutraler oder leicht alkalischer Reaktion; die Flockung hängt nur wenig von der h ab (wie z. B. bei $Ba[OH]_2 + H_2SO_4$), Tannin + Gelatine dagegen haben ein einigermaßen scharfes Flockungsoptimum in einem engen Bereich von h, wie z. B. ein Gemisch von $ZnCl_2 + NH_4Cl$; ändert man in einem solchen Gemisch die h durch Zugabe von HCl und NaOH, so entsteht nur in einem engen Bereich leicht alkalischer Reaktion eine Fällung von $Zn(OH)_2$.

Man setze folgende Reihe an:

Gläschen Nr.	1	2	3	4	5	6	7	8	9	10
0,5proz. Gelatinelösung ccm .	1	1	1	1	1	1	1	1	1	1
1 n-NaOH ccm	1	1	1	1	1	1	1	1	1	1
Destilliertes Wasser ccm . .	6,5	6,4	6,3	6,1	5,7	4,9	3,3	0,1	6,2	4,9
1 n-Essigsäure ccm	1,0	1,1	1,2	1,4	1,8	2,6	4,2	7,4	0	0
10fach n-Essigsäure ccm . .	0	0	0	0	0	0	0	0	1,3	2,6

Jetzt werden alle Röhrchen umgeschüttelt und von einer 0,1proz. Tanninlösung je 1 ccm unter sofortigem nochmaligen Umschütteln zugegeben.

Das Resultat innerhalb der ersten Minute nach Ansetzen des Versuchs ist folgendes:

---

[1]) MICHAELIS, L. u. DAVIDSOHN, H.: Biochem. Zeitschr. **54**, 323. 1913.

Nr.	1	2	3	4	5	6	7	8	9	10
p_h	< 6	5,8	5,4	5,1	4,8	4,5	4,3	4,0	3,7	3,4
Trübung nach 1 Minute	0	+	+	++	++	+++	++	+	±	0

Die Kreuze geben die Stärke der Trübung an. Aus der Trübung wird bald eine Flockung. Je nach dem Mengenverhältnis von Gelatine zu Tannin ist das Optimum mehr oder weniger scharf in seiner Lage etwas verschieden. Die oben angegebenen Mengenverhältnisse sind wohl die günstigsten; hier ist ein recht scharfes Optimum erkennbar.

Die Berechnung der h geschieht auf folgende Weise. Man berechne aus den angewendeten Mengen Essigsäure und Natronlauge den molaren Gehalt der Lösung an (überschüssiger) Essigsäure und Natriumazetat. Z. B. in Röhrchen 5 ist 1 ccm norm. NaOH und 1,8 ccm n-Essigsäure, daher: Essigsäure : Natriumazetat $= 0,8 : 1$.

Nun ist $h = 2 \cdot 10^{-5} \cdot \dfrac{\text{Essigsäure}}{\text{Natriumazetat}}$, also für Röhrchen Nr. 5 $h = 2 \cdot 10^{-5} \cdot \dfrac{0,8}{1} = 1,6 \cdot 10^{-5}$. In Röhrchen Nr. 1 ist nur Natriumazetat. h ist hier kleiner als in Nr. 2 $(< 2 \cdot 10^{-6})$ und nicht weit entfernt von neutraler Reaktion (10^{-7}).

Man erkennt aus diesem Versuch folgendes. Wenn man beobachtet, daß eine kolloide Lösung bei einer bestimmten h ein Flockungsoptimum hat, so folgt daraus nicht notwendigerweise, daß es sich um die Lösung eines Kolloids handelt und daß dieses Flockungsoptimum der isoelektrische Punkt desselben sei, sondern es kann auch ein Gemisch zweier Kolloide vorliegen, und das Flockungsoptimum stellt die günstigste h für die gegenseitige Flockung dieser beiden Kolloide dar.

27. Übung.

a) Das Fällungsoptimum von Lezithin bei variierter h[1]).

Etwa 0,2 g Lezithin „Merck" werden mit 50 ccm destillierten Wassers so lange mit Schüttelapparat geschüttelt (etwa 1 Stunde), bis alles Lezithin zu einer gleichförmigen, trüben Emulsion verteilt ist.

Man stelle nach den Vorschriften der analytischen Chemie eine normale Lösung von Milchsäure her. Die Lösung muß vor ihrer endgültigen Titerstellung $^1/_4$ Stunde gekocht werden, um das stets vorhandene Milchsäureanhydrid in Milchsäure zu ver-

---

[1]) FEINSCHMIDT: Biochem. Zeitschr. **38**, 244. 1912.

wandeln. Die Titrierung geschieht gegen n-NaOH mit Phenol-phthalein.

Nun stellt man eine $^1/_{40}$ molare Natriumlaktatlösung folgendermaßen her. 5 ccm n-NaOH werden mit einem Tropfen Phenolphthalein versetzt und so viel von der Milchsäurelösung hinzugegeben, daß soeben Entfärbung eintritt, und die Lösung auf 200 ccm mit destilliertem Wasser aufgefüllt.

Aus einer zweiten Portion der titrierten Milchsäure stelle man eine 0,1 molare, aus einer dritten eine 0,01 molare Milchsäure her.

Nun setze man folgende Reihe an:

Röhrchen Nr.	1	2	3	4	5	6	7	8	9	10	11	12
$^1/_{40}$ mol. Natriumlaktat ccm	1	1	1	1	1	1	1	1	1	1	1	1
0,01 mol. Milchsäure ccm	0,49	0,98	1,95	3,9	7,8	—	—	—	—	—	—	—
0,1 mol. Milchsäure ccm	—	—	—	—	—	1,56	3,12	6,28	—	—	—	—
1 mol. Milchsäure ccm	—	—	—	—	—	—	—	—	1,25	2,5	5	10
dest. Wasser ccm	9,51	9,02	8,05	6,1	2,2	8,44	6,88	3,72	8,75	7,5	5,0	0
Lezithinemulsion	1	1	1	1	1	1	1	1	1	1	1	1
p_h	4,9	4,6	4,2	3,9	3,6	3,3	2,9	2,6	2,3	2	etwa 1,7	etwa 1,4

Resultat: (+ Trübung, × Flockung)

	1	2	3	4	5	6	7	8	9	10	11	12
nach 1 Minute	—	—	—	—	—	—	+	—	—	—	—	—
„ 10 Minuten	—	—	—	—	—	+	×	—	—	—	—	—
„ 30 „	—	—	—	—	—	+	× × ×	—	—	—	—	—
„ 60 „	—	—	—	—	—	×	× × ×	—	—	—	—	—

h wird angenähert berechnet nach

$$h = 1,5 \cdot 10^{-4} \frac{\text{(Milchsäure)}}{\text{(Natriumlaktat)}},$$

also für das Optimumröhrchen Nr. 7 h etwa $12 \cdot 10^{-3}$, $p_h = 2,9$.

Für verschiedene Lezithinpräparate findet man andere Optima; häufig liegt das Optimum ganz am sauren Ende der Reihe; bei manchen (z. B. alkoholischer Herzextrakt) noch rechts außerhalb der hier angegebenen Reihe.

b) Das Fällungsoptimum von Lezithin-Eiweißverbindung.

Genau wie der vorige Versuch, nur verwendet man statt der Lezithinsuspension folgende Mischung: 20 ccm der vorigen Lezithinsuspension + 1 ccm dialysiertes Blutserum. Hiervon wird, wie vorher, in jedes Röhrchen 1 ccm zugefügt.

Resultat:	1	2	3	4	5
Nach 1 Minute	× × ×	× × ×	× × ×	+ +	+ +
	6	7	8	9	10	11	12
	+ +	0	0	0	0	0	0

0 bedeutet: Keine Verstärkung der ursprünglichen Lezithintrübung.

Die Fällung wird stark nach dem weniger sauren Gebiet verschoben. Sie wird gleichzeitig viel massiger. Im übrigen siehe die Bemerkungen zu Übung Nr. 27a.

Durch eine ebensolche Reihe, bei welcher man 20 fach mit Wasser anstatt mit Lezithinaufschwemmung verdünntes Serum benutzt, überzeugt man sich, daß das Serum allein nicht die Ursache der mächtigen Fällungen der vorigen Versuchsreihe ist.

Als „Lezithin" kann man auch alkoholische Herzextrakte, Wassermann-Extrakte nehmen.

Die in der vorigen Übung erwähnte Tatsache, daß Lezithine verschiedener Herkunft ein verschiedenes Flockungsoptimum zeigen, dürfte zum Teil darauf zurückzuführen sein, daß diese „Lezithine" Spuren von Eiweiß enthalten, und zwar in wechselnder Menge und Art.

VI. Oberflächenspannung.

Die Oberfläche einer Flüssigkeit hat das Bestreben, sich auf ein Minimum zu kontrahieren. Man schreibt deshalb der Oberfläche eine Spannung zu. Diese bewirkt, daß die aus einer kapillaren Öffnung ausfließende Flüssigkeit in einzelnen Tropfen abfließt; der Tropfen reißt erst ab, wenn sein Gewicht die Oberflächenspannung überwindet. Die Oberflächenspannung bewirkt ferner, daß die Flüssigkeit in einer Kapillare aufsteigt, wenn sie die Wand derselben benetzt. Der Benetzung wäre an sich Genüge getan, wenn eine äußerst dünne Flüssigkeitshaut an den Wänden der Kapillare emporkröche; da aber dann die Oberfläche der Flüssigkeit sehr groß würde, verkleinert sich die Oberfläche dadurch, daß das Wasser emporsteigt.

Gelöste Stoffe verändern die Oberflächenspannung des Wassers; es gibt nur wenige Stoffe, die die Oberflächenspannung des Wassers merklich erhöhen, aber viele, die sie stark vermindern. Diese Stoffe nennt man kapillaraktiv oder oberflächenaktiv. Dazu gehören vor allem kohlenstoffreiche Verbindungen; sie sind um so oberflächenaktiver, je länger die C-Kette ist, je geringer die Zahl der entschieden elektropositiven und besonders der elektronegativen Gruppen (OH, COOH) ist. Die oberflächen-aktiven Stoffe zeichnen sich durch hohe Adsorbierbarkeit und durch hohe biologische Wirkung (Hemmung der O_2-Atmung, Narkose u. a.) aus.

28. Übung.
Die Steighöhenmethode.

Eine benetzende Flüssigkeit steigt in eine Kapillare bis zu einer Höhe auf, welche bestimmt wird durch die Formel $h = \dfrac{2\,\sigma}{r\,D}$ (h Steighöhe, σ Oberflächenspannung, r Radius der Kapillare, D spezifisches Gewicht der Flüssigkeit). Aus der Steighöhe h kann man daher σ berechnen, wenn r und D bekannt sind. Die Steighöhe ist die Niveaudifferenz der äußeren Flüssigkeit und der Flüssigkeit in der Kapillare. Nicht ohne besondere Vor-richtungen zu bestimmen ist das Niveau der äußeren Flüssigkeit. Man kann das auf folgende Weise umgehen. Haben wir zwei Kapillaren mit den Radien r_1 und r_2, so ist

$$h_1 = \frac{2\,\sigma}{r_1 D}, \quad \text{und} \quad h_2 = \frac{2\,\sigma}{r_2 D},$$

also

$$h_1 - h_2 = \frac{2\,\sigma}{D}\left(\frac{1}{r_1} - \frac{1}{r_2}\right).$$

Die Höhendifferenz $h_1 - h_2$ kann man ohne wesentlichen Fehler gleichsetzen der Höhendifferenz der beiden Menisken. Arbeitet man in einer Versuchsreihe immer mit denselben zwei Kapil-laren von verschiedenem Lumen, so ist also

$$h_1 - h_2 = \frac{K}{D} \cdot \sigma \quad \text{oder} \quad \sigma = \frac{(h_1 - h_2)}{K} \cdot D,$$

wo K eine Konstante ist, deren Bedeutung sich aus der vorigen Formel ergibt $= \left(\dfrac{1}{r_1} - \dfrac{1}{r_2}\right) \cdot 2$.

Diese Konstante kann für ein Kapillarenpaar dadurch fest-gestellt werden, daß man die Steighöhendifferenz von Wasser bestimmt; wollen wir nur immer relative Bestimmungen von σ, bezogen auf die des Wassers $= 1$ (wo auch $D = 1$ ist) machen, so setzen wir also $\sigma_{\text{Wasser}} = 1$, und daher ist $K = (h_1 - h_2)_{\text{für Wasser}}$. Die relative Oberflächenspannung einer Flüssigkeit ist daher gleich der Steighöhendifferenz in einem Kapillarenpaar, dividiert durch die Steighöhendifferenz in diesem Kapillarenpaar für reines Wasser der gleichen Temperatur, multipliziert mit dem spezifischen Ge-wicht der Flüssigkeit.

Man benutzt zwei starkwandige sog. Thermometerkapillaren, mit eingeätzter Millimeterteilung (Abb. 9). Die Teilungsstriche sollen, zur Vermeidung parallaktischer Ablesung, mindestens die Hälfte der Peripherie des Rohres umfassen. Die äußere Peripherie der beiden Rohre ist gleich, damit man sie bequem aneinandergepreßt in ein Stativ einklemmen kann. Der Durchmesser des Lumens ist zweckmäßig bei der einen 2,5 mm, bei der anderen 0,35—0,4 mm. Die Kapillaren werden in Bichromat-Schwefelsäure gereinigt, wie in Abb. 9 befestigt und in die Flüssigkeit getaucht. Man überzeuge sich, daß das Niveau in beiden Kapillaren frei spielt und oberhalb des Meniskus im Rohr kein

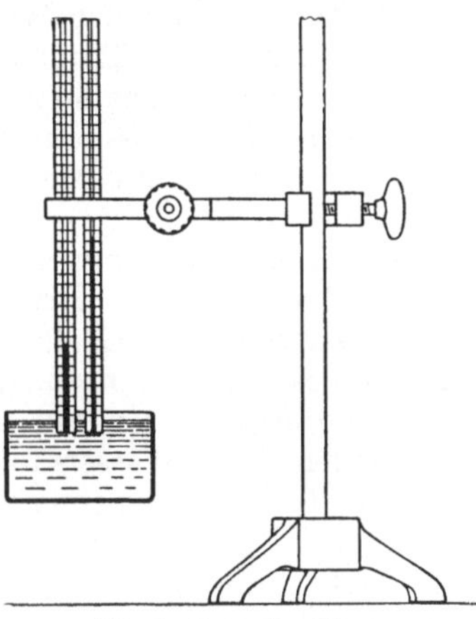

Abb. 9. Doppelkapillaren.

Flüssigkeitstropfen hängen bleibt, und daß die Niveaueinstellung bei Bewegungen des Meniskus von oben und von unten her gleich ist.

So gab z. B. bei 18° Wasser eine Höhendifferenz von 36,5 mm gesättigte Lösung von (Gärungs-)Amylalkohol 13,4 mm; also, da $D = 1$ gesetzt werden kann, ist die relative Oberflächenspannung der Lösung $= \dfrac{13,4}{36,5} = 0,367$.

29. Übung.

Bestimmung der relativen Oberflächenspannung mit der Tropfenmethode (Stalagmometer nach J. Traube).

Das Stalagmometer in der Originalform nach J. Traube besteht aus einem Glasrohr nebenstehender Form. Oberhalb und unterhalb der birnenförmigen Erweiterung trägt es eine Anfangs- und Schlußmarke. Die Ausflußöffnung ist eine breite, horizontal geschliffene Fläche, welche von einer feinen Kapillare durchbohrt ist.

Abb. 10. Stalagmometer nach J. Traube. $^1/_5$ nat. Größe.

1. Eichung des Stalagmometers. Das Stalagmometer wird lotrecht an einem Stativ befestigt, ein Gefäß zum Auffangen der

abtropfenden Flüssigkeit daruntergestellt. Man saugt in das Rohr Wasser bis über die obere Marke und läßt es abtropfen. Von dem Augenblick, wo der Wasserstand die obere Marke erreicht hat, beginnt man die Tropfen zu zählen, bis die untere Marke erreicht ist. Die geeignetsten Stalagmometer sind solche zu etwa 80 Tropfen. Man wiederhole die Zählung mindestens dreimal; die Unterschiede der einzelnen Zählung dürfen 1 Tropfen nicht überschreiten.

Bei Stalagmometern mit kleiner Tropfenzahl (z. B. 18 Tropfen) ist zur Abmessung von Bruchteilen eines Tropfens oberhalb der beiden Marken eine Graduierung angebracht. In einem Vorversuch bestimmt man zunächst, wieviel Striche einem Tropfen der zu untersuchenden Flüssigkeit entsprechen. Da im Versuch das Passieren der Wassersäule durch die Hauptmarke nicht gerade mit dem Abfallen eines Tropfens zusammenzufallen braucht, beginnt man genau mit dem Abfallen eines Tropfens zu zählen und beobachtet dabei den Stand des Meniskus. Das macht man sowohl beim Passieren der oberen als auch der unteren Hauptmarke. Für den Anfang der Zählung muß man oberhalb der Hauptmarke liegende Tropfenbruchteile abziehen, unterhalb derselben liegende addieren. Für den Schluß, für das Passieren der unteren Marke, muß man oberhalb liegende Bruchteile addieren, unterhalb liegende subtrahieren. Z. B. (vorher wurde z. B. gefunden, daß jeder Strich 0,1 Tropfen entspricht)

gezählt 19 Tropfen. Oben: 3 Striche oberhalb
unten: 4   „   „
Resultat: 19 − 0,3 + 0,4 = 19,1 Tropfen.

2. Um die zu untersuchende Lösung zu messen, sauge man sie (wie bei der Steighöhenmethode) zunächst einige Male durch die Kapillare (aber nicht direkt mit dem Munde, sondern mittels Saugpumpe oder, falls mit dem Munde, vermittels eines Gummischlauches), dann mißt man die Tropfenzahl wie beim Wasser. Ist Z_w die Ausflußzahl für Wasser, Z die der unbekannten Lösung, D das spezifische Gewicht der letzteren, so ist die relative Oberflächenspannung σ

$$\sigma = \frac{Z_w}{Z} \cdot D.$$

Zur Veranschaulichung der TRAUBEschen Reihen, d. h. der rapide zunehmenden Oberflächenaktivität mit wachsender Kohlenstoffkette in homologen Reihen, bestimme man die relative Oberflächenspannung bei folgenden Lösungen:

	relative Ober- flächen- spannung
A. a) 1 molare Lösung von Methylalkohol	
(3,2 Gewichtsproz. = 3,9 Volumproz.)	0,92
b) 1 mol. Lösung von Äthylalkohol	
(4,6 Gewichtsproz. = 5,75 Volumproz.)	0,76
B. a) 0,125 mol. Äthylalkohol	
(0,57 Gewichtsproz. = 0,71 Volumproz.)	0,95
b) 0,125 mol. (Iso-)Amylalkohol	
(1,1 Gewichtsproz. = 1,36 Volumproz.)	0,54
C. gesättigte Lösung von Heptyl- oder Oktylalkohol	
(enthält analytisch kaum nachweisbare Mengen	
des Alkohols) . . . . um	0,5

Man sieht aus dem Versuch A, daß bei gleichem molaren Gehalt der höhere Alkohol der aktivere ist. Dasselbe sieht man aus B; man erkennt hier, daß Amylalkohol nicht nur auf molare, sondern absolute Konzentration bezogen, viel aktiver ist als Äthyl- oder Methylalkohol, und aus C sieht man, daß die sonst eigentlich nur noch durch den Geruch nachweisbaren Spuren Oktylalkohol selbst den Amylalkohol noch weit an Oberflächenaktivität übertreffen.

Man stelle eine gesättigte Lösung von Dezylalkohol her. Man schüttele nicht zu heftig, sonst erhält man eine opaleszierende, kolloidale Lösung. Die echte Lösung, nach dem Filtrieren ganz klar, zeigt keine wesentliche Oberflächenaktivität: Die Löslichkeit hat mit der Verlängerung der Kohlenstoffkette stärker abgenommen, als die Oberflächenaktivität zugenommen hat. Nach heftigem Schütteln erhält man beim Filtrieren eine opaleszierende kolloide Lösung, welche deutlich oberflächenaktiv ist. Auf diese Erscheinung sei ganz besonders aufmerksam gemacht.

30. Übung.

Die steigende biologische Wirkung oberflächenaktiver Stoffe in homologen Reihen.

In dieser Übung soll diejenige Grenzkonzentration verschiedener einwertiger Alkohole ermittelt werden, welche bei Zimmertemperatur Bacterium coli in etwa 15 Minuten abtötet. In eine Reihe von Reagenzgläsern fülle man ein:

Methylalkohol	ccm:	9,6	6,4	4,3	2,8
Wasser	ccm:	0,4	3,6	5,7	7,2

ferner in eine 2. Reihe

Äthylalkohol . . . . . ccm:	7,5	5,0	3,3	2,2		
Wasser . . . . ccm:	2,5	5,0	7,6	7,8		

ferner

Propylalkohol . . . . ccm:	3,6	2,4	1,6	1,1	0,7
Wasser . . . . ccm:	6,4	7,6	8,4	8,9	9,3

ferner

gesättigte wässerige Amylalkohollösung (d. h. etwa 2,8 proz.) ccm:	10,0	6,7	4,4	3,0
Wasser . . . . ccm:	0	3,3	5,6	7,0

ferner

gesättigte wässerige Lösung von Heptylalkohol ccm:	10,0	6,7	4,4	3,0
Wasser . . . . ccm:	0	3,3	5,6	7,0

In jedes dieser Röhrchen verreibt man 2 Platinösen einer auf Agar gewachsenen Kultur von Bacterium coli. Die Bakterien werden mit der Platinöse zunächst an der trockenen Wand des Reagenzglases verrieben und dann in die Flüssigkeit hineingespült. Bei jedem Röhrchen wird der Zeitpunkt des Einimpfens notiert. 15 Minuten nach der Einimpfung wird aus jedem Röhrchen eine Platinöse entnommen und auf eine Agarplatte geimpft. Man kann eine Platte für etwa 8 Impfungen benutzen, indem man sie in Felder einteilt. Nach der Impfung werden die Platten zunächst 1 Stunde unverschlossen, die geimpfte Seite nach unten, in den Brutschrank gestellt, um die Spuren aufgebrachten Alkohols zum Verdunsten zu bringen. Dann wird die Platte mit dem Deckel verschlossen. Nach 24 stündigem Wachsen im Brutschrank bei 37° wird beobachtet, welche Impfungen angegangen und welche steril geblieben sind. Das Resultat pflegt zu sein: die niederste eben noch abtötende Konzentration ist

für Methylalkohol 64 Volumproz.
„ Äthylalkohol 50 „
„ Propylalkohol 20 „
„ Amylalkohol 2,8 „ (d. h. die gesättigte Lösung).

Heptylalkohol tötet unter diesen Bedingungen nicht mehr ab, trotz seiner hohen Kapillaraktivität, da er nicht mehr genügend löslich ist.

Geht man in der homologen Reihe noch höher, zum Dezylalkohol, so ist die Kapillaraktivität auch nicht mehr stalagmometrisch nachzuweisen, weil die Löslichkeit zu gering geworden ist (siehe vorige Übung). Ein viel empfindlicheres biologisches Objekt als Bakterien, ja sogar als das Stalagmometer, sind z. B. Paramäzien. Diese findet man stets in Wasser, welches einige Tage mit Heu gestanden hat. Bringt man zu einem paramäzienhaltigen Wassertropfen einen Tropfen gesättigte Dezylalkohollösung, so werden die Paramäzien augenblicklich unter stärkster Entstellung ihrer Struktur getötet.

31. Übung.

Relative quantitative Analyse eines kapillaraktiven Stoffes.

Gegeben sei eine beliebige, nicht gesättigte Lösung von Tributyrin (Tributtersäureglyzerinester). Es soll die relative Konzentration derselben bestimmt werden, indem die Sättigungskonzentration bei gleicher Temperatur $= 1$ gesetzt wird.

Einige Tropfen Tributyrin werden mit 100 ccm dest. Wassers[1]) in einer verschlossenen Flasche 10 Minuten geschüttelt und dann filtriert. Die erste und letzte Portion des Filtrats wird getrennt aufgefangen und verworfen. Von dieser Lösung stellt man folgende Verdünnungen her:

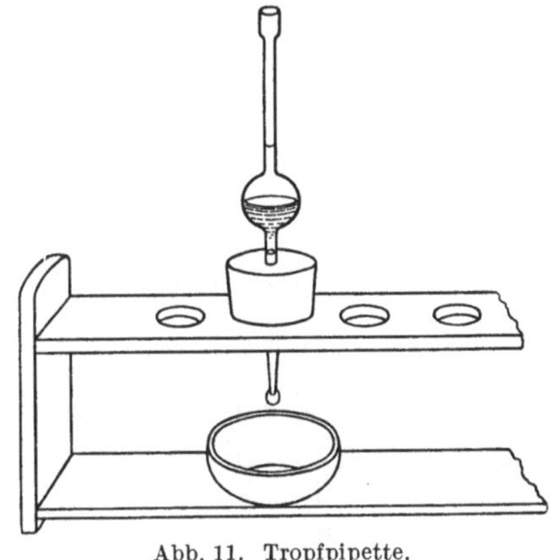

Abb. 11. Tropfpipette.

Nr.	1	2	3	4	5	6	7
gesättigte Tributyrinlösung	10 ccm	8	6	4	2	1	0
dest. Wasser	0 „		2	4	6	8	9	10

Von jeder dieser Lösungen bestimmt man die Tropfenzahl. Es ist aber nicht unbedingt erforderlich, hierzu das langsam tropfende TRAUBEsche Stalagmometer zu nehmen, sondern man kann sich einer etwas schneller tropfenden Tropfpipette[2]) bedienen (Abb. 11). Sie hat einen Fassungsraum von etwa 3 ccm und endet in eine nach unten sich leicht verjüngende Spitze mit

---

[1]) Es empfiehlt sich, statt dest. Wassers gleich die in der nächsten Übung beschriebene Phosphatmischung zu nehmen, um die folgende Übung gleich vorzubereiten.

[2]) RONA, P. und MICHAELIS, L.: Biochem. Zeitschr. **31**, 345. 1911.

nicht zu schwacher Glaswandung. Zur gelegentlichen Reinigung benutzt man Schwefelsäure-Bichromatgemisch. Der sich bildende Tropfen kriecht von der Spitze der Wand etwas in die Höhe, bevor er abreißt. Dies soll ganz gleichmäßig nach allen Seiten erfolgen. Kriecht der Tropfen etwas einseitig in die Höhe, so kann man das meist dadurch korrigieren, daß man die trockene Spitze zwischen dem trockenen Daumen und Zeigefinger unter Druck hin und her rollt. Am besten eignen sich Tropfpipetten mit 80—90 Tropfen bei reinem Wasser. In der Sekunde soll etwa $1—1^1/_2$ Tropfen ausfließen. Da bei dieser Tropfgeschwindigkeit jeder Tropfen infolge seiner kinetischen Energie etwas zu früh abreißt, ist die Oberflächenspannung nicht wie bei einem richtigen Stalagmometer der Tropfenzahl genau umgekehrt proportional. Z. B. war für eine (nicht gesättigte) Lösung von Heptylalkohol die Tropfenzahl, relativ zu der des Wassers, mit einem TRAUBEschen Stalagmometer gemessen $= \dfrac{24,6}{18,5} = 1,32$; mit der schnell tropfenden Pipette gemessen

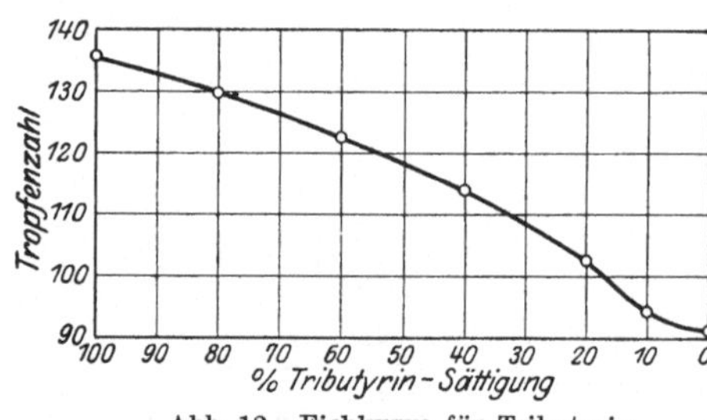

Abb. 12.   Eichkurve für Tributyrin.

$= \dfrac{142}{101} = 1,41$. Trotzdem entspricht natürlich jeder Tropfenzahl eine ganz bestimmte Konzentration an Tributyrin. Für die eigentlich nur chemisch-analytischen Zwecke dieser und ähnlicher Übungen ist daher diese einfache Tropfpipette wegen der Zeitersparnis entschieden vorzuziehen.

Man bestimmt nun für obige 7 Lösungen durch mehrfach wiederholte Parallelversuche die Tropfenzahl. In den Parallelversuchen soll diese bis auf 1 Tropfen übereinstimmen. Nur bei den höchsten Tributyrinkonzentrationen ist die Reproduzierbarkeit etwas schlechter.

Es fanden sich z. B. folgende Werte:

	Nr. 1	2	3	4	5	6	7
Tropfenzahl (Mittelwerte)	136,0	130,5	123,0	114,0	103,0	94,0	91,0

Man trägt nun auf Millimeterpapier die Konzentrationen auf die Abszisse und die Tropfenzahl auf die Ordinate und erhält so eine Eichkurve (Abb. 12).

Unsere oben gestellte Aufgabe, die Konzentration einer beliebigen Tributyrinlösung zu bestimmen, lösen wir dadurch, daß wir mit derselben Pipette ihre Tropfenzahl messen und in dem Diagramm ihre Konzentration ablesen[1]).

32. Übung.

Nachweis des fettspaltenden Fermentes im Blutserum[2]).

Die Übung schließt unmittelbar an die vorige an; die gewonnene Eichungskurve kann sofort verwendet werden. Nur stelle man die gesättigte Tributyrinlösung nicht in reinem Wasser her, sondern in einem Phosphatregulator, um die Wasserstoffzahl herzustellen und festzuhalten, welche für die Wirkung des Fermentes am günstigsten ist. Da die früher angegebenen Phosphatpuffermischungen oft in der absoluten Konzen-

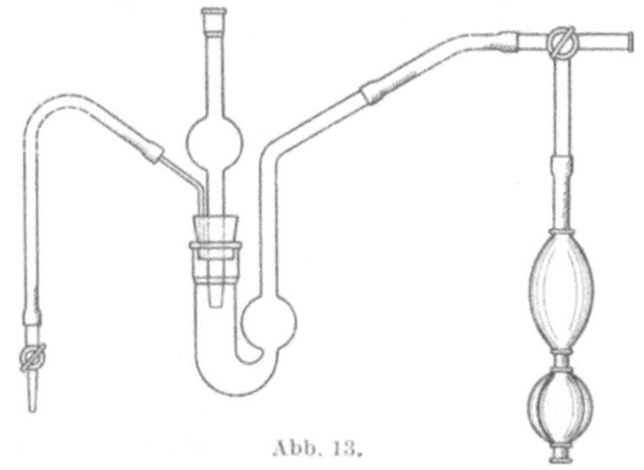

Abb. 13.

tration unerwünscht gering sind, sei eine andere Methode zur Herstellung stärkerer Lösungen beschrieben. Man geht von einer 1 fach molaren Phosphorsäurelösung aus. Eine 1 fach molare (dreifach normale) Phosphorsäure kann von KAHLBAUM bezogen werden. Ihr Titer wird auf folgende Weise kontrolliert. 10 ccm der Phosphorsäure werden mit 100 ccm dest. Wassers versetzt und mit 1 norm. NaOH titriert mit Methylorange als Indikator. Die Titration ist beendet, wenn jeder rötliche Ton verschwunden ist und die Farbe genau so geworden ist wie in einer stark alkalischen Kontrollprobe. Man stelle ein Gefäß mit etwa ebensoviel Wasser daneben, versetze es mit einigen Tropfen starker Lauge und ebensoviel Indikator wie in der Phosphorsäurelösung, d. h. 2—3 Tropfen einer 0,02 proz. alkoholischen Lösung von Methylorange. Derjenige Tropfen Lauge, welcher den letzten Schimmer von Orange zum Verschwinden bringt und das reine, blasse Gelb erzeugt,

---

[1]) Will man nicht bei Zimmertemperatur, sondern bei einer genau eingestellten im Wasserbade arbeiten, so ist die Anordnung von Dr. STEFFANUTTI (Abb. 13) zu empfehlen. Vgl. Biochem. Zeitschr. **223**, 421. 1930.

[2]) RONA, P. und MICHAELIS, L.: l. c.

wird nicht mehr mitgerechnet. Auf diese Weise müssen die 10 ccm Phosphorsäure 10 ccm n-Lauge verbrauchen.

Wendet man Phenolphthalein als Indikator an und titriert bis einschließlich zu demjenigen Tropfen, welcher eben eine ganz unzweifelhafte Rosafärbung hervorruft, so müssen die 10 ccm Phosphorsäure 20 ccm 1 norm. Lauge verbrauchen.

Nunmehr vermischt man

1. 10 ccm von dieser 1 mol. Phosphorsäure $+$ 10 ccm n-NaOH $+$ 10 ccm dest. Wasser. Diese Mischung ist $^1/_3$ mol. primäres Natriumphosphat,
2. 10 ccm 1 mol. Phosphorsäure $+$ 20 ccm n-NaOH: das ist $^1/_3$ mol. sekundäres Natriumphosphat.

Jetzt vermischt man 100 ccm Wasser mit 1 ccm $^1/_3$ mol. primärem Natriumphosphat und 7 ccm $^1/_3$ mol. sekundärem Natriumphosphat. Dann wird die Lösung mit etwa 20 Tropfen Tributyrin (nicht mit der Lösung, sondern mit Tributyrin selbst!) versetzt, 10 Minuten geschüttelt, filtriert, die ersten Kubikzentimeter des Filtrats verworfen und der Rest aufgefangen. 50 ccm dieser Lösung werden mit 2 ccm menschlichen Blutserums versetzt. Das Serum darf 2—3 Tage alt, aber nicht „inaktiviert" (erwärmt) worden sein. Unmittelbar nach dem Vermischen bestimme man die Tropfenzahl nach der S. 77 angegebenen Methode, und dann etwa alle 5—10 Minuten wieder. Die erhaltenen Werte trage man in ein Koordinatensystem ein, die Zeiten (vom Beginn des Serumzusatzes gezählt) als Abszisse, die Tropfenzahlen als Ordinate. Die Tropfenzahlen kann man auch auf Grund der Eichung (Übung 31) in Tributyrin-Konzentrationen, bezogen auf die volle Sättigung als Einheit, umrechnen, und eine zweite graphische Darstellung wählen: Zeit als Abszisse, Konzentration des Tributyrin als Ordinate. Beispielsweise fand sich:

Zeit in Minuten	0	1	13	23	49	60
Tropfenzahl	147	147	138	134	125	123

Wasserwert 83

Eine (relative) quantitative Bestimmung des fettspaltenden Ferments wird aus dieser Methode auf folgendem Wege erhalten. Man wiederhole diesen Versuch mit einer Reihe normaler menschlicher Blutsera und betrachte nun die einzelnen Diagramme. Notwendig sind nur die Zeit-Tropfenzahl-Diagramme; die Zeit-Konzentrationsdiagramme sind entbehrlich. In den verschiedenen Diagrammen vergleiche man die Zeiten gleicher Tropfenzahl. Beispielsweise findet man: Tropfenzahl an einer Kontrolle, welcher statt Serum die gleiche Menge Wasser zugesetzt wurde: 140. Das ist der wahre Anfangswert. In den ersten Messungen mit Serum wird man gleich etwas weniger finden. Nunmehr liest man an den Diagrammen die Zeit ab, nach welcher die Tropfenzahl 120 betrug. Dies sei bei 5 verschiedenen Normalserumproben 10; 11; 12; 9; 9 Minuten, im Mittel 10,0 Minuten. Ferner liest man ab, in welcher Zeit die Tropfenzahl 110 erreicht wurde. Dies sei 18; 19; 20; 16; 17 Minuten, im Mittel 18,0 Minuten.

Diese Zahlen können als bleibender Maßstab für künftige Versuche benutzt werden, sofern die Zimmertemperatur innerhalb 2—3° die gleiche ist. Findet man nun an einem pathologischen Serum z. B. von einer schweren Phthisis pulmonum

$$120 \text{ Tropfen in } 30,0 \text{ Minuten}$$
$$110 \quad ,, \quad ,, \quad 58,0 \quad ,,$$

so würde aus der ersten dieser beiden Zahlen folgen, daß der Umsatz in 30 Minuten so weit ist, wie bei normalem Serum in 10 Minuten, und in 55 Minuten so weit ist, wie normalerweise in 18 Minuten. Die Fermentmengen verhalten sich umgekehrt wie die Zeiten gleichen Umsatzes; die erste Zahl gibt als eine Fermentmenge von $\frac{10}{30}$, die zweite von $\frac{18}{55}$ des normalen, als Mittel von 0,33 und 0,31 also 0,32, bezogen auf normalen Fermentgehalt $= 1$.

33. Übung.
Bedingt oberflächenaktive Stoffe; Einfluß der h auf die Oberflächenspannung[1]).

Es gibt Elektrolyte, welche die Oberflächenspannung des Wassers nicht schlechtweg erniedrigen, sondern bei denen die Oberflächenspannung unter sonst gleichen Bedingungen von der h der Lösung abhängt. Diese **bedingte Oberflächenaktivität** ist entweder dem Kation des Elektrolyten zuzuschreiben (die Salze des Chinins, Eukupins und vieler anderer Alkaloide) oder dem Anion (die gewöhnlichen höheren Fettsäuren, Undezylsäure bzw. deren Alkalisalze). Wir betrachten den Fall des salzsauren Eukupins: Eine Lösung von **Eukupinum bihydrochloricum** 1 : 1000 gibt für eine Tropfpipette mit dem Wasserwert 84 die Tropfenzahl 113. Diese Lösung ist infolge Hydrolyse

[1]) Traube, J. und Somogyi, R.: Internat. Zeitschr. f. physikochem. Biol. 1. 1914; ferner Windisch, W. und Dietrich, W.: Biochem. Zeitschr. 67, 135. 1919; 100, 130. 1919 und andere Arbeiten ibidem.

des Salzes stark sauer. Vermindert man nun durch Phosphatpuffer die Azidität, so steigt die Tropfenzahl, und zwar zunächst allmählich und dann mit einem Sprung bis nahezu auf den Maximalwert.

Man setze folgende Lösungen an:

Nr.	1	2	3	4	5	6	7
0,1 n-NaOH	—	—	—	—	—	—	2,0
m/15 prim. Phosphat	2,0	1,4	0,98	0,69	0,48	0,34	—
m/15 sek. Phosphat	0,0	0,6	1,02	1,31	1,52	1,66	—
1 prom. Eukupinlösung	4,0	4,0	4,0	4,0	4,0	4,0	4,0
p_h angenähert	5	6,3	6,8	6,9	7,1	8	12,6
Tropfenzahl (in reiner Eukupinchloridlösung 113)	124	176	187	187	185	169*)	93**)

*) Bei dieser Alkalität entstand zunächst eine Trübung. Die Tropfenzahl der getrübten Lösung betrug zuerst 213; dann wurde die Flüssigkeit filtriert. Das Filtrat zeigte eine im Verlaufe einer Stunde die wiederholt nachgemessene und als konstant befundene Tropfenzahl von 169.

**) Hier entstand sofort eine Fällung; die angegebene Tropfenzahl bezieht sich auf das Filtrat.

Die Tropfenzahl ist also schon in reinem primären Phosphat (p_h etwa $= 5$) ein wenig höher als in der reinen wässerigen Lösung des Eukupinum bihydrochloricum, welche infolge der Hydrolyse dieses Salzes sehr sauer ist. Mit zunehmendem p_h erreicht die Tropfenzahl bei p_h etwa 6 fast sprunghaft einen viel höheren Wert, welcher bei 6,8 das Maximum erreicht hat (wenn man nur die definitiven Tropfenwerte berücksichtigt) und von $p_h = 8$ wieder zu fallen beginnt. Bei $p_h = 12$ ist die Tropfenzahl fast wieder auf den reinen Wasserwert gesunken.

Die Deutung der Erscheinung kann folgendermaßen gegeben werden: Der oberflächenaktive Stoff ist die freie Eukupinbase (nicht das Eukupin-Ion!). Diese ist in der Lösung des Eukupinsalzes infolge Hydrolyse schon in sehr geringen Mengen vorhanden und wird mit zunehmender Alkalität der Lösung immer reichlicher. Sie ist in Wasser, wie alle ganz stark oberflächenaktiven Stoffe, kaum löslich (siehe Dezylalkohol, 29. Übung, S. 75) und gibt gute stalagmometrische Ausschläge nur, wenn sie in übersättigter oder sehr fein disperser kolloider Lösung vorhanden ist. Alkalisiert man ein wenig, so bleibt die in Freiheit gesetzte Base in übersättigter (oder kolloider) Lösung (Röhrchen 2—5); alkalisiert man stärker (Nr. 6), so fällt die Base zum großen Teil aus; ganz im Anfang hat man eine sehr hohe Tropfenzahl, sie wird aber im Lauf der Zeit kleiner. Alkalisiert man noch stärker (Röhrchen Nr. 7), so fällt die Base quantitativ aus, und die Tropfenzahl sinkt fast auf den reinen Wasserwert.

Wie auch sonst, sind nicht allein die H- bzw. OH-Ionen auf die Oberflächenspannung der bedingt kapillaraktiven Stoffe von Einfluß. Es finden sich dieselben Ionenreihen wieder, wie auch bei anderen Ionenwirkungen. Nur haben auch hier wieder von den gewöhnlichen einwertigen Ionen die H- und OH-Ionen bei weitem die größte Wirksamkeit. Die bedingt oberflächenaktiven Stoffe gehören zu den pharmakologisch wirksamsten Substanzen.

34. Übung.

Titration mit einem bedingt oberflächenaktiven Stoff als Indikator[1]).

Die soeben beschriebene Eigenschaft des Eukupins, bei einem bestimmten p_h seine Oberflächenspannung sprunghaft zu ändern, macht einen derartigen Stoff geeignet, um als Indikator bei der azidimetrischen Titration verwendet zu werden. Die Methode ist angezeigt bei der Titration stark gefärbter und getrübter Flüssigkeiten, in denen man den Umschlag eines Farbindikators nicht erkennen kann. Zur Demonstration wollen wir 0,1 n-Ammoniak gegen 0,1 n-HCl titrieren.

In eine Porzellanschale gibt man 10 ccm 0,1 n-HCl und 10 Tropfen einer 1 proz. Lösung von Eukupin. bihydrochloricum. Man setzt portionsweise 0,1 n-NH_3 hinzu und bestimmt nach jeder Portion die Tropfenzahl. Man saugt jedesmal eine genügende Portion in die Tropfpipette und läßt sie in die Titrierschale vollkommen zurücktropfen. Es fanden sich z. B. folgende Werte:

Nach Zusatz von ... ccm 0,1 n-NH_3	war die Tropfenzahl
0,0	92
5,0	92
7,0	92
9,0	95
9,5	97
10,0	125
10,5	122

Der Sprung tritt also bei 10 ccm, dem erwarteten Endpunkt der Titration, ein. Der Umschlagspunkt entspricht etwa dem des Methylorange.

---

[1]) WINDISCH und DIETRICH: l. c.

35. Übung.

Bestimmung der Oberflächenspannung des Serums mit der Ringmethode[1]).

Die Bestimmung beruht auf der Anwendung der Adhäsions-
ringe, wobei die Kraft gemessen wird, die zur Zerreißung eines
durch einen Ring gehobenen Flüssigkeitssäulchens nötig ist. Das
Gewicht der gehobenen Flüssigkeit zieht den Ring nach unten
und wird, bei bestehendem Gleichgewicht, durch eine Gegenkraft,
die Oberflächenspannung, ausgeglichen. Diese Gegenkraft wird
durch einen Torsionsdraht auf den Wagebalken übertragen. Die
Torsion, ein Maß des gehobenen Gewichtes, wird an der kreis-
förmigen Scheibe der Torsionswage mit-
tels eines Zeigers abgelesen.

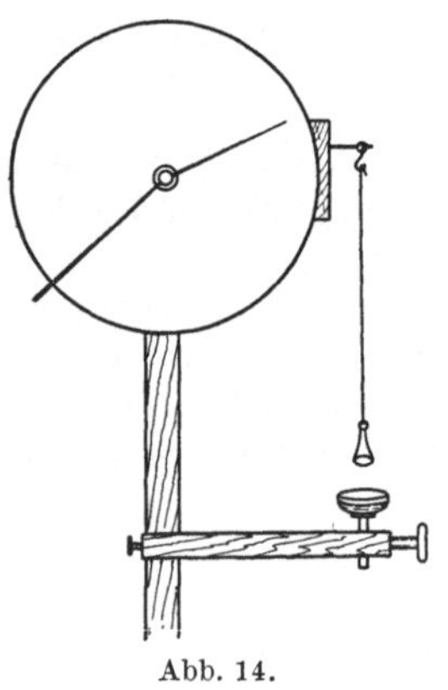

Abb. 14.

Man hängt ein Platinringchen an die
Torsionswage (s. Abb. 14), stellt auf Gleichgewicht ein, schraubt ein Schälchen mit
der zu messenden Flüssigkeit so hoch,
daß die Flüssigkeit den Ring gerade berührt und führt an der Torsionswage
eine so starke Torsion aus, daß das hoch-
gehobene Flüssigkeitssäulchen gerade zerreißt. Die dazu notwendige Kraft, die
direkt an der Wage abgelesen wird, wird
von der Oberflächenspannung über die
Länge des Ringumfanges gegeben. Eine
empirische Korrektur trägt dem Einfluß
des Randwinkels der benetzenden Flüssigkeit Rechnung. Der
Temperatureinfluß ist für reine Flüssigkeiten oder Kristalloid-
lösungen nicht groß, für kolloide Lösungen (wie Blut) beträchtlich.

Ausführung. Benutzt wird der Apparat von HARTMANN und
BRAUN. Zuerst wird der Wasserwert des Ringes bestimmt, d. h.
die Kraft, die nötig ist, um die an einem bestimmten Ringe
adhärierende Wasseroberfläche zu zerreißen.

Bei der großen Oberflächenspannung des reinen Wassers (vgl.
S. 85) ist auf kapillaraktive Verunreinigungen besonders zu achten.
Zur Reinigung wird der Ring vorsichtig ausgeglüht oder noch besser
mit (durch kurzes Eintauchen in konz. Salpetersäure vom spez.
Gew. 1,4) passivierter Stahl-Pinzette kurz in rauchende Salpetersäure getaucht, nachher unter der Wasserleitung gespült und mit
reinem Filtrierpapier getrocknet. Die Uhrgläser oder Kölbchen,

---

[1]) LECOMTE DU NOÜY: Surface Equilibria of biological and organic
colloids. New York 1926.

in die die zu untersuchende Flüssigkeit kommt, werden mit rauchender Salpetersäure und Waschen in fließendem Wasser fettfrei gemacht. (Leitungswasser hat im allgemeinen eine reinere Oberfläche als destilliertes Wasser; das destillierte Wasser kann durch Schütteln mit Kohle und Filtrieren durch eine Kohleschicht gereinigt werden.) Die Kontrolle auf Oberflächenreinheit geschieht nach Brinkmann folgendermaßen: Man bestimmt mit dem gereinigten Ring die Ablösungskraft sofort nach Eingießen des Wassers im gereinigten Uhrglas oder in der Glasschale; die gefundene Kraft darf sich bei ruhig stehendem Wasser nicht weiter verringern. (Differenz höchstens 0,5—1 mg.) Eine allmähliche Erniedrigung bei wenig veränderter Temperatur bedeutet Verunreinigung.

Bei der Ausführung der Bestimmung wird das Schälchen mit wenigstens 1 ccm Wasser auf das Stativ gestellt, die Wage mit anhängendem Ring auf Gleichgewicht eingestellt und arretiert. Dann wird das Schälchen so hoch geschraubt, daß die Wasseroberfläche die Unterfläche des Ringes gerade benetzt. Bei arretierter Wage wird zunächst eine Drehung von 60—80 mg ausgeführt, dann erst desarretiert man. Nun macht man die Torsion allmählich so stark, daß die Wasseroberfläche gerade zerreißt (bei K mg). Dann wird die Torsion wieder geringer gemacht (bis 80 bis 100 mg), der Ring durch leichten Druck auf die Aufhängestäbchen wieder gerade auf das Wasser gedrückt und die Zerreißungskraft erneut bestimmt. Der zweite Wert soll mit dem ersten genau übereinstimmen. Dann schraubt man das Schälchen herunter und bestimmt das Gewicht des Ringes ($+$ Draht) $+$ adhäriertem Wasser $=$ G. Es ist dann K $-$ G der Wasserwert des Ringes $=$ W.

Bei der Messung einer beliebigen Oberflächenspannung bestimmt man ebenfalls K und G (in diesem Fall K$'$ und G$'$), dann ist K$'$ $-$ G$'$ $=$ W$'$, und die relative Oberflächenspannung ist $\frac{W'}{W}$. Will man die absolute Oberflächenspannung berechnen, so multipliziert man diese Zahl mit 73. (Die absolute Oberflächenspannung des Wassers ist bei 18° gleich 73 Dyn/cm.) Man muß aber noch eine Korrektur anbringen, da das Flüssigkeitssäulchen nicht senkrecht an dem Ring zieht. Mit Berücksichtigung dieser Korrektur erhält man für die wirkliche relative Oberflächenspannung $1{,}18 \frac{W'}{W} - 0{,}18$ und für die absolute Oberflächenspannung $1{,}18 \frac{W'}{W} - 0{,}18 \cdot 73$ Dyn/cm.

Bei der Bestimmung der Oberflächenspannung des Serums ist darauf zu achten, daß sofort nach dem Eingießen des Serums in das Schälchen die Oberflächenspannung höher ist (näher der Oberflächenspannung des Wassers liegt): die dynamische Oberflächenspannung; bei fortlaufenden Messungen zeigt sich eine allmähliche Erniedrigung, die ungefähr in einer halben Stunde das Minimum erreicht: die statische Oberflächenspannung. Wenn man die Oberfläche durch Abstreifen mit Filtrierpapier auffrischt, so bekommt man wieder die höhere Oberflächenspannung. Spontane Erhöhung der Spannung mit der Zeit deutet auf eine Membranbildung. Die Temperatur muß berücksichtigt werden. Eine Messung, die bei 37° ausgeführt wird, liegt etwa um 10 Dyn niedriger als eine, die bei Zimmertemperatur ausgeführt wird.

Für normale Sera findet man statisch den konstanten Wert von 58—57 Dyn/cm bei 16—18° und von 47 Dyn/cm bei 37°.

VII. Diffusion, Osmose, Filtration.

Ein in verdünnter Lösung befindlicher Stoff verhält sich in seinem Lösungsmittel in manchen Beziehungen ebenso wie ein Gas im leeren Raum. Der gelöste Stoff hat Expansionsvermögen über das ganze Lösungsmittel hin; dies ist die Triebkraft der Diffusion. Wird die Expansion in das reine Lösungsmittel durch eine semipermeable Wand gehindert, so übt der gelöste Stoff auf diese Wand einen osmotischen Druck aus. Man sagt deshalb auch: der osmotische Druck ist die Ursache der Diffusion. Jedes Partikel, welches bei der BROWNschen Molekularbewegung in sich starr ist und eine einheitliche Bewegung ausführt, hat den gleichen Anteil am osmotischen Druck der Lösung; sei dies ein Ion, Molekül oder ein Riesenkomplex, wie ein Eiweißkomplex oder gar ein Mastixteilchen.

Ist der gelöste Stoff ein Nichtelektrolyt, so sind die Gasgesetze glatt zu übertragen. Bei Elektrolyten treten elektrostatische Wirkungen der Ionen aufeinander und auf die Wassermoleküle hinzu, welche für den Fall der freien Diffusion zu berechnen sind, für den Fall der Diffusion durch Membranen aber erst am Beginn der Erforschung stehen. Es steht zunächst fest, daß die Osmose bei Elektrolyten von der Natur der Membran abhängt.

Eine Membran, die nur für das Lösungsmittel durchgängig ist, nicht für den gelösten (oder suspendierten) Stoff, heißt eine semipermeable Membran. Die vollkommenste semipermeable Membran ist die M. TRAUBEsche Niederschlagsmembran in Form der PFEFFERschen Zelle (z. B. aus Ferrozyankalium + CuSO$_4$); sie läßt nicht einmal einfache Salze hindurch. Pergament, Kollodium, Schweinsblase hat gröbere Poren: die Diffusionsunfähigkeit eines Stoffes durch eine solche Membran ist definitionsgemäß das Kriterium dafür, daß er kolloid ist.

Werden solche Membranen als Filter benutzt, so wird das Lösungsmittel unter dem eigenen hydrostatischen Druck oder durch künstlich erzeugten Überdruck hindurchgepreßt: Ultrafiltration. Auch hierbei zeigt sich die verschiedene Durchlässigkeit für große und kleine Moleküle oder Komplexe.

36. Übung.

Diffusion.

Anschauung von der Geschwindigkeit der Diffusion erhält man am besten, wenn man eine Lösung in erstarrte Gelatine diffundieren läßt; die Diffusionsgröße ist zwar nicht völlig identisch mit der bei ganz freier Diffusion, aber doch nur wenig verschieden von ihr. Man fülle eine Reihe von Reagenzgläsern mit einer 10 cm hohen Schicht von 10proz. Gelatinelösung. Nach dem Erstarren schichtet man auf diese irgendeine wässerige Lösung. Als solche benutze man z. B.:

	Diffusion nach 24 Stunden
10proz. $CuSO_4$	10,0 mm
1 promill. Eosin	5,0 ,,
1 ,, Methylenblau	3,0 ,,
1 ,, Kongorot	0 ,,
Dünne Hämoglobinlösung (lackfarbenes Blut)	0,7 ,,
Mastixsol (s. S. 8)	0 ,,
Lösliches Berlinerblau	0 ,,

Die Diffusion wird, sofern es sich um molekulardisperse Stoffe handelt, mit steigendem Molekulargewicht kleiner. Kolloide diffundieren noch viel langsamer, grobe Suspensionskolloide ganz unmerklich.

Man beachte, daß beim Hämoglobin die Diffusion noch gut erkennbar ist.

Ein instruktives Beispiel entnehmen wir dem Praktikum von Wo. OSTWALD (4. Aufl., S. 21. 1922): Man versetzt dreiprozentige Gelatinelösung vor dem Erstarren mit einigen Tropfen Phenolphthalein und NaOH, so daß eine rote Gallerte entsteht. Läßt man schwach angesäuerte Alkaliblaulösung diffundieren, so entfärbt das schnell diffundierende H-Ion die Gallerte, und man erhält drei Schichten: Blauviolett, farblos, rot.

Ein sehr hübscher Versuch ist die Herstellung der LIESE-GANGschen Ringe. 4 g Gelatine werden in 120 g Wasser unter Erwärmen gelöst und 0,12 g Kaliumbichromat darin gelöst. Diese Lösung wird einerseits in einige Petrischalen in recht dünner Schicht ausgegossen, andererseits in eine Reihe von Reagenzgläsern in 10—15 cm hoher Schicht eingefüllt. Nach dem völligen Erstarren der Gelatine setze man vorsichtig auf die Mitte der Petrischale einen Tropfen 8,5proz. Lösung von $AgNO_3$ und lasse die Schale bedeckt in völliger Ruhe stehen. Auf die in den Reagenzgläsern erstarrte Gelatine schichte man sehr vorsichtig 5 ccm der gleichen Silberlösung, indem man sie an der Wand des Glases aus einer Pipette entlang fließen läßt. Am nächsten Tage haben sich konzentrische Ringe, im Reagenzglas horizontale Schichten von braunem Silberchromat abgeschieden, deren Zahl noch nach Tagen immer zunimmt. Der Abstand der Schichten wird vom Zentrum (bzw. vom oberen Rand der Gelatine aus) immer weiter. Die Erklärung ist folgende: Das Silbersalz diffundiert in die Gallerte, es bildet sich in ihr das sehr schwer lösliche Silberchromat, welches zunächst in übersättigter Lösung bleibt. Sobald durch Nachdiffusion von Silbersalz die Übersättigung einen gewissen Grad erreicht, erfolgt plötzlich Abscheidung des Silberchromats und Aufhebung der Übersättigung. Das schon weiter entfernte Silberchromat diffundiert deshalb in die Kristallisationsgegend zurück und wird in Berührung mit der festen Phase ebenfalls abgeschieden, bis überall die Übersättigung aufgehoben ist. Nun erfolgt weiterhin Diffusion von Silbernitrat, und der Vorgang wiederholt sich. Voraussetzung für die Möglichkeit dieser Erscheinung ist der Umstand, daß das abgeschiedene Silberchromat keine so dichte Membran bildet, daß sie für das nachdiffundierende Silbernitrat undurchlässig wäre. Eine Ferrozyankupfermembran z. B. wäre für alle Salze undurchlässig und würde den Diffusionsweg einfach versperren, solange sie dem osmotischen Druck mechanisch Stand hält.

37. Übung.

Dialyse.

Dialyse ist die Trennung eines Kolloids von diffusionsfähigen Stoffen mit Hilfe von Membranen durch spontane Diffusion.

Die haltbarsten Dialysiermembranen sind Pergamentschläuche. Man benutze besonders die ausgezeichneten „Diffusionshülsen" von SCHLEICHER und SCHÜLL, kleines Format

(Inhalt etwa 10 ccm). Man fülle sie mit 5 ccm Lösung und stelle sie in ein kleines Bechergläschen, welches außen Wasser bis zum gleichen Niveau enthält. Füllt man innen eine 0,85 proz. NaCl-Lösung ein, so ist in der Außenflüssigkeit schon nach wenigen Minuten Cl′ nachweisbar. Füllt man Blutserum ein, so ist nach 24 Stunden außen kein Eiweiß nachweisbar. Eine gleiche Versuchsanordnung zeigt, daß Eosin hindurchgeht. Man nehme eine 1 proz. Lösung. Zuerst wird Eosin durch Adsorption an der Membran festgehalten, erst wenn das Adsorptionsgleichgewicht eingetreten ist, beginnt der Durchtritt des Farbstoffs. Kongorot dagegen diffundiert gar nicht durch die Hülse. Diese Ergebnisse stimmen mit den Diffusionsversuchen überein, denn typische Kolloide diffundieren und dialysieren nicht bzw. sehr wenig.

Von anderen Dialysierhülsen muß man vor allem die Kollodiummembran kennenlernen[1]). Sie wird entweder wie auf S. 97 hergestellt oder, nach dem Vorschlag von Wo. Ostwald, auch auf folgende Weise. Eine aus Filtrierpapier (nicht Pergament!) hergestellte „Extraktionshülse" von Schleicher und Schüll wird mit Kollodium gefüllt und dieses wieder ausgegossen und die Hülse während des Trocknens der hängengebliebenen Wandschicht des Kollodiums in horizontaler Lage um die Längsachse gedreht. Man kann auch einfach einen Zylinder aus Filtrierpapier herstellen, indem man die sich 1—2 cm breit überdeckenden Ränder mit Kollodium zunächst anklebt und dann einen Boden von Filtrierpapier mit Kollodium aufklebt. Dann gießt man die Innenseite mit Kollodium aus und dichtet besonders noch den Rand des aufgeklebten Bodens. Nach dem Trocknen wird die Hülse etwas gewässert und ist lange Zeit brauchbar, wenn sie stets feucht gehalten wird.

Die Dialyse von Blutserum mit verschiedenen Membranen ergibt ein verschiedenes Endresultat in bezug auf die durch Osmose angesaugte Wassermenge.

In einem ersten Versuch benutze man eine kleine „Diffusionshülse" von Schleicher und Schüll, die aus Pergamentpapier besteht. Diese wird mit Wasser gut durchtränkt, das Wasser ausgegossen und mit 5 ccm Blutserum gefüllt. Diese Hülse wird in ein kleines (am besten oben leicht konisch verjüngtes) Becherglas gestellt und in dieses so viel „Außenflüssigkeit" eingefüllt, daß die Niveaus außen und innen annähernd gleich sind. Als Außenflüssigkeit benutze man in einem Versuche destilliertes Wasser, in einem Parallelversuch 0,85 proz. NaCl-Lösung. Diese

---

[1]) Über andere Membranen vgl. S. 94.

Außenlösungen werden zunächst einige Male alle halben Stunden erneuert, dann über Nacht stehen gelassen. Dann entleert man den Inhalt jeder Hülse in einen Meßzylinder. In dem Versuch mit NaCl-Lösung ist das Volumen kaum größer geworden, in dem mit destilliertem Wasser ist es etwa um $1/3$ vermehrt, außerdem hat sich ein Niederschlag von Globulin gebildet.

Das gleiche Versuchspaar setze man an, indem man eine Kollodiumhülse benutzt, die wie S. 97 hergestellt ist. Man macht sie von gleichem Durchmesser, aber lieber etwas höher als die Pergamentmembran.

Hier ist in beiden Versuchen, sowohl in dem mit destilliertem Wasser als auch mit NaCl-Lösung, nach 24 Stunden das Volumen sehr erheblich vermehrt.

Eiweiß ist in keinem der vier Versuche in die Außenflüssigkeit übergegangen[1]).

Elektrodialyse des Serums nach Ettisch[2]).

Die Elektrodialyse ist eine Dialyse, die dadurch beschleunigt wird, daß man sie im elektrischen Feld vor sich gehen läßt. Zunächst wird die dialysierte Substanz, in unserem Falle Blutserum, durch die Dialyse von den Elektrolyten befreit. Da jedoch die Globuline des Serums nur bei Elektrolytgegenwart löslich sind, so fallen sie aus, wenn die Elektrolyte aus dem Serum entfernt sind. Die Dialyse führt also sekundär zu einer Fraktionierung der Serum-Eiweißkörper. Die Globuline sind im normalen Serum ($p_H = 7{,}5-8{,}0$) als Natrium-Globulinat vorhanden. Das Na· wird durch die Dialysiermembran hindurch können, nicht aber das entsprechende Globulin-Anion. Dabei geht die Reaktion in der Kammer, in der das Serum sich befindet, aus dem alkalischen in den sauren Bereich. Dadurch ist die zweite Bedingung für den Ausfall der Globuline gegeben, da das Globulin im isoelektrischen Punkte ($p_H = 4{,}7$) unlöslich ist. Es gibt keine Serumelektrodialyse ohne Säuerung.

Den Verlauf des Eiweißausfalls kann man dadurch bestimmen, daß man in gewissen Zeitabschnitten der Mittelkammer (s. unten) Proben entnimmt, diese zentrifugiert und in der überstehenden Flüssigkeit den Eiweißgehalt durch Bestimmung des Stickstoffes feststellt. Den Verlauf der Elektrolytentfernung kann man an einem in den Stromkreis geschalteten Amperemeter beobachten. Zu Beginn der Elektrodialyse pflegt die Stromstärke anzusteigen, unter Sinken des Widerstandes im Gesamtsystem. Die hierbei

---

[1]) Vgl. hierzu Rona, P., und Melli: Biochem. Zeitschr. **166**, 242. 1925.
[2]) Nach Ettisch und Ewig: Biochem. Zeitschr. **200**, 250. 1928.

auftretende Erwärmung wird durch einen Vorschaltwiderstand in den zulässigen Grenzen gehalten. Sehr bald kann jeder Widerstand herausgenommen werden. Die hauptsächlichste Kontrolle besteht jedoch in der Beobachtung des p_h-Verlaufes. Es können sowohl übermäßige Säuerung als auch Alkalisierung auftreten. Das Ansteigen des p_H über den Ausgangswert des Serums wird durch die unten angegebene Membrankombination verhindert. Die p_h-Verschiebung nach der sauren Seite hin hat auch ihre Grenzen, da bei einem $p_H < 4{,}0$ die Globuline sich wieder auflösen. Das Ende der Elektrodialyse ist dadurch gegeben, daß weder der Widerstand der Zelle und der Eiweißgehalt, noch der p_H-Wert sich ändern.

Was die Anordnung des Elektrodialyseapparates anlangt, so ist das Dreikammersystem, wie es im Apparat von ETTISCH verwirklicht ist, am vorteilhaftesten.

Von den 3 Kammern I, II, II′ der Elektrodialysierzelle enthält die mittlere I die zu dialysierende Flüssigkeit. Sie wird als Mittelkammer, auch Dialysierkammer, bezeichnet. Die beiden endständigen Kammern II und II′ ent-

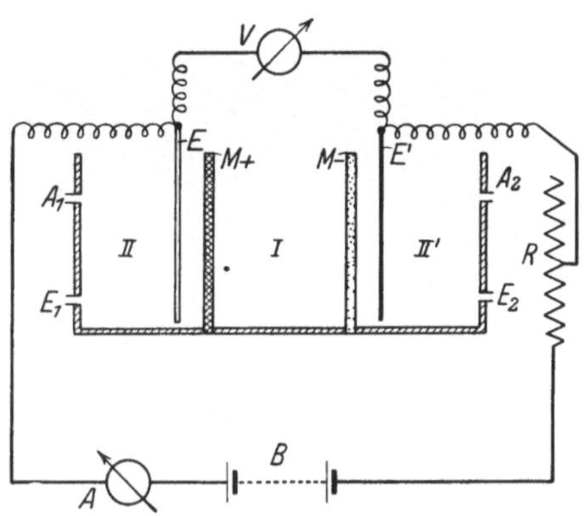

Abb. 15. I Mittelkammer; II, II′ Spülkammern; M+ positive, M− negative Membran; E positive (Platin-), E′ negative (Kupfer-) Elektrode; E_1 E_2 Einflußöffnungen, A_1, A_2 Ausflußöffnungen, B Gleichstrombatterie; R Regulierwiderstand; A Amperemeter; V Voltmeter.

halten die Elektroden E und E′. Durch sie fließt dauernd der spülende Strom von destilliertem Wasser. Er tritt bei E_1 bzw. E_2 ein, und bei A_1 bzw. A_2 wieder aus. Diese Kammern heißen Endkammern, Elektrodenkammern, auch Spülkammern. Sie sind von der Mittelkammer durch Membranen M_+ bzw. M_- getrennt. An die Elektroden wird die Spannung einer Gleichstromquelle B gelegt unter Einschalten eines Amperemeters mit den Meßbereichen von etwa 1 Milliampere bis 10 Ampere. Der Regulierwiderstand R regelt die Spannungsverteilung. Das Voltmeter V zeigt an, welches die jeweilige Spannung zwischen den Klemmen der Elektroden (Dialysierspannung) ist. Damit ist man auch über den jeweiligen Widerstand zwischen den Elektroden unterrichtet. Bei solcher Anordnung werden die Elektrolyte aus der Zelle beschleunigt herausgeholt, da die Membranen für diese durchlässig sind. Die Membranen besitzen aber Eigenladung. Es muß daher stets auch eine elektrosmotische Wasserüberführung stattfinden. Bei diesem Vorgang können auch solche Moleküle bzw. Molekülkomplexe die Mittelkammer verlassen, die durch die Membranen eben noch hindurchzutreten vermögen. Auch solche Körper, die in der Mittelkammer nur zu einem äußerst geringen Bruchteil dissoziiert vorhanden sind, werden durch die ED daraus entfernt werden können. Es bleiben also alle diejenigen Körper in der Mittelkammer zurück, die die Membranen nicht durchtreten lassen. Das können große Ionen, große Moleküle usw. sein.

Die von Ettisch angegebene Vorrichtung zur Elektrodialyse ist die folgende:

Sie besteht aus einem Glaskasten von rechteckiger Grundfläche, dessen Abmessungen sich nach den zu dialysierenden Substanzmengen richtet (siehe Abb. 16).

An ihm sind die beiden Zuflußöffnungen EE und die Ausflußöffnungen A, A zu erkennen. Ferner besitzen die oberen Ränder der Vorder- und Hinterfläche je 2 Ausschnitte S, S, in die die bezüglichen Elektroden (in

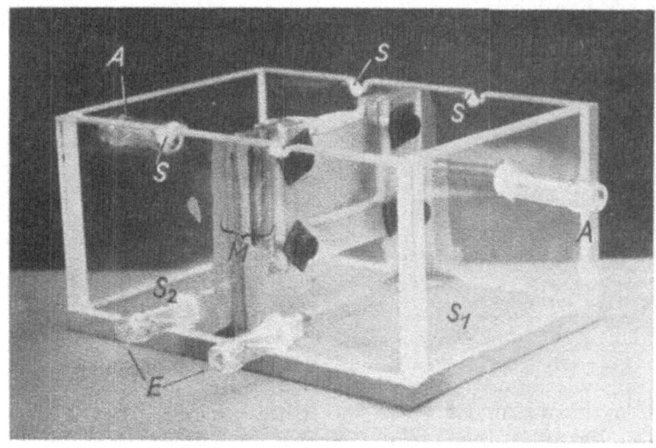

Abb. 16.

den Endkammern S_1, S_2) eingehängt werden. Die Elektroden bestehen aus rechtwinkligen Glasrahmen mit Auslegebügeln. Der mit Platindraht besponnene Rahmen dient als Anode, der mit Kupfer besponnene als Kathode. Jeder Rahmen trägt eine Klemmschraube.

Die Mittelkammer M (s. Abb. 17) nimmt die zu dialysierende Flüssigkeit auf. Sie besteht aus 3 Teilen. Aus einem Glasblock B und 2 Rahmen R_1, R_2.

Die Mittelkammer ist in den Glaskasten eingepaßt. Zur Anbringung der bezüglichen Membranen wird der Block B an den betreffenden Flächen mit einer dünnen Schicht Zaponlack bzw. mit einer Gelatinelösung überpinselt und leicht angedrückt. Man darf die Membranen nicht trocken aufkleben, da sie in der Flüssigkeit quellen und dann einen zu großen Mittelraum abgeben. Bei den Kollodiummembranen muß man mit dem Zaponlack vorsichtig umgehen, da er das Kollodium aufzulösen vermag. Kleine Defekte lassen sich aber mit flüssigem Kollodium wieder leicht ausbessern. Hat man beide Membranen befestigt, so werden die Glasrahmen R_1, R_2 von außen an die Membranen angelegt. Mittels der Hartgummischrauben G, unter die Gummiplättchen gelegt werden, werden die Rahmen mit dem Glasblock verbunden. Nach Warten von einigen Minuten prüft man die Mittelkammer durch Wassereinfüllen auf ihre·Dichtigkeit. Ist diese sichergestellt, so fügt man die Mittelkammer in das Glasgefäß ein, nachdem man sich überzeugt hat, daß die Membranen nicht allzusehr aus dem Rahmen nach den Seiten herausragen. Eine besondere Befestigung oder Abdichtung der Mittelkammer im Glaskasten ist für gewöhnlich nicht erforderlich, da der kapillare Spalt zwischen ihr und den Wänden des Kastens einen sehr großen elektrischen Widerstand darstellt. Will man aber auf jeden Fall sichergehen, so kann man durch heißes Paraffin mit ein paar Pinselstrichen die Mittelkammer festkitten, und zugleich die beiden Endkammern voneinander isolieren. Damit ist die Zelle für die ED zusammengestellt. Bei Nichtgebrauch muß sie, wenn sie nicht auseinandergenommen wird, mit Wasser gefüllt aufbewahrt werden, damit die Membranen nicht austrocknen und dabei einreißen. Beim Auseinandernehmen löst Azeton den Zaponlack, Wasser die Gelatine leicht auf. Die Rahmen dürfen von der Unterlage nur abgeschoben, nicht abgehoben werden, da sie dabei leicht zerbrechen. · Ein gebrochener Rahmen kann aber noch weiter Verwendung finden, da er durch die Verschraubung seine Stützfunktion noch auszuüben

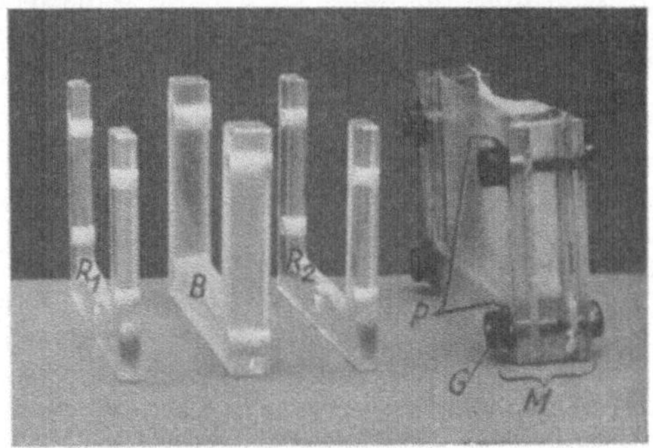

Abb. 17.

vermag. Es ist daher auch nicht erforderlich, die Rahmenschrauben übermäßig fest anzuziehen.

Die Spülung der Endkammern erfolgt mit destilliertem Wasser. Man stellt die Vorratsflasche etwa 1 m erhöht gegenüber der ED-Zelle auf und läßt von dort aus durch ein eingeschaltetes T-Stück aus Glas das Wasser durch die beiden Spülkammern fließen. Durch aufgesetzte Schraubenquetschhähne kann man jeden Zufluß und Abfluß regulieren. Oft ist es von Bedeutung, die Spülflüssigkeit zu analysieren, dann wäre das abfließende Wasser aufzufangen. Bei der hier dargestellten Methode der ED braucht das Spülwasser nicht übermäßig rasch durch die Kammern geschickt zu werden. Als Beispiel sei erwähnt, daß bei der ED von etwa 40 ccm unverdünntem Serum in der beschriebenen Apparatur in der ersten Stunde 5 Liter, in der zweiten Stunde 4 Liter Wasser verbraucht wurden. Man kann also auf etwa 1 ccm Serum 100—150 ccm destilliertes Wasser rechnen, je nach der Art und Dauer der ED. Erhöhung der Spülgeschwindigkeit hat kaum einen Einfluß auf den grundsätzlichen Gang der ED. Von Vorteil ist allerdings die dadurch bewirkte Kühlung infolge Ansteigens des elektrischen Widerstandes. Das erreicht man aber zweckmäßiger durch Einlegung von Kühlschlangen in sämtliche Kammern. Diese Kühlung wird durch Leitungswasser gespeist. Man verfährt aber noch besser, wenn man durch Regulierung der Stromstärken die Wärmeentwicklung hintanhält. Diese ist von Bedeutung nur etwa im ersten Viertel der ED. Sehr bald wird die JOULEsche Wärme infolge Anwachsens des Widerstandes geringer, so daß man in den übrigen Dreivierteln schon mit voller Spannung arbeiten kann.

In die Mittelkammer kann noch eine Rührvorrichtung eingeführt werden. Diese muß so arbeiten, daß eine gute Durchmischung des Inhaltes während der ganzen ED vor sich geht. Ein Elektromotor oder auch eine gut laufende Wasserturbine vermag dieses sicherzustellen.

An die Elektroden wird eine Gleichstromquelle von 120 bzw. 220 Volt gelegt.

Als Membrankombination sind zu verwenden: 1. Pergamentmembran vor der negativen Elektrode, Albumin-Kollodiummembran vor der positiven. 2. Pergamentmembran vor der negativen Elektrode, Gelatine-Kollodiummembran vor der positiven. Letzte Kombination hat sich als die günstigste erwiesen. Als Pergamentmembran wird das käufliche Pergamentpapier verwendet. Für die Herstellung der Kollodiummembranen dienen folgende Vorschriften von ETTISCH:

1. Herstellung von Kollodiummembranen. Zur Herstellung von Kollodiummembranen verwendet man das Ätheralkohol-Kollodium von C. A. F. Kahlbaum („zur Herstellung von Membranen zur Dialyse"). Man hält die Vorratsflasche stets gut verschlossen, um eine Konzentrationsänderung infolge Verdunstens von Äther zu vermeiden. In möglichst dünner Schicht wird dann dieses Kollodium in eine Schale mit ebenem Boden ausgegossen und diese Schale dann auf einen Tisch gestellt, von dessen Ebenheit man sich überzeugt hat, und von dessen Oberfläche Zugluft ferngehalten werden kann. Das ausgegossene Kollodium wird so lange der Trocknung unterworfen, bis bei schräger Aufsicht auf der gesamten Membranoberfläche die erhabenen Rippen eines Chagrinmusters erscheinen (etwa 20—30 Minuten). Darauf wird die Schale in einem großen Wassergefäß vollkommen untergetaucht. Man läßt die Membran dort einige Zeit mit ihrer Schale und unterstützt dann die Ablösung durch vorsichtiges Abtrennen der Membran vom Rande her mit einem scharfen Messer. Nach Wässern von etwa 1 Stunde bei mehrmals gewechseltem, destilliertem Wasser ist die Membran verwendbar.

2. Albuminkollodiummembran. Hierzu ist erforderlich: 1. Alkohol-Ätherkollodium wie oben, 2. feinst pulverisiertes Eieralbumin von Merck. Von dem Kollodium gießt man die notwendige Menge in ein Erlenmeyerkölbchen und fügt eine solche Menge von dem Eieralbumin hinzu, daß stets Bodenkörper vorhanden ist. Es wird mehrmals kräftig durchgeschüttelt, dann läßt man die Suspension etwa 1 Stunde sedimentieren. Noch trübe wird die Suspension ausgegossen und weiter so behandelt, wie es oben von der reinen Kollodiummembran beschrieben worden ist. Wegen der bakteriellen Angreifbarkeit muß die Membran bei Nichtbenutzung unter Wasser im Eisschrank aufbewahrt werden.

3. Gelatinekollodiummembran. Hier wird zunächst nur Kollodium in der oben angegebenen Weise ausgegossen. Auch alle anderen Kennzeichen der Trocknung usw. bleiben dieselben. Nachdem man die fertige Kollodiummembran kurze Zeit gewässert hat, bringt man sie in eine 2proz. Lösung von Lichtfiltergelatine (Agfa) und läßt sie 24 Stunden darin. Die

Gelatine ist beim Einbringen der Membran warmflüssig, erstarrt aber bei der Abkühlung bzw. bei der Aufbewahrung im Eisschrank. Wenn dann die Kollodiummembran nach 24 Stunden herausgenommen wird, muß sie von den anhaftenden groben Gelatineteilchen gereinigt werden. Da die Gelatine ein wenig zuverlässig definierter Körper ist (Alter der Gelatine!), stellen sich bei dieser Membran unter Umständen Störungen heraus.

38. Übung.

Die Kompensationsdialyse [1].

Wenn in einer kolloiden Flüssigkeit, wie Blutserum oder Eisenhydroxyd, ein diffusionsfähiger Stoff gelöst ist, könnte ein Teil desselben an das Kolloid gebunden sein. Es wird die Aufgabe gestellt, den freien Anteil dieses Stoffes festzustellen. Das Problem liegt z. B. vor bei Frage nach der Menge des freien Zuckers oder der freien Ca-Ionen im Serum. Diese Frage kann durch die Kompensationsdialyse gelöst werden. Man bestimmt in einer Probe Serum den gesamten Zucker, und an einer Reihe anderer Proben macht man folgende Versuche. Eine möglichst große Menge (50 ccm) Serum wird gegen eine möglichst kleine Menge einer Lösung von Zucker in 0,85proz. NaCl bekannter Zuckerkonzentration dialysiert. Die Konzentration wird in verschiedenen Parallelversuchen variiert und diejenige Konzentration ermittelt, welche bei der Dialyse weder ab- noch zunimmt. Sie ist gleich der Konzentration des freien Zuckers im ursprünglichen Serum.

Man kann auch darauf verzichten, bis zum Gleichgewicht zu dialysieren, sondern stellt nur die Richtung fest, nach der die einzelnen Stoffe wandern. Bei geeigneter Versuchsanordnung kann man die Dialyse bereits nach etwa $1/_2$ Stunde unterbrechen; die Konzentrationsänderung in der Außenlösung ist deutlich [2].

Genauer gestaltet sich diese Kompensationsschnelldialyse im einzelnen folgendermaßen:

Man benutzt Dialysierhülsen mit möglichst großer relativer Oberfläche und kleinen Flüssigkeitsmengen: kleine selbstverfertigte Kollodiumhülsen von 14 mm Durchmesser und 5 cm Länge; sie wurden in kurze Glasröhrchen mit rundem Boden etwa 20 mm innerer Weite gehängt und mittels eines durchlöcherten Korkens über das abgesprengte obere Ende einer

---

[1] MICHAELIS, L., und RONA, P.: Biochem. Zeitschr. **14**, 476. 1908. Vgl. auch RONA: Ebenda **29**, 501. 1910; RONA und TAKAHASHI: Ebenda **31**, 336. 1911; RONA und GYÖRGY: Ebenda **48**, 278; **56**, 416. 1913.

[2] RONA, HAUROWITZ und PETOW: Biochem. Zeitschr. **149**, 393. 1924.

Eprouvette gezogen. Die beiden oberen Korke (s. Abb. 18) schützen gegen Verdunstung, der unterste dient als einfaches Gestell.

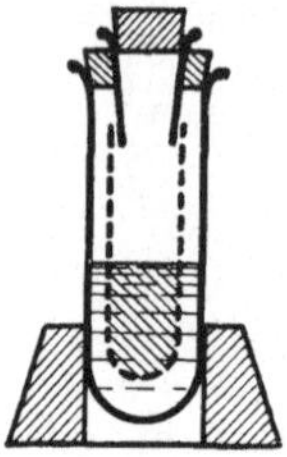

Vor der Füllung werden die Hülsen innen mit der zu untersuchenden Flüssigkeit (Serum), außen mit der verwendeten Außenflüssigkeit gespült. Nun werden außen 3,5 ccm, innen 4 ccm der entsprechenden Flüssigkeiten zugefügt und die Hülsen so befestigt, daß die Flüssigkeitsspiegel außen und innen gleich hoch sind. Die Außenflüssigkeit wird, um Flüssigkeitsströmungen zu vermeiden, stets isotonisch gemacht (s. unten). Dann wird mit Kork verschlossen

Abb. 18.

und darauf geachtet, daß die Hülse der Glaswand nirgends direkt anliegt. Nach einer halben Stunde werden mit 1-ccm-Pipetten der Außen- und Innenflüssigkeit je zwei Proben entnommen und analysiert. Nach dieser Zeit ist zwar keine vollständige Kompensation eingetreten; die Konzentrationsänderung im Sinne der Kompensation ist jedoch derart weitgehend, daß sie analytisch einwandfrei nachgewiesen werden kann.

Als Beispiel diene eine Untersuchung über das Verhalten des Chlors im Serum. Der Total-Cl-Gehalt des Serums (vom Rind) wurde zu 0,365 % bestimmt. Als Außenflüssigkeit wurde 0,85 proz. Kochsalzlösung verwendet, die durch Zusatz äquimolekularer $NaNO_3$-Lösung

Ca in Milligrammprozenten.

Innen		Außen	
vorher	nachher	vorher	nachher
10,3	12,7	10,5	9,0
10,3	10,0	7,0	7,2
10,3	8,8	5,25	6,1

Chlor in ‰.
(Innen je 4,0 ccm Serum, außen je 3,5 ccm Kompensationsflüssigkeit.)

Konzentration der Außenflüssigkeit % Cl		Änderung (Mittel)
vorher	nach Dialyse	
$0,53_0$	$0,47_0$ $0,47_0$	$-0,06_0$
$0,50_5$	$0,45_0$ $0,45_0$	$-0,05_5$
$0,50_5$	$0,45_5$ $0,45_5$	$-0,05_0$
$0,50_5$	$0,46_5$ $0,48_0$	$-0,03_0$
$0,45_5$	$0,45_0$ $0,45_0$	$-0,00_5$
$0,43_5$	$0,43_5$ $0,41_0$	$0,00_0$
$0,42_5$	$0,42_5$ $0,42_5$	$0,00_0$
$0,38_5$	$3,38_5$ $0,38_5$	$0,00_0$
$0,36_0$	$3,36_5$ $0,37_5$	$+0,01_0$
$0,35_0$	$3,36_5$ verl.	$+0,01_5$
$0,35_0$	$3,35_5$ $0,36_0$	$+0,01_0$
$0,34_5$	$3,36_5$ $0,36_5$	$+0,02_0$

auf die verschiedenen Verdünnungen gebracht wurde. Die Cl-Bestimmungen wurden nach VOLHARD durchgeführt. Als Innenflüssigkeit wurde das unverdünnte Rinderserum genommen, dessen p_H zu 7,80 ermittelt wurde.

Die Tabelle (S. 96) zeigt, daß der Cl-Gehalt der Außenflüssigkeit gesunken ist, wenn er höher als 0,45% war, und daß er gestiegen ist, wenn er kleiner als 0,38% war. Bei einer Cl-Konzentration zwischen 0,38 und 0,45% ist keine Änderung eingetreten, obwohl der Cl-Gehalt des Serums kleiner, nämlich nur 0,365% war. Es sind also im Mittel 0,42% Cl in der Außenflüssigkeit im Gleichgewicht mit 0,365% Cl im Serum. Das gesamte Cl des Serums ist also dialysabel.

Einige Versuche über die Verhältnisse beim Kalzium mögen hier angefügt werden.

Wie man aus der Tabelle (S. 96) sieht, befinden sich hier etwa 10,0 mg% Ca innen (Serum) mit 7,0 mg% Ca außen in Gleichgewicht.

39. Übung.

Osmose.

Wenn eine Lösung von dem reinen Lösungsmittel durch eine Membran getrennt ist, die für das Lösungsmittel durchgängig ist, für den gelösten Stoff nicht oder schwerer, so zieht die Lösung Wasser durch die Membran an. Membranen, welche vollkommen semipermeabel sind, wie Ferrozyankupfer, sind schwierig zu behandeln. Leichter kann man mit Kollodium arbeiten, welches allerdings nur in beschränktem Maße semipermeabel zu nennen ist. Bei einer wirklich semipermeablen Membran wird das Wasser bis zu einer gewissen Höhe angesogen, welche man den osmotischen Druck der Lösung nennt. Bei einer nur beschränkt semipermeablen Membran wie Kollodium[1]) stellt sich kein definitives Gleichgewicht in bezug auf den osmotischen Druck ein, sondern, weil schließlich auch der gelöste Stoff in seiner Konzentration sich ausgleicht, ist das endgültige Gleichgewicht die Einstellung auf gleiches Niveau. Aber der osmotische Wasserstrom ist gut zu beobachten und der Druck dieses Wasserstromes ist meßbar, wenn auch mit der Zeit veränderlich.

Man gieße einen kleinen Glaszylinder (breiten Meßzylinder von 25 ccm Inhalt) voll Kollodium, gieße das Kollodium zum größten Teil wieder aus und lasse das zurückbleibende Kollodium trocknen, indem man den Zylinder in horizontaler Lage ständig rollt. Dann gieße man noch eine Schicht Kollodium hinein und lasse in gleicher Weise nochmals trocknen. Wenn

---

[1]) In Anlehnung an LILLIE: Americ. journ. of physiol. **20**, 127. 1907; SÖRENSEN, S. P. L.: Hoppe-Seylers Zeitschr. f. physiol. Chem. **106**, 1. 1919; LOEB, JACQUES: Journ. of gen. physiol. **1** (mehrere Arbeiten). 1918.

das Kollodium fest geworden ist, lasse man es eine Weile weiter
trocknen. Dann kann man vorsichtig den gebildeten Kollodiumschlauch von der Glaswand ablösen und aus dem Glaszylinder
herausziehen[1]). Man wässert ihn noch einige Zeit, füllt ihn zur
Hälfte mit destilliertem Wasser, trocknet ihn oben gut ab und
setzt einen durchbohrten Gummistopfen auf. Durch die Bohrung
geht ein breites Steigrohr von 1 mm Lichtung und 30 cm Länge
mit einer Millimeterteilung (graduierte 1 ccm-Pipette) (Abb. 19).

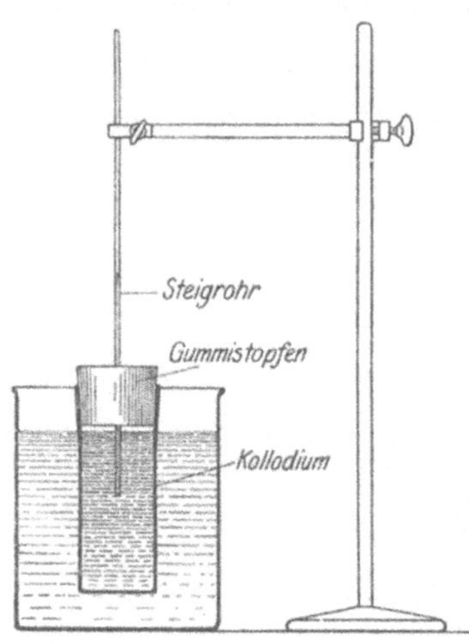

Abb. 19.   Einfaches Osmometer aus
Kollodium.

Man klebe den Gummistopfen
durch einen Ring von Kollodium
luftdicht an. Am sichersten klebt
der Stopfen luftdicht, wenn man
ihn in den noch nicht mit Wasser in Berührung gekommenen
Schlauch klebt und erst nachher
wässert. Man blase nach dem
Trocknen durch das Steigrohr vorsichtig einige Luftblasen in den
Schlauch. Ist die Dichtung gut,
so steigt danach das Wasser etwas
in das Steigrohr und hält seinen
Stand. Man befestige das Steigrohr
mit einem Stativ und stelle den
Kollodiumsack so auf, daß er in
ein Gefäß mit destilliertem Wasser
taucht. Das Niveau im Steigrohr
fällt dann so langsam, daß man
es auf längere Zeit als konstant
betrachten oder wenigstens die Geschwindigkeit seines Abfalls
in den späteren Versuchen als Korrektur anbringen kann.

Will man eine größere Reihe von Versuchen mit dem gleichen
Kollodiumschlauch machen, so braucht man einen leicht abnehm-
baren Verschluß, damit man den Kollodiumsack immer wieder
brauchen kann. Am einfachsten nimmt man den Kollodiumschlauch mit eingeklebtem Gummistopfen und Steigrohr genau in
der beschriebenen Anordnung. Wenn das Steigrohr zwar luftdicht, aber nicht zu fest in dem Stopfen steckt, kann man es
leicht herausnehmen und durch das Loch im Stopfen vermittels
einer Pipette die alte Flüssigkeit herausziehen, mit Wasser in
derselben Weise nachwaschen und die neue Lösung einfüllen.
Solch ein Osmometer ist lange haltbar. Das Wichtigste ist eine

---

[1]) Vgl. auch die Vorschrift auf S. 107.

gute Kollodiumsorte. Mit schlecht-elastischem Kollodium kann man nicht arbeiten[1]).

Zunächst fülle man den Schlauch mit 10proz. Rohrzuckerlösung und setze ihn in destilliertes Wasser. Das Niveau im Steigrohr steigt dann mit großer Geschwindigkeit auf. Sodann wiederhole man diesen Versuch mit m/64 (0,54%) Rohrzuckerlösung. In dieser Lösung ist eine Steigung infolge des stark verminderten osmotischen Druckes kaum mehr bemerkbar.

Wenn man Lösungen von Elektrolyten benutzt, so ändern sich diese Verhältnisse bedeutend und können nicht mehr aus den einfachen Gesetzen des osmotischen Druckes erklärt werden.

Die Strömungsgeschwindigkeit hängt von der Natur der Elektrolyten und von gewissen Vorbehandlungen des Kollodiums stark ab. Wir stellen den Kollodiumschlauch 24 Stunden in eine 1proz. wässerige Gelatinelösung und waschen die Gelatine mit warmem Wasser längere Zeit aus. Die Eigenschaften einer solchen Membran ersieht man aus folgenden Versuchen[2]): Wir füllen den Kollodiumschlauch der Reihe nach mit folgenden Lösungen:

1. m/64-Saccharose,	3. m/192-CaCl$_2$,
2. m/128-NaCl,	4. m/192-Na$_2$SO$_4$.

Diese vier Lösungen haben den gleichen osmotischen Druck, aber im Kollodiumschlauch eine ganz verschiedene Osmosegeschwindigkeit. Es fanden sich z. B. in 10 Minuten folgende Niveauanstiege in mm:

1. Saccharose: Anstieg kaum merklich,
2. NaCl: 11 mm in 10 Minuten,
3. CaCl$_2$: 22 mm in 10 Minuten (in 40 Minuten etwa 80 mm!),
4. Na$_2$SO$_4$: 3 mm in 10 Minuten.

Es gibt sogar Lösungen, bei denen eine negative Osmose eintritt, d. h. wo das Wasser von der Salzlösung in das reine Wasser strömt. Für die gelatinierte Kollodiummembran kann man z. B. mit sehr verdünnten Lösungen von HCl oder AlCl$_3$ diese negative Osmose beobachten. Füllt man den Kollodiumschlauch innen mit reinem Wasser (also umgekehrt wie vorher) und setzt ihn in n/1000-HCl, so beobachtet man mit dem gleichen

---

[1]) Brauchbares Kollodium liefert Chem. Fabrik auf Aktien (vorm. E. Schering), Berlin N. Man bezieht am besten die Lösung „Kollodium D.A.B.V" und verdünnt sie mit dem halben Volumen einer Mischung von gleichen Teilen absol. Alkohol und Äther.

[2]) LOEB, JACQUES: l. c.

Osmometer einen Niveauanstieg von 5 mm in 10 Minuten. Bei höheren HCl-Konzentrationen wird die Osmose wieder positiv.

Wie man aus diesen letzten Bemerkungen über die hohe Wirksamkeit sehr kleiner HCl-Mengen sieht, ist die Größe und Richtung der Osmose bei einer gelatinierten Kollodiummembran stark von der h abhängig. Infolge der unsicheren Definition der h des destillierten Wassers, vielleicht auch infolge von Verunreinigungen mancher Gelatinearten mit irgendwelchen stark wirksamen dreiwertigen Ionen kommt es vor, daß die oben beschriebenen Versuche 2 bis 4 eine schwache negative Osmose statt der positiven zeigen. In einem solchen Fall braucht man die Außen- und Innenlösung nur mit einer Spur NaOH zu versetzen (bis zu einer Konzentration von höchstens $^1/_{300}$ normal), um die Osmose in dem oben beschriebenen Sinne energisch umzukehren.

40. Übung.

Diffusion durch eine ionensemipermeable Membran[1]).

Wenn man eine Kollodiummembran, ohne sie jemals mit Wasser in Berührung zu bringen, an der Luft liegen läßt, bis jede Spur Alkohol und Äther verdunstet ist, so wird ihre Durchlässigkeit erstens quantitativ geändert, indem sie im allgemeinen sehr viel undurchlässiger wird. Zweitens tritt auch eine qualitative Änderung der Durchlässigkeit ein, indem sie für alle Anionen undurchgängig wird, während sie für Kationen, wenigstens für einwertige Kationen, durchlässig bleibt. Die Hülse wird zunächst in derselben Weise hergestellt wie früher, indem man ein nicht zu enges Glasgefäß mit Kollodium ausgießt. Es ist vorteilhaft, die Hülsen so dünn wie möglich zu machen, weil sonst die Diffusionsversuche zu viel Zeit erfordern. Man lasse die Kollodiumschicht an der Glaswand recht lange austrocknen, bis sie sich zum größten Teil von selbst abgehoben hat und sich vollständig mühelos mit einer Pinzette ablösen läßt. Berührung mit Wasser beim Ablösen der Hülse muß durchaus vermieden werden. Die abgelöste Hülse läßt man mindestens 1 Tag lang an der Luft weiter eintrocknen, wobei sie stark einschrumpft. In diese Hülse bringt man destilliertes Wasser mit einem Tropfen Methylorange und stellt sie in ein Gefäß mit 0,1 n-HCl-Lösung. In dem Wasser tritt auch nach vielen Tagen keine saure Reaktion ein. In einem zweiten Versuch bringt man in das äußere Gefäß 0,1 n-HCl, in das Kollodium 0,1 n-KCl-Lösung mit einem Tropfen Methylorange. Hier beginnt oft schon nach 1 Tag und dann langsam, aber stetig fortschreitend, eine Säurung der KCl-Lösung.

---

[1]) MICHAELIS und FUJITA: Biochem. Zeitschr. **161**, 47. 1925.

HCl kann gegen reines Wasser nicht diffundieren, obwohl die H-Ionen die Membran passieren könnten, weil sie von den undurchgängigen Chlorionen elektrostatisch festgehalten werden. Statt dessen entsteht eine elektrische Potentialdifferenz, die in einer späteren Übung demonstriert werden soll. In dem Versuch mit HCl einerseits und KCl andererseits können sich dagegen die H- und die K-Ionen austauschen, ohne daß die Cl-Ionen sich zu bewegen brauchen.

Gegenüber Nichtelektrolyten verhält sich eine solche Hülse so, daß sie für eine Anzahl Stoffe, besonders von solchen mit kleinerem Molekulargewicht, wie Harnstoff, durchgängig ist, während sie größere Moleküle, wie Traubenzucker, praktisch nicht hindurchläßt. Solche Versuche stellt man am besten an, indem man eine 0,1—1 n-Lösung des betreffenden Stoffes mehrere Tage lang gegen reines Wasser diffundieren läßt.

Manchmal haben die Kollodiumhülsen nicht völlig die verlangte Undurchlässigkeit für Anionen. Dann tritt auch in dem Versuch „0,1 n-HCl — destilliertes Wasser" allmählich eine Säuerung des Wassers ein. In solchen Fällen kann man die Unzulänglichkeit der Membran auch daran erkennen, daß der in der 81. Übung demonstrierte elektromotorische Effekt zu klein ist. Eine solche Membran gibt dann für die Kette 0,1 m-KCl — 0,01 m-KCl nicht 45—52 Millivolt, sondern z. B. nur 30 Millivolt.

<h3 style="text-align:center">41. Übung.</h3>

<h2 style="text-align:center">Ultrafiltration.</h2>

Benutzt man eine für Kolloide undurchlässige Membran als Filter, so nennt man das ein Ultrafilter.

Das einfachste Ultrafilter kann man auf folgende Weise machen[1]). Ein „Filterhütchen" von SCHLEICHER und SCHÜLL oder auch einfach ein gewöhnliches Filter wird in einen Trichter gut angelegt, mit warmem Wasser durchtränkt, das Wasser gut abgetropft und noch feucht mit Kollodium ausgegossen, das Kollodium wieder möglichst abgegossen und die hängenbleibende, ganz dünne Kollodiumschicht in horizontaler Lage des Trichterrohres bis zur vorläufigen Trocknung gedreht, dann mit der Spitze nach unten montiert, weitere 10 Minuten getrocknet, nochmals mit einer dünnen Kollodiumschicht ausgegossen und mit der Spitze nach oben 10 Minuten an der Luft getrocknet und 10 Minuten gewässert. Dieses Filter läßt in der Regel schon bei gewöhnlichem Druck Wasser durch; viel schneller, wenn man mit der Pumpe ansaugt. Da das Filter nicht luftdicht an-

---

[1]) OSTWALD, WO.: Kolloid-Zeitschr. **22**, 143. 1918.

liegt, erreicht die Pumpe nur einen sehr geringen negativen Druck, aber dieser genügt völlig. Die Dichtigkeit des Filters wird zunächst mit Mastixsol geprüft (Herstellung wie auf S. 8; man verdünnt, bis nur eine schwache Trübung bleibt). Je nach der Konzentration der angewendeten Kollodiumlösung sind die Filter mehr oder weniger durchlässig. Ein aus gewöhnlicher, aus der Apotheke bezogenen 4proz. Kollodiumlösung hergestelltes Filter läßt aus 10fach mit destilliertem Wasser verdünntem Blutserum kaum eine Spur Eiweiß hindurch. Die Dichtigkeit prüft man[1]) mit Nachtblau, Kongorot und Kollargol. Dichte Filter lassen keinen der drei Stoffe durch, weniger dichte halten Nachtblau und Kongorot zurück, noch weniger dichte nur Nachtblau. Die Güte der Kollodiumsorte ist von großem Einfluß auf die Dichtigkeit.

Die Undurchlässigkeit eines Ultrafilters für disperse Teilchen und Moleküle beruht zweifellos zum Teil auf einem einfachen räumlichen Mißverhältnis zwischen den zurückgehaltenen Teilchen und der Porengröße des Filters. Man darf das aber nicht als den einzigen Faktor ansehen: Quecksilber läuft durch Poren eines gewöhnlichen Papierfilters oder durch eine enge kapillare Glasröhre nicht ohne weiteres durch, während es durch eine metallene Kapillare leicht durchfließt. Die Theorie der Ultrafiltration ist noch sehr unvollkommen.

Hiervon wird man sich durch folgenden einfachen Versuch überzeugen. Man filtriere eine sehr dünne Lösung von Kongorot durch ein Ultrafilter. Die Flüssigkeit läuft farblos durch, die Poren des Filters erscheinen „zu eng" für die Moleküle oder Mizellen des Farbstoffes. Das Filter färbt sich dabei rot. Nun filtriere man durch dasselbe Filter etwa 10fach mit 0,85proz. NaCl-Lösung verdünntes Blutserum. In der Regel geht eine Spur Eiweiß ins Filtrat, und dann reißt dieses Eiweiß das Kongorot mit, das Filtrat wird rosa. Man kann also Kongorot aus dem Filter mit Eiweiß auswaschen! Die Deutung ist wahrscheinlich folgende. Kollodium ist gegen die wässerige Lösung stark elektronegativ, Kongorotteilchen ebenfalls. Die elektrische Abstoßung verhindert den Durchtritt der Farbstoffteile durch die Poren. Sind die Poren mit dem Eiweiß überzogen, so können sie zwar nur enger, niemals weiter werden. Andererseits aber ist die Ladung der mit Eiweiß überzogenen Porenwände jetzt sehr gering, da die annähernd neutrale Lösung nicht so sehr verschieden vom isoelektrischen Punkt des Eiweißes ist. Die elektrische Abstoßung wirkt daher nicht mehr so stark.

---

[1] OSTWALD, Wo.: Kolloid-Zeitschr. **22**, 143. 1918.

42. Übung.

Gefrierpunktserniedrigung.

Der osmotische Druck echter Lösungen wird am häufigsten an der Siedepunktserhöhung oder Gefrierpunktserniedrigung gemessen, denen er proportional ist. Wir wollen die Gefrierpunktsmethode an einem Beispiel zeigen (NaCl oder Saccharose). Man benutzt den BECKMANNschen Apparat (Abb. 20). Dieser besteht aus einem äußeren, größeren Glasgefäß mit einem Deckel, der drei Bohrungen trägt. In der einen ganz kleinen steckt ein Rührer, die zweite trägt ein kleines Thermometer (nicht mitgezeichnet), die größte, mittlere trägt ein zylindrisches Rohr und in diesem steckt, vermittels eines durchbohrten Stopfens, ein engeres zylindrisches Gefäß, das eigentliche Reaktionsgefäß. Dasselbe ist oben mit einem doppelt durchbohrten Kork verschlossen. Durch die eine Bohrung geht das BECKMANNsche Thermometer, durch die andere der innere Rührer. Seitlich ist ein Stutzen angebracht.

Das BECKMANNsche Thermometer ist ein Thermometer, dessen Skala etwa $6°$ umfaßt, an dem man die Hundertstel Grade ablesen und die Tausendstel schätzen kann. Es zeigt keine absoluten Temperaturwerte an, sondern die Menge des Quecksilbers kann so reguliert werden, daß der Quecksilberfaden bei dem jeweils benötigten Temperaturintervall in die Skala reicht. Die Einstellung auf das gewünschte Temperaturgebiet wird dadurch ermöglicht, daß oben ein Quecksilberreservoir angebracht ist, von dem man Quecksilber entnehmen kann. Man dreht das Thermo-

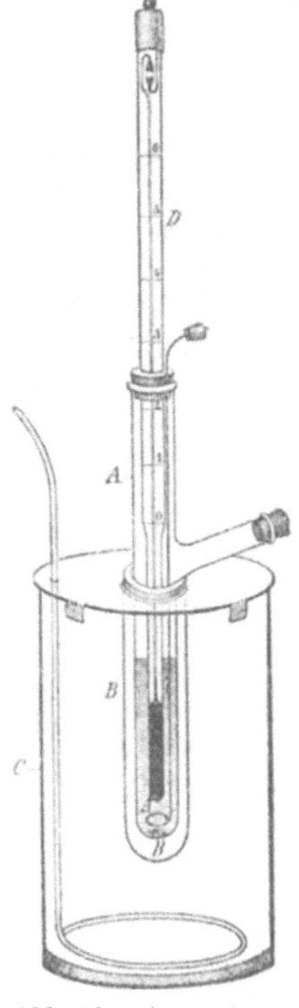

Abb. 20. Apparat zur Gefrierpunktsbestimmung.

meter um und bringt durch Anklopfen das Vorratsquecksilber an das obere Ende der Erweiterung, richtet das Thermometer vorsichtig auf und erwärmt es in warmem Wasser, bis der Quecksilberfaden sich mit dem Vorratsquecksilber vereinigt. Dann kühlt man es in einem Wasserbade ab, welches $2\text{—}3°$ wärmer als die gewünschte Temperatur ist (also für Gefrierpunktserniedrigung wäßriger Lösung etwa auf $+2°\,\mathrm{C}$). Dann schüttelt man das überschüssige Quecksilber von dem Quecksilberfaden ab.

Das äußere, große Gefäß füllt man mit einer Mischung von Wasser, zerkleinertem Eis und etwas Salz und stellt es etwa 5° tiefer ein als den zu erwartenden Gefrierpunkt. Nun füllt man den innersten Zylinder so weit mit Wasser, daß die Quecksilberkugel des Thermometers reichlich überragt wird, und steckt den Zylinder, mit Thermometer und Rührer versehen, in die Kältemischung, entweder indem man den Deckel abnimmt oder auch durch eine eigens dazu angebrachte Bohrung des Deckels. Unter ständigem Auf- und Abziehen des ringförmigen Rührers läßt man nahezu bis auf die erwartete Gefriertemperatur abkühlen, zieht den Zylinder heraus und setzt ihn in das mittlere Gefäß, wie in der Zeichnung. Unter regelmäßigem, langsamem Auf- und Abziehen des Rührers, ohne das Thermometer zu streifen, läßt man bis etwa 0,5—2° unter den erwarteten Gefrierpunkt abkühlen und bringt das Wasser dann plötzlich zum Gefrieren, entweder durch heftigeres Rühren oder, wenn das nicht zum Ziel führt, durch Einbringen eines kleinen Eiskristalls. Diesen bringt man auf das Ende eines dünnen Glasstäbchens, führt es durch den seitlichen Stutzen und streift das Kriställchen an dem erhobenen Rührer ab. Sobald man den Rührer in das Wasser zurückbringt, tritt Gefrierung ein, das Thermometer steigt plötzlich. Man rührt zunächst heftig. Dann setzt man in sehr regelmäßiger Weise die Rührung fort, etwa 1 Hub in der Sekunde, bis das Thermometer einen völlig konstanten Stand erreicht hat. Diesen Stand liest man mit der Lupe ab, unter Schätzung der Tausendstel Grade, und betrachtet ihn als den Gefrierpunkt des reinen Wassers. Man wiederhole diese Eichung einige Male.

Als Übungsbeispiel bestimme man nun den Gefrierpunkt einer Lösung von 6,84 g Rohrzucker in 100 g Wasser. Man fülle die Lösung genau so hoch in das Gefriergefäß wie vorher das Wasser ein. Die Gefrierpunktserniedrigung soll 0,372° betragen und muß innerhalb einiger Tausendstel Grade so gefunden werden. Man beachte dabei folgendes. Eine Rohrzuckerlösung hat nicht, wie reines Wasser, einen konstanten Gefrierpunkt. Da beim Frieren der Zucker nicht mit ausfriert, so konzentriert sich die Lösung während des Ausfrierens. Die obige Zahl gilt nur für die Bedingung, daß noch wenig Eis gefroren ist; die Lösung soll zwar eine deutliche Menge, aber nicht zu reichlich Eis enthalten, wenn man die Ablesung macht.

Das Molekulargewicht M des Rohrzuckers berechnet man nach der Gleichung:

$$M = E \cdot \frac{s}{\Delta L}.$$

E ist eine Konstante[1]), die von der Natur des Lösungsmittels abhängt und für Wasser 1,86 beträgt. s ist das Gewicht des gelösten Stoffes in Grammen, L das Gewicht des Lösungsmittels in Kilogrammen. (Ist eine zu reichliche Menge Eis ausgefroren, so müßte man die Menge dieses Eises hiervon abziehen.) Δ ist die beobachtete Gefrierpunktserniedrigung.

Diese Lösung enthielt $^1/_5$ Mol Zucker auf 1 Liter Lösungsmittel. Harnstoff in gleicher molarer Konzentration (1,20 g + 100 g Wasser) würde dasselbe Δ ergeben. Dagegen gibt NaCl in gleicher molarer Konzentration (1,168 g + 100 g Wasser) fast eine doppelt so große (etwa 1,8mal so große) Erniedrigung als Ausdruck dafür, daß etwa 90% des Salzes elektrolytisch dissoziiert sind. So wenigstens nahm man es bis vor kurzem an. Heute nehmen wir an, daß NaCl total dissoziiert ist und daß die elektrischen Ladungen der Ionen einen Einfluß auf den osmotischen Druck und daher auch auf den Gefrierpunkt haben.

Die Gefrierpunktserniedrigung des Blutes beträgt 0,58°. Der osmotische Druck ist der Gefrierpunktserniedrigung Δ proportional und beträgt für eine Lösung mit $\Delta = 1°$ bei 18° fast 12 Atmosphären. Ein so hoher Druck ist experimentell direkt nicht zu messen, weil es keine semipermeable Membran gibt, die bei diesem Druck nicht platzen würde. Ein Δ von 0,001° bedeutet also einen osmotischen Druck von 120 cm Wasser. Die osmotischen Drucke von Kolloiden, die wir sogleich zeigen werden, betragen nur kleine Bruchteile hiervon. Es folgt daraus, daß die Gefrierpunktserniedrigungen, die Kolloide hervorrufen können, unmeßbar klein sein müssen.

43. Übung.
Messung des osmotischen Druckes kolloider Lösungen[2]).

Die direkte Messung des osmotischen Druckes einer kolloiden Lösung ist viel leichter als die einer echten Lösung, weil es viel leichter ist, für Kolloide semipermeable Membranen herzustellen als für gewöhnliche Lösungen. Die geeignete Membran ist das Kollodium. Wir benutzen sie in genau derselben Form, wie sie S. 97 beschrieben worden ist. Bei der Messung des osmotischen Druckes kommt es aber nicht auf eine Geschwindigkeitsmessung

---

[1]) E ist die Erniedrigung des Gefrierpunktes, die durch Auflösung von 1 Mol der Substanz in 1 kg des betreffenden Lösungsmittels verursacht wird.

[2]) In Anlehnung an JACQUES LOEB und S. P. L. SÖRENSEN, zitiert unter „Osmose".

des Wasserstroms an, wie in den Versuchen über die Wasser-
osmose, sondern auf die definitiv erreichte Steighöhe, gemessen
vom äußeren freien Flüssigkeitsspiegel. Man messe den osmotischen Druck einer 1proz. Lösung von reiner Gelatine in reinem
Wasser. Die Lösung wird in das Osmometer eingefüllt. Völlige
Ausfüllung derselben ist nicht unbedingt nötig. Außen steht
reines Wasser. Das Steigrohr wird von einem Stativ gehalten,
so daß der Kollodiumschlauch in das äußere Wasser nicht ganz
bis an den Gummistopfen eintaucht. Im Winter lasse man das
Ganze in der Nähe des Ofens stehen, weil in der Kälte die Lösung
zähe wird. Man blase vorher den Schlauch ein wenig auf, daß
die Lösung etwas in das Steigrohr gedrückt wird, um sich von
der Dichtigkeit des Verschlusses zu überzeugen. Man überzeuge
sich ferner, indem man den Kollodiumsack leicht hebt und senkt,
daß das Niveau im Steigrohr frei spielt. Luftblasen im Steigrohr müssen vermieden werden. Nach 24 Stunden hat sich der
definitive Stand eingestellt. Er beträgt etwa 20—50 mm über
dem äußeren Wasserspiegel. Einen zweiten Versuch macht man
mit angesäuerter Gelatinelösung (2proz. Gelatinelösung 50 ccm
+ 2 ccm n-HCl + 48 ccm Wasser). Als Außenlösung benutzt
man 1/50 n-HCl. Hier beträgt der osmotische Druck mehr; etwa
70 mm. Der osmotische Druck eines Kolloids hängt also nicht
allein von seiner Konzentration, sondern auch von dem Milieu
ab. In der reinen Gelatinelösung herrscht nahezu die h des isoelektrischen Punktes der Gelatine (p_h gewöhnlich gegen 6; isoelektrischer Punkt der Gelatine bei $p_h = 4,7$). Im isoelektrischen Punkt hat die Gelatine ein Minimum des osmotischen
Druckes. In stark saurer (oder alkalischer) Lösung ist die Gelatine positiv (bzw. negativ) geladen, sie bildet Ionen, welche
sich mehr der molekularen Dispersion nähern oder sie sogar ganz
erreichen und daher einen größeren osmotischen Druck haben.
Hierzu kommt als bedeutendes Moment hinzu, daß die positiven
Gelatineteilchen negative Cl-Ionen elektrostatisch festhalten und
daher impermeabel machen, so daß auch deren osmotischer Druck
zur Geltung kommt. S. später: Donnansches Gleichgewicht.

Statt Gelatinelösung kann man auch z. B. dreifach verdünntes
Blutserum benutzen; als Verdünnungsflüssigkeit sowie als Außenflüssigkeit in einem Versuch 0,85proz. NaCl-Lösung; in einem
zweiten destilliertes Wasser oder 1/50 n-HCl; wiederum zeigt
sich der osmotische Druck vom Milieu abhängig. Diese Abhängigkeit geht in vielen Beziehungen parallel dem Einfluß der
verschiedenen Salze auf die Osmosegeschwindigkeit durch eine
gelatinierte Kollodiummembran (s. S. 99).

Blutserum, mit 0,85proz. NaCl-Lösung dreifach verdünnt, zeigt gegen 0,85proz. NaCl-Lösung einen osmotischen Druck von etwa 143 mm; bei 5facher Verdünnung etwa 75 mm. Die Werte sind nur als Anhaltspunkte zu betrachten; der osmotische Druck der Kolloide hängt in hohem Maße von der Salzkonzentration und der h der Lösung ab.

Alles das sind nur Demonstrationsversuche. Für wirklich messende Versuche sind kompliziertere Vorrichtungen zur Konstanterhaltung der Temperatur u. a. erforderlich.

Bestimmung des osmotischen Druckes nach Krogh und Nakazawa[1]).

Die Methode beruht auf der direkten Messung des osmotischen Druckes einer Eiweißlösung (z. B. des Serums) in Kollodiumhülsen.

Die Anfertigung der Kollodiumröhre erfolgt über einer Glasröhre. Diese hat einen äußeren Durchmesser von 4 mm mit etwa $^{1}/_{2}$ mm lichter Weite. Man taucht die kapillare Glasröhre etwa bis zur Hälfte in eine etwa 8proz. Gelatinelösung, läßt die Schicht etwas antrocknen, taucht dann noch einmal ein und wartet so lange, bis die Gelatineschicht vollkommen trocken ist, d. h. die Schicht darf beim Betasten nicht mehr kleben. Man achte darauf, daß die kapillare Öffnung der Glasröhre durch Gelatine geschlossen wird. Dann taucht man die Spitze der mit der Gelatine überzogenen Glasröhre in 6proz. Kollodium (Schering), läßt abtropfen und taucht gleich noch einmal die ganze mit Gelatine überzogene Hälfte der Röhre in Kollodium, läßt durch beständiges Drehen der Röhre die Kollodiumschicht 1—2 Minuten trocknen, stellt sie 3 Minuten in kaltes Wasser, danach in heißes Wasser, das die Gelatineschicht löst. Nun kann die Kollodiumhülse ganz leicht von der Glasröhre abgezogen werden. Um die an der Hülse haftenden Gelatineteilchen vollständig zu entfernen, läßt man die Hülse noch einige Zeit in heißem Wasser liegen.

Die Röhren müssen auf absolute Undurchlässigkeit für die zu untersuchenden Kolloide geprüft werden. Dazu wird jedesmal der osmotische Druck der betreffenden Kolloide (Serum, Harn) mit der frisch hergestellten Kollodiumröhre gemessen. Nach der Messung wird in der Außenflüssigkeit mit Spieglers Reagens (4 g Sublimat, 2 g Weinsäure, 10 g Glyzerin, 100 g Aqua dest.)

---

[1]) Biochem. Zeitschr. **188**, 242. 1927.

ermittelt, ob Eiweiß durch die Röhre gegangen ist oder nicht. Außerdem werden die Röhren durch Messung ihrer Permeabilität für Wasser geprüft, da sich das Gleichgewicht desto langsamer einstellt, je kleiner die Permeabilität ist. Die beste Kollodiumröhre ist absolut undurchlässig für die betreffenden Kolloide und möglichst durchlässig für Wasser, wodurch erreicht wird, daß sich der richtige Druck schneller einstellt.

Die Wasserpermeabilität wird nach Zsigmondy durch diejenige Zeit bestimmt, die 100 ccm Wasser brauchen, um durch 100 qcm Filterfläche bei 1 Atm. Druckdifferenz zu filtrieren.

Die Bestimmung erfolgt so, daß man die Röhre unter Wasser an einer 200—400 mm langen Glasröhre von genau bestimmter lichter Weite (am bequemsten 1,5—2 mm) befestigt. Das Ganze wird mit der Kollodiumröhre unter Wasser senkrecht aufgestellt; man liest nun ab, wieviel Wasser innerhalb bestimmter Zeit aus der Röhre filtriert.

Die Kollodiumröhrchen von Krogh haben bei einer zylindrischen Länge von 32 mm eine filtrierende Fläche von 4 qcm. Bei 300 mm Wasserdruck filtriert durch eine gute Membran etwa 1 cmm pro Minute, was einer Minutenzahl von 120 entspricht. Röhrchen mit Minutenzahlen von 200 sind für Serum auch gut brauchbar, für Harn kann es notwendig werden, noch viel dichtere Membranen zu benutzen (Krogh, l. c. S. 244).

Die geprüften Röhrchen dürfen nie trocken werden. Man hebt sie am besten in 0,25 prom. Trypaflavin-Ringerlösung auf, wobei sie durch Adsorption des Trypaflavins einen gelben Farbton annehmen. Ein gutes Röhrchen kann für viele Bestimmungen monatelang verwendet werden.

Ausführung der osmometrischen Bestimmung nach Krogh[1]).

In Abb. 21 ist (1) eine kapillare Glasröhre von ca. 15 cm Länge und ca. $^1/_2$ mm lichter Weite. Sie ist unten ein wenig ausgezogen, so daß die Kollodiumhülse sich leicht darüberziehen läßt; die Hülse wird dann durch ein schmales Stückchen eines engen Gummischlauchs (Kapillarschlauch) fest an der kapillaren Glasröhre befestigt. Diese Kollodiumhülse und die Glasröhre werden mit dem zu untersuchenden Material (Blut, Harn usw.) bis nahe zum oberen Ende von (1) gefüllt. (3) ist ein Stück engen Gummischlauches, der durch die Klemme (4) geschlossen ist. Die Außen-

---

[1]) Krogh: l. c. S. 244.

flüssigkeit (gewöhnlich Ringerlösung für Blutserum, Ultra-
filtrat für Harn und für andere Kolloide) wird in eine Glasröhre
von 4,5 mm lichter Weite und etwa 30 mm Länge (5) gebracht,
in die aber keine Luftblasen und keine Spur von der zu untersuchenden Flüssigkeit geraten dürfen. Das Ganze wird in einem
kleinen Reagenzgläschen (6) befestigt, das etwas Quecksilber (7)
enthält, um die Röhre (5) zu heben und sie in einer bestimmten
Lage zur Kollodiumröhre (2) zu halten. Es ist sehr
wichtig, daß die Röhre (5) während des ganzen Versuchs vollkommen gefüllt bleibt. Um jeder Verdunstung vorzubeugen, wird etwas Wasser auf das Quecksilber gegossen und gewöhnlich noch ein Filtrier-
papierstreifchen an die Innenwand von (6) eingesetzt.

Die Röhre (5) wird deshalb so eng gewählt, weil
bei möglichst kleiner Außenflüssigkeitsmenge der Ausgleich der diffusiblen Stoffe am schnellsten erfolgt.
Man braucht für eine Bestimmung 0,3—0,4 ccm Innen-
und ca. 0,1 ccm Außenflüssigkeit. Dabei hat die Kollodiumröhre eine effektive Oberfläche von 3—4 qcm.

Die gefüllten Osmometer werden in ein Wasserbad
gehängt, gewöhnlich bei Zimmertemperatur.

Wenn die Klemme (4) geschlossen bleibt, findet
ein Austausch von Wasser und dialysablen Substanzen
durch die Kollodiumröhre statt. Der Meniskus steigt
in (1), die Luft darüber wird komprimiert, bis zwischen
dem osmotischen Druck und Filtrationsdruck Gleichgewicht hergestellt ist. Das Gleichgewicht wird mit
Serum gewöhnlich in 4—6 Stunden erreicht; je kleiner
die Permeabilität der Membranen ist, desto langsamer
stellt sich das Gleichgewicht ein.

Zur Druckmessung benutzt man ein horizontales,
in der Höhe verstellbares Ablesemikroskop mit einer
Klemme zur Befestigung des Osmometers und stellt
auf den Meniskus ein. An der Seite des Wasserbades

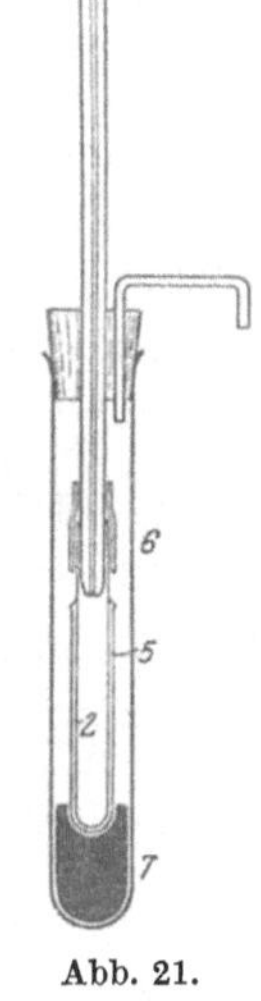

Abb. 21.

steht ein Druckapparat, bestehend aus 2 kleinen,
durch Gummischlauch verbundenen Glasbehältern, die teilweise
mit Wasser gefüllt sind. Der eine fest aufgestellte wird durch
Gummischlauch (1 mm lichte Weite) und Glasröhrchen mit dem
Osmometer bei (3) verbunden. Der andere kann zum Einstellen
eines beliebigen Druckes entlang einer vertikalen Millimeterskala
verschoben werden. Nach Verbindung mit dem Osmometer stellt
man den Druck ungefähr auf den zu erwartenden ein, öffnet die
Klemme (4) und beobachtet, wie sich der Meniskus in (1) bewegt.

Der Druck wird so lange geändert, bis der Meniskus wenigstens einige Minuten stationär bleibt.

Beispiel[1]). Zwei Parallelbestimmungen an Pferdeserum.
Um 12 Uhr Osmometer eingehängt. Erste Ablesung um 17 Uhr.

Osmometer I		Osmometer II	
Druck	Meniskus	Druck	Meniskus
mm		mm	
200	sinkt schnell	160	steigt sehr langsam
150	steigt	170	sinkt sehr langsam
165	sinkt sehr langsam	165	steht still
160	steht still		

Die abgelesenen Druckwerte bedürfen gewisser Korrekturen für den Druck der Flüssigkeitssäule in der Röhre (1). Die Länge dieser Röhre wird für jedes Osmometer gemessen und die Höhe, bis zu der die zu untersuchende Flüssigkeit infolge ihrer Kapillarität aufsteigt, in Abzug gebracht. Die kapillare Steighöhe ist für verschiedene Eiweißkonzentrationen nicht die gleiche und muß daher für jede zur Untersuchung kommende Flüssigkeit und für jede Röhre besonders bestimmt werden. Nach der Druckablesung wird dann noch die flüssigkeitsfreie Länge der Röhre mit Hilfe eines kleinen Maßstabes gemessen und ebenfalls in Abzug gebracht. Bei sehr genauem Arbeiten muß noch berücksichtigt werden, daß das spez. Gewicht der Flüssigkeit in der Röhre (1) etwas höher ist als 1. Für Serum etwa 1,02—1,03.

Im gegebenen Beispiel haben wir:

Länge I	145 mm		Länge II . . .	142 mm	
Kapillarität . . .	33 „			33 „	
Flüssigkeitsfrei . .	10 „			14 „	
Druckwirkung . .	102 mm	($\times$ 1,02 = 104)		95 mm ($\times$ 1,02 = 97)	
Abgelesen	160 „			165 „	
Osmotischer Druck	262 mm (264)			260 mm (262)	

Gewöhnlich nimmt man nach 16—24 Stunden eine zweite Ablesung vor, die dann mit der ersten innerhalb 10 mm übereinstimmen soll. Ist das nicht der Fall, so liest man nach weiteren 4—6 Stunden nochmals ab. Die Einstellung kann mit einer Genauigkeit von 1—2 mm erfolgen. Die absolute erreichbare Genauigkeit läßt sich mit ungefähr 10 mm Wasserdruck bemessen.

Nach der osmotischen Bestimmung wird der Apparat auseinandergenommen. Die Kollodiumröhre (2) und Glasröhre (5) werden sorgfältig mit fließendem Wasser ausgespült und in Try-

---

[1]) Siehe KROGH: l. c. S. 246.

paflavin-Ringerlösung aufgehoben. Die Röhre (1) wird nach der Spülung noch mit Bichromatschwefelsäure gereinigt. Man hebt sie am besten in diesem Gemisch auf und spült sie unmittelbar vor dem Wiedergebrauch mit sterilem Wasser ab. Es ist sehr wichtig, daß die Apparatur steril ist, und daß außerdem die Röhre (1) überall von der Flüssigkeit vollkommen benetzt wird.

Beim normalen Menschen findet sich im Serum mit 7—8% Eiweiß ein kolloid-osmotischer Druck von 350—400 mm Wasser.

VIII. Quellung, Viskosität, Gallertbildung.

Das wasserbindende Vermögen eines molekulardispers löslichen Stoffes äußert sich darin, daß er bei Berührung mit Wasser spontan in Lösung geht und spontan. oder schneller beim Schütteln, sich über das ganze Volumen des Lösungsmittels ausbreitet. Bei einem spontanen Kolloid sind die Verhältnisse ganz ähnlich, nur ist erstens das Schütteln von noch größerer Wichtigkeit, weil die Spontandiffusion sehr träge ist, zweitens zeichnet sich die Kolloidlösung dadurch aus, daß die spontane Zerteilung in vielen Fällen nicht bis zur molekularen Feinheit fortschreitet, sondern nur bis zur Bildung von Aggregaten von Molekülen, den Mizellen, welche ultramikroskopisch oder mikroskopisch sichtbar sind. Einen Übergang zwischen diesen beiden Arten von Lösungen bilden diejenigen Substanzen, welche in Form von Doppel- (oder mehrfachen) Molekülen (Polymerisierung) in Lösung gehen. Wenn man sich über die Ursache der unvollkommenen Dispersion Rechenschaft geben will, so bleibt uns bei dem heutigen Stande unserer Kenntnisse nur folgende Annahme übrig. Die Löslichkeit ist der Ausdruck einer Affinität zum Wasser, außerdem besteht eine Affinität der Moleküle der zu lösenden Substanz untereinander. Bei kompliziert gebauten Molekülen kann nun der Fall eintreten, daß das eine Ende des Moleküls eine große Affinität zum Wasser hat (etwa eine COOH-Gruppe), während das andere Ende des Moleküls eine größere Affinität zu gleichen Molekülarten, als zum Wasser hat. Solche Moleküle sind gewissermaßen an ihrem einen Ende in Wasser löslich, am anderen Ende unlöslich. Auf diese Weise müssen Komplexe von Molekülen entstehen, welche eine gewisse Menge Wasser gebunden enthalten, d. h. mehr oder weniger hydratisiert sind, und selbst bei gleicher Zahl von Einzelmolekülen je nach dem Hydrationsgrad ein verschiedenes Volumen einnehmen können.

Hierbei sind wiederum zwei Fälle zu unterscheiden; entweder bleiben die Mizellen diskrete, im Wasser schwebende Teilchen, oder sie können, wenn sie zahlreich genug sind, unter Umständen zu Fäden, Netzen oder gar geschlossenen Waben verkleben. In letzterem Falle sind also die Mizellen zu einer zusammenhängenden Masse verklebt, und es ist das Lösungsmittel, welches die diskreten Tröpfchen bildet, während es sonst die kolloiden Teilchen sind. Ein solches System ist nicht mehr tropfbar flüssig, sondern bildet eine Gallerte. Die Festigkeit einer solchen Gallerte hängt von der Konsistenz des Wabenwerks ab. Die Gallerte wird um so fester sein, je weniger ceteris paribus die Wabensubstanz hydratisiert ist. Außerdem stellt eine jede Wabe ein Analogon zu einem allseitig geschlossenen Kollodiumsack dar. Die Wabensubstanz entspricht dem Kollodium insofern, als sie für einfache Moleküle und Ionen durchlässig, für komplizierte Moleküle undurchlässig ist. Sollte daher im Innern der Waben ein Teil der kolloidbildenden Substanz in einem feiner dispersen oder gar in molekulardispersen Zustand vorhanden sein, so müßte der osmotische Druck dieser impermeablen Moleküle und der etwa von denselben elektrostatisch festgehaltenen einfachen Ionenarten sich ebenso äußern, als ob die Wand der Wabe ein Kollodiumsack wäre. Alsdann wird in das Innere der Waben so viel Wasser hineingesogen, bis die elastische Spannung der Wabenwand dem osmotischen Druck die Wage hält. Diese Vorstellungen gestatten uns, über die Abhängigkeit der Quellung eines Gels, über die Erstarrungsfähigkeit einer kolloiden Lösung zu einer Gallerte, über die Quellungsfähigkeit der Gallerte und über die Viskosität einer tropfbar flüssigen Kolloidlösung Rechenschaft zu geben. Alle Ionen haben ein hohes Wasserverbindungsvermögen. Infolgedessen müssen alle Einflüsse, welche die elektrische Ladung des Kolloidbildners, d. h. seine Ionisierung, erhöhen, eine stärkere Wasserbindung zur Folge haben, die einzelnen Teilchen schwellen an auf Kosten des Wassers. Bildet das Kolloid diskrete Teilchen, so wird wegen der Raumbeschränkung des freien Wassers nach einem Gesetz von EINSTEIN die Viskosität erhöht. Bildet das Kolloid eine Gallerte, so wird durch die gleichen Einflüsse die Quellung erhöht. Steht die Konsistenz einer Kolloidlösung an der Grenze zwischen einer tropfbar flüssigen Lösung und einer Gallerte, so wird durch Erhöhung der Ionisation des Kolloidbildners der flüssige Zustand gefördert, durch Verminderung der Ionisation wird die Gallertbildung begünstigt.

Auf die Ionisation des Kolloidbildners haben vor allem die in der Lösung vorhandenen Ionenarten einen Einfluß, und unter diesen sind von den im lebenden Organismus natürlicherweise vorkommenden Ionenarten wiederum die H- und OH-Ionen durch besondere Wirksamkeit ausgezeichnet. Ein charakteristischer Punkt ist stets der isoelektrische Punkt des Kolloids. Er muß nach dem erörterten Grundsatze für ein tropfbar flüssiges Kolloid ein Minimum der Viskosität, für eine Gallerte ein Maximum der Erstarrungsfähigkeit und ein Minimum der Quellung darstellen.

Die Wirkung der gelösten Ionenarten ist, wie in den früheren Fällen, bald unbedeutend, bald stärker; Einfluß hierauf hat wieder zunächst, ob das betreffende Ion die entgegengesetzte Ladung hat wie das Kolloid oder die gleiche; ferner die Wertigkeit, die Stellung in der HOFMEISTERschen Reihe, die „Adsorbierbarkeit". Von den pharmakologisch wirksamen Ionen sind die meisten solche, welche stark adsorbierbar sind und daher in eine scharfe Konkurrenz mit den $H^{\cdot}$- und OH'-Ionen treten können. Außer den Ionen haben auch die oberflächenaktiven Nichtelektrolyte einen sehr merklichen Einfluß, dessen innere Natur noch der Erforschung bedarf. In den folgenden Versuchen wird überwiegend die Wirkung der $H^{\cdot}$- und OH'-Ionen demonstriert.

Steigert man die Azidität einer Gelatinelösung durch allmählichen Zusatz von HCl, so findet man bei sehr niederem HCl-Gehalt ein Quellungsminimum, entsprechend dem isoelektrischen Punkt. Da die hierzu erforderlichen HCl-Mengen sehr klein sind, findet man das Quellungsminimum leichter, wenn man nicht mit HCl, sondern mit Puffern ansäuert. Steigert man den HCl-Zusatz, so ionisiert die Gelatine immer stärker, quillt daher immer stärker, bis schließlich die antagonistische Wirkung der Cl-Ionen die Quellung wieder geringer macht. So gibt es ein Quellungsmaximum bei einer bestimmten HCl-Konzentration.

44. Übung.

Quellungsmaximum und -minimum der Gelatine.

Das Quellungsoptimum der Gelatine bei steigender HCl-Konzentration[1].

In eine Reihe von 10 Reagenzgläsern fülle man:

	Nr. 1	2	3	4	5	6	7	8	9	10
n-HCl ccm . . .	16	8	4	—	—	—	—	—	—	—
0,1 n-HCl ccm .	—	—	—	20	10	5	2,5	1,25	0,62	0,31
dest. Wasser ccm	4	12	16	0	10	15	17,5	18,75	19,38	19,69

---

[1] In Anlehnung an CHIARI: Biochem. Zeitschr. **33**, 167. 1911.

Nun schneide man aus einer mindestens 1 mm dicken Gelatineplatte 10 Streifen von möglichst genau gleicher Länge (etwa 5 cm)ʹ und etwa $^1/_2$ cm Breite und bringe in jedes der Röhrchen einen Gelatinestreifen. Nach 24 Stunden beträgt die Länge dieser Streifen (wenn die Gelatineplatten nicht zu dünn waren und nicht in einzelne Stücke zerfallen sind):

Nr. 1	2	3	4	5	6	7	8	9	10
6,4	6,6	6,7	7,4	8,3	8,3	7,6	7,0	6,1	5,3 cm

Das Optimum der Quellung liegt also bei 0,05—0,025 n-HCl-Lösung, d. h. bei $p_h = 1{,}3 - 1{,}6$ in der Außenlösung.

Im Gleichgewicht ist aber der p_h der Außenlösung nicht gleich dem p_h der Innenlösung (s. später DONNANsches Gleichgewicht). Die Innenlösung, die Gelatine, hat im Falle des Quellungsmaximums und bei völlig reiner Gelatine einen genau reproduzierbaren $p_h = 3{,}2$[1]).

Diesem Quellungsoptimum steht gegenüber ein Quellungsminimum, welches beim isoelektrischen Punkt der Gelatine liegt ($p_h = 4{,}7$). Es empfiehlt sich für diesen Versuch, die Quellung der Gelatine durch Wägung zu bestimmen. Gelatinestücke von genau gleichem Gewicht (in unserem Versuch waren es 1,529 g) · werden in etwa 100 ccm fassende Präparatengläschen gebracht und diese mit folgenden 5 Lösungen aufgefüllt.

	Nr. 1	2	3	4	5
n/10-Na-Azetat ccm	5	5	5	5	5
n/10-Essigsäure ccm	0,31	1,25	5	20	80
Wasser ccm	94,7	93,7	90	75	15

Nach 24 Stunden werden die Gelatinestücke herausgenommen, mit Filtrierpapier abgetrocknet und wieder gewogen. Es fand sich

	Nr. 1	2	3	4	5
	11,0 g	8,9 g	7,9 g	8,3 g	15,7 g
p_h	5,8	5,2	4,6	4,0	3,4

Die zweite Zeile gibt der aus der Zusammensetzung des Gemisches berechneter p_h. Das Quellungsminimum entspricht also dem isoelektrischen Punkt (4,7).

Es ist hervorzuheben, daß das Quellungsmaximum · bei $p_h = 3{,}2$, das Minimum bei $p_h = 4{,}7$ liegt, also ein recht geringer

---

[1]) LOEB, JACQUES: Proteins and The Theory of Colloidal Behavior. New York 1922.

Unterschied im p_h, welcher eine extreme Änderung des Zustandes der Gelatine bewirkt. An einem solchen Beispiel sieht man wiederum, daß es ganz unmöglich ist, über den Zusammenhang des Kolloidzustandes mit der Natur des Milieus etwas auszusagen, ohne aufs genaueste den p_h zu berücksichtigen.

45. Übung.

Bestimmung der inneren Reibung (Viskosität) einer Lösung.

Wenn eine Flüssigkeit durch eine Kapillare strömt, deren Wand sie gut benetzt, so bleibt bei der Strömung eine dünne Wasserlamelle an der Wand haften, ohne sich an der Strömung zu beteiligen. Die strömenden Schichten reiben sich daher gegen die adhärente Schicht. Die Reibung, welche die Bewegung des Wassers hemmt, ist daher eine Reibung von Wasserteilchen an Wasserteilchen und hängt nur von dem Reibungskoeffizienten des Wassers ab, während die Rolle der Glaswand nur darin besteht, die berührende Wasserschicht festzuhalten. Wenn die Verhältnisse so liegen, wird die Strömungsgeschwindigkeit durch das POISEUILLEsche Gesetz vorgeschrieben: die ausfließende Flüssigkeitsmenge pro Sekunde beträgt

$$\frac{\pi \cdot \Delta p \cdot r^4}{8 \eta l}.$$

(Δp hydrostatische Druckdifferenz, r Radius der Kapillare, η Reibungskoeffizient des Wassers, l Länge der Kapillare.)

Für alle Flüssigkeiten, deren Strömung dem POISEUILLEschen Gesetz folgt, ist das Verhältnis der Strömungsgeschwindigkeiten in zwei Kapillaren von verschiedenem Radius dasselbe wie für Wasser. Ist das bei irgendeiner Flüssigkeit nicht der Fall, so ist das ein Beweis dafür, daß die Strömung nicht allein durch eine Reibung von Flüssigkeit gegen Flüssigkeit vorgeschrieben wird. In sehr dicken Gelatinelösungen kommt z. B. hinzu, daß die Mizellen der Gelatine selbst an der Wand kleben. Dann mißt das Viskosimeter nicht mehr die „innere Reibung des Lösungsmittels". Auch wenn in dem Lösungsmittel Mizellen suspendiert sind, welche nicht an der Wand kleben, ändert sich die Durchflußzeit. Man kann sagen, daß die innere Reibung des Wassers durch die Gegenwart der Mizellen erhöht wird, und zwar ist nach EINSTEIN, wenn die Mizellen starre Kugeln sind, die Reibung

$$\eta = \eta_0(1 + 2{,}5 v),$$

wo η_0 die Reibung des reinen Lösungsmittels und v der Bruchteil des Volumens ist, den die Mizellen in der Flüssigkeit einnehmen. In einem solchen Fall bleibt aber das POISEUILLEsche Gesetz bestehen.

Die innere Reibung einer Flüssigkeit wird am einfachsten mit dem Viskosimeter nach WILHELM OSTWALD bestimmt. Die erhaltenen Werte sind relativ und werden auf die innere Reibung des Wassers = 1 bezogen. Da die Viskosität stark von der Temperatur abhängt, muß die Messung im Wasserbad ausgeführt werden[1]). Das Viskosimeter (s. Abb. 22) muß stets mit der gleichen

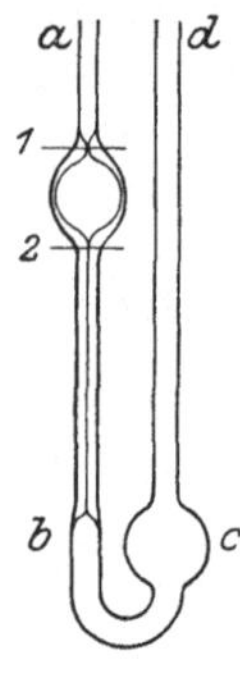

Abb. 22.
Viskosimeter.
$^{1}/_{6}$ nat. Größe.

Menge Flüssigkeit gefüllt werden, welche für jedes Viskosimeter ausprobiert werden muß. Man fülle aus einer Pipette so viel Wasser in das (breitere) Rohr d ein, daß die Kugel c knapp gefüllt ist. Nun blase man von d aus mittels eines Gummischlauches die Flüssigkeit in den anderen Schenkel, bis sie die Marke 1 erreicht. Sie muß dann auf der anderen Seite noch gerade in die Kugel c reichen. Diejenige Flüssigkeitsmenge, die diese Bedingung erfüllt, ist die geeignete. Es sind in der Regel 5 ccm. Das Wichtigste ist, daß das einmal gewählte Flüssigkeitsvolumen nunmehr stets innegehalten wird. Die Zeit wird mit einer Stoppuhr gemessen, die $^{1}/_{5}$ Sekunden anzeigt. Sobald das Flüssigkeitsniveau die obere Marke 1 passiert, wird die Uhr angelassen, sobald es die untere Marke 2 passiert, gestoppt. Dann wird die Flüssigkeit wieder in den anderen Schenkel herübergedrückt und die Bestimmung wiederholt, und dies fortgesetzt, bis die Werte konstant werden. Bei Gelatinelösungen muß man das ganz besonders berücksichtigen, weil die Viskosität bei Änderung der Temperatur erst ganz allmählich ihren endgültigen Wert annimmt.

Zunächst wird durch mehrere Versuche der Wert für reines Wasser bei der für den eigentlichen Versuch gewählten Temperatur, 35°, festgestellt.

Als Übungsbeispiel mache man folgende Reihen:

1. Der Einfluß der h auf die Viskosität der Gelatine. Es wird ein Viskosimeter gewählt, welches für reines Wasser eine Ausflußzeit von $^{3}/_{4}$—1 Minute zeigt, und diese Zeit auf $^{1}/_{5}$ Sekunde genau festgestellt.

Man löse 3 g reiner Gelatine in 100 ccm destillierten Wassers unter Erwärmen und häufigem Umrühren. Je 10 ccm dieser

---

[1]) Das ganze Viskosimeter (über der Marke 1) muß ins Wasserbad eintauchen.

noch warmen und leichtflüssigen Lösung werden mit 5 ccm einer der folgenden Lösungen verdünnt, und zwar

1. 0,33 n-HCl		7. 0,005 n-NaOH
2. 0,1 n-HCl		8. 0,1 n-NaOH
3. 0,02 n-HCl		
4. 0,01 n-HCl		
5. 0,001 n-HCl		
6. destill. Wasser		

Von jeder Lösung wird die Viskosität bei 35° bestimmt, und jeder Versuch so oft wiederholt, bis er konstante Werte gibt (innerhalb $^2/_5$—$^4/_5$ Sekunden). Der Ausfall des Versuchs hängt von der Reinheit der Gelatine ab und ergibt z. B. folgendes:
Eichung mit destilliertem Wasser: 57,0 Sekunden.

Lösung	1.	120 Sekunden
„	2.	144 „
„	3.	106 „
„	4.	103 „
„	5.	108 „
„	6.	108 „
„	7.	109 „
„	8.	139,8 „

Wir finden also ein Minimum der Viskosität in Lösung 4 und ein Maximum in Lösung 2.

Wenn man in allen Lösungen den p_H bestimmt (Methode S. 40), so findet man, daß diese Lösung Nr. 4 dem isoelektrischen Punkt der Gelatine ($p_H = 4,7$) am nächsten steht. Man findet aber ferner, daß der p_H von Nr. 3—6 sich nur wenig ändert, etwa von p_H 5 bis 4. Das liegt daran, daß hier nicht mit einem Regulator, sondern mit reiner HCl gearbeitet wurde, welche in so niederen Konzentrationen zum großen Teil von der Gelatine, und außerdem von etwa in geringfügiger Menge vorhandenen Aschebestandteilen, gebunden wird. Daher ist auch der Unterschied der Viskosität zwischen 4, 5 und 6 so gering. Röhrchen 2 ist viel saurer, mit einem p_h etwa von 2,5, und Röhrchen 1 mit einem p_h von etwa 1,5.

Auch die Lauge erhöht die Viskosität, aber weniger und ohne Erreichung eines Maximums.

2. Demonstration des Einflusses der Salze auf die Viskosität der Gelatine.

Der Einfluß der Salze auf die Viskosität ist bei isoelektrischer Gelatine sehr gering. Man wählt daher als Grundlösung am besten eine stark saure oder alkalische Lösung.

Man mischt 90,0 ccm 3 proz. Gelatinelösung $+$ 1,0 ccm n-HCl, dazu im ersten Versuch 9,0 ccm destilliertes Wasser, in einem zweiten Versuch 9,0 ccm 0,5 mol. NaCl-Lösung, das erste Röhrchen entspricht in seiner Zusammensetzung Nr. 2 der vorigen Versuchsreihe und zeigt eine Ausflußzeit von etwa 140 Sekunden, das zweite Röhrchen zeigt gegen 105 Sekunden, fast die gleiche Zeit wie isoelektrische Gelatine.

Bei Gegenwart von größeren Mengen Neutralsalzen ist somit die Viskosität der Gelatine von der h nur wenig abhängig.

Wendet man kleinere Mengen von Neutralsalzen an, so zeigt sich, daß die Wirksamkeit je nach der Natur des Salzes verschieden groß ist.

Man setze folgende Versuche an:

Man mischt 90,0 ccm 3 proz. Gelatinelösung mit 1,0 ccm n-HCl und dazu im Versuch

1. mit 9 ccm mol./20-NaCl: Ausflußzeit 125 Sekunden
2. „ 9 „ mol./40-$CaCl_2$: „ 125 „
3. „ 9 „ mol./40-Na_2SO_4: „ 118 „
4. „ 9 „ mol./60-$AlCl_3$: „ 125 „
5. „ 9 „ dest. Wasser: „ 139 „

Aus diesen Versuchen können wir folgendes ersehen: Alle Salze vermindern die Viskosität der sauren Gelatine, d. h. nähern sie der Viskosität der isoelektrischen Gelatine. Aber bei gleichen Äquivalentkonzentrationen wirken die Salze verschieden. Die Gelatine hat in dieser sauren Lösung eine positive Ladung. Von Einfluß zeigen sich infolgedessen nur die negativen Ionen. Man sieht, daß das zweiwertige Sulfation in Na_2SO_4 viel stärker wirkt als das einwertige Chlor in NaCl. Die Kationen dagegen sind belanglos. Die drei Chloride NaCl, $CaCl_2$ und $AlCl_3$ sind trotz der verschiedenen Wertigkeit ihrer Kationen von gleicher Wirksamkeit, sobald sie an Chlor äquivalente Konzentrationen haben.

In alkalischer Gelatine würden umgekehrt NaCl und Na_2SO_4 gleich wirksam sein, während $CaCl_2$ stärker wirksam wäre als NaCl.

46. Übung.

Erstarrungsoptimum und Trübungsoptimum der Gelatine bei variierter h.

Wir deuten, wie oben schon S. 111 bei dem Kapitel Quellung auseinandergesetzt wurde, die Gallerte als ein zweiphasiges System, bestehend aus einem kolloidreichen, wasserarmen Wabengerüst und einer wasserreichen Zwischenflüssigkeit, die das Kolloid in geringerer Konzentration und in feinerer oder sogar molekularer Dispersion gelöst enthält. Eine Gallerte unterscheidet sich demnach von einer tropfbar flüssigen Lösung eines hydrophilen Kolloids nur dadurch, daß die kolloidreichere, festere Phase nicht von diskreten Teilchen, sondern aus einem zusammenhängenden Gerüstwerk gebildet wird. Die Erstarrung einer gallertbildenden Flüssigkeit beruht auf dem Verkleben der Teilchen zu einem Gerüst. Alle Einflüsse, die bei einer einfachen hydrophilen kolloiden Lösung die Vermehrung der dispersen Phase auf Kosten der flüssigeren begünstigen, müssen daher bei einem gallertbildenden Kolloid die Neigung zur Gallertbildung erhöhen. Diese Einflüsse können wiederum von Ionen, insbesondere den $H^{\cdot}$-Ionen, ausgeübt werden. Wir beschränken uns darauf, den Einfluß der H-Ionen auf die Gallertbildung zu demonstrieren.

Man vergegenwärtige sich vor allem die anfänglich paradox erscheinende Tatsache, daß in gleich konzentrierten Gelatinelösungen je nach dem Gehalt an Stoffen, welche einen Einfluß auf den Dispersionszustand haben, das Minimum der Viskosität mit dem Maximum der Erstarrungsfähigkeit zusammenfällt. Das liegt daran, daß das Minimum der Viskosität (wenn sie bei einer so hohen Temperatur gemessen wird, daß kein Gerüst ausgebildet ist) uns den Minimumgehalt der flüssigen Phase an Kolloid anzeigt, das Maximum der Gallertbildung uns das Maximum des Kolloidgehaltes der festeren Phase anzeigt. Jenes Minimum und dieses Maximum müssen aber identisch sein.

Bei gleichem Gelatinegehalt erstarrt also eine Lösung bei tiefer Temperatur um so schneller, je geringer die Viskosität derselben Lösung im nicht erstarrten Zustand, bei etwas über dem Erstarrungspunkt gelegener Temperatur, ist.

Man setze in 7 Reagenzgläsern folgende Mischungen zusammen:

Röhrchen Nr.	1	2	3	4	5	6	7
n/10-Natriumazetat ccm	1	1	1	1	1	1	1
n/10-Essigsäure ,,	0	0,06	0,25	1	4	—	—
n-Essigsäure ,,	—	—	—	—	—	1,6	6,4
n-Natronlauge ,,	0,05	—	—	—	—	—	—
Wasser ,,	6,95	6,94	6,75	6	3	5,4	0,6
p_h etwa	8	5,6	5,0	4,6	4,0	3,4	2,8

In jedes Röhrchen gibt man dann 3 ccm einer durch Erwärmen verflüssigten Lösung von 10 g Gelatine + 100 ccm destillierten Wassers, bringt sämtliche Röhrchen für einige

Minuten in ein Wasserbad von etwa 50°, dann wenige Minuten in ein Wasserbad von Zimmertemperatur und stellt sie schließlich auf einem Reagenzglasgestell ins Zimmer oder in den Eisschrank. Von Zeit zu Zeit beobachtet man durch Neigen des Gestelles den Eintritt der Erstarrung. Bezeichnen wir als Erstarrungspunkt denjenigen Zeitpunkt, bei welchem beim Neigen kein Fließen mehr eintritt, so findet man je nach der Temperatur z. B. für

Röhrchen Nr.	1	2	3	4	5	6	7
Erstarrungszeit in Minuten	19	17	16	14	19	25	sehr lange

Man kann durch nochmaliges Erwärmen und Wiederabkühlen den Versuch beliebig oft mit denselben Röhrchen wiederholen. Die schnellste Erstarrung tritt in Röhrchen 4 ($p_h = 4,6$) ein, welches dem isoelektrischen Punkt der Gelatine (4,7) am meisten entspricht. Nach vollkommener Erstarrung der Gelatine bemerkt man ferner, daß in Röhrchen 4 (dem isoelektrischen Punkt der Gelatine) eine deutliche Opaleszenz wie in einem verdünnten Mastixsol eingetreten ist. In dem rechten und in 1 oder 2 linken Nachbarröhrchen ist allenfalls noch eine Andeutung davon, in den übrigen Röhrchen nichts Derartiges zu sehen. Das zeugt von dem großen Lichtbrechungsunterschied der dispersen Phase gegen das Dispersionsmittel, also von der Wasserarmut (geringen Hydratation) der dispersen Phase, und von der Gelatinearmut des Dispersionsmittels im isoelektrischen Punkt. Dieses sehr wichtige Trübungsmaximum der Gelatine ist wiederum eine Erscheinung, die ohne Berücksichtigung des p_H gar nicht verstanden werden kann, ja sogar früher ganz übersehen worden ist.

Anschließend sei die Darstellung einer Eukupingallerte mitgeteilt[1]): 3 ccm einer 0,5proz. Lösung von Eukupin-bihydrochl. werden im Reagenzglas mit 3 ccm eines Azetatpuffers (1 ccm $^1/_{10}$ n-Essigsäure, 9 ccm 1 n-Natriumazetat) gut vermischt. In 40—50 Sekunden entsteht eine vollkommen homogene, ganz durchsichtige, steife Gallerte.

IX. Elektrophorese und Elektroendosmose.

Ein in Wasser suspendiertes Teilchen hat im allgemeinen eine elektrische Ladung gegen das Wasser. Schwebt das Teilchen im Wasser frei, so wandert es, wenn man eine Potential-

---

[1]) RONA, P. und TAKATA, M.: Biochem. Zeitschr. **134**, 97. 1922.

differenz anlegt[1]), zum entgegengesetzt geladenen Pol. Wird das Teilchen aber mechanisch festgehalten, indem man eine große Menge solcher Teilchen zu einem den Querschnitt der Flüssigkeit versperrenden „Diaphragma" zusammenpreßt, so wandert das Wasser durch die Poren dieses Diaphragmas in umgekehrter Richtung.

Die Ladung der Teilchen erklärt man sich aus der Adsorption von Ionen; die adsorbierte Ionenschicht ist die innere Schicht der elektrischen Doppelschicht, die von ihr elektrostatisch gefesselte, aber nicht adsorbierte Schicht der entgegengesetzt geladenen Ionen ist die äußere Lage der Doppelschicht.

Über den Ladungssinn der Teilchen könnte man bis jetzt folgende Erfahrungen mitteilen: Haben die Teilchen chemisch den ausgesprochenen Charakter einer Säure (Kieselsäure, Harzsäuren), Base (Tonerde) oder eines Ampholyten (Eiweiß), so ist der Ladungssinn derselbe, wie er in ionisierter Form zu erwarten wäre: Säuren negativ, Basen positiv, Ampholyte je nach der h positiv oder negativ. Bei Teilchen, bei denen ein solcher Charakter nicht ausgeprägt ist (kolloidale Metallteilchen, Zellulose, Kollodium), findet man in der Regel negative Ladung; Blutkohle verhält sich wie ein Ampholyt, Zuckerkohle oder Retortenkohle wie eine Säure[2]).

Jede negative Ladung wird durch Erhöhung der h in der Lösung und durch dreiwertige Kationen vermindert, oft schließlich umgekehrt. Jede positive Ladung wird durch Erhöhung der Hydroxyl-Ionen und durch stark aktive Anionen (Rhodanid usw.) vermindert und unter Umständen umgekehrt. Das häufigere Vorkommen ist die Negativität der Ladung.

Durch $\overset{\cdot}{H}$ oder $\overset{\cdots}{Al}$ nur vermindert, aber niemals umgekehrt, wird die negative Ladung bei Zellulose und Agar. Nur durch $\overset{\cdots}{Al}$, nicht durch $\overset{\cdot}{H}$ wird die Ladung umgekehrt bei Kaolin und Goldsol. Sowohl durch $\overset{\cdot}{H}$ als auch durch $\overset{\cdots}{Al}$ wird die negative Ladung umgekehrt bei den amphoteren Stoffen, wie Eiweiß, und bei Blutkohle.

Die eiweißartigen Substanzen gehören alle zu den umladbaren Ampholyten.

---

[1]) Wenn man „einen elektrischen Strom hindurchschickt": maßgeblich ist aber nur der Potentialabfall pro Zentimeter (die „Feldstärke"), nicht die Stromstärke.

[2]) BETHE und TOROPOFF: Zeitschr. f. physikal. Chem. **88**, 686. 1914 und **89**, 597. 1915; GYEMANT: Kolloid-Zeitschr. **28**, 103. 1921; UMETSU: Biochem. Zeitschr. **1922.**

47. Übung.

Die elektrische Kataphorese des Hämoglobins[1]).

Benutzt wird der nebenstehende Apparat, der nach dem Prinzip von Landsteiner und Pauli unter wesentlicher Modifikation bezüglich der zu- und ableitenden Elektrode konstruiert ist. Die Räume 2 und 4 werden mit der „Seitenflüssigkeit", der Raum 3 mit der „Mittelflüssigkeit" gefüllt. Zuerst sei die Herstellung dieser Flüssigkeiten beschrieben.

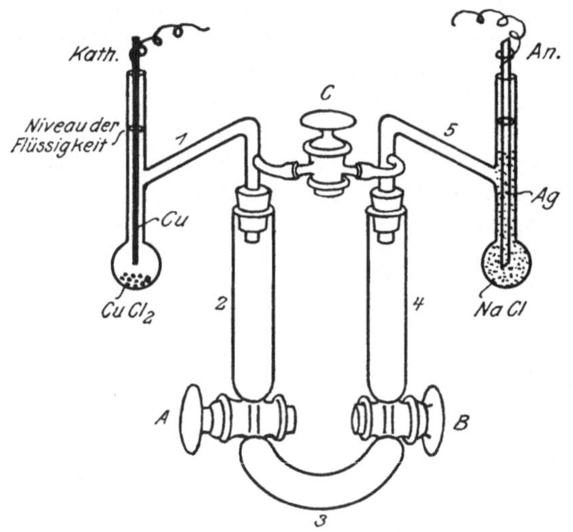

Abb. 23. Apparat für elektrische Kataphorese. ³/₁₀ nat. Größe.

1. Herstellung der Mittelflüssigkeit.

5 ccm defibriniertes Blut (vom Hammel, Pferd, Rind, Kaninchen oder Menschen) werden mit 100 ccm 0,85proz. NaCl-Lösung verdünnt und scharf zentrifugiert. Die NaCl-Lösung wird möglichst vollständig abgegossen und die sedimentierten Blutkörperchen in 100 ccm destillierten Wassers gelöst. Durch die Auswaschung und die Verdünnung soll bewirkt werden, daß die Wirkung des später angefügten H·-Regulators durch die eigene Pufferung der Blutflüssigkeit möglichst wenig modifiziert wird. 30 ccm dieser Lösung werden mit 3 ccm m/3 primären Natriumphosphats und 0,2 ccm m/3 sekundären Natriumphosphats (Her-

---

[1]) Michaelis, L. und Davidsohn, H.: Biochem. Zeitschr. **41**, 102. 1912.

stellung derselben siehe S. 80) versetzt. Zum Schluß löse man
I—2 g Rohrzucker darin auf, um das spezifische Gewicht ein
wenig zu erhöhen.

2. Herstellung der Seitenflüssigkeit.

Sie ist genau die gleiche Lösung, aber ohne Blut (und ohne
den Zucker). 90 ccm destilliertes Wasser werden mit 9,0 ccm
m/3 primärem Natriumphosphat und 0,6 ccm m/3 sekundärem
Natriumphosphat versetzt.

In 10 ccm dieser Lösung bestimme man zunächst nach S. 40
den p_H. Als Indikator wird p-Nitrophenol angewandt; der p_H
beträgt ungefähr 5,5.

Nun werden die Aufsätze mit ihren Gummistopfen abgenommen, die Glashähne A und B sorgfältig getrocknet und gefettet
und die Mittelflüssigkeit bei geöffneten Hähnen A und B so weit
eingefüllt, daß der Raum 3, die Glashahnwege A und B und noch
eine kleine Strecke beiderseits darüber gefüllt wird. Man wartet,
bis etwa sich bildende Luftbläschen aufgestiegen sind, schließt
die Hähne A und B, wäscht die Räume 2 und 4 erst einige Male
mit Wasser, dann mit etwas „Seitenflüssigkeit" aus und füllt
diese beiden Räume mit Seitenflüssigkeit und befestigt den
Apparat provisorisch an einer Stativklammer in der durch die
Zeichnung angegebenen Lage. Jetzt werden die „Aufsätze" mit
ihren Gummistopfen aufgesetzt, so daß keine Luftblase bleibt.
Nun fülle man mit einer 5 oder 10 ccm fassenden Pipette die
Aufsätze mit der Seitenflüssigkeit und sorge durch geeignetes
Kippen des Apparates dafür, daß nirgendwo eine Luftblase
bleibt. Der Flüssigkeitsspiegel muß etwa so hoch stehen, wie in
der Zeichnung angegeben. Der Apparat wird jetzt definitiv an
dem Stativ befestigt und vorläufig Hahn C geschlossen.

Jetzt werden die Vorrichtungen zur Depolarisation getroffen.
In den Aufsatz, der zur Anode werden soll, schüttet man von
oben etwa 1 g KCl oder NaCl ein und sorgt durch sanftes Auf-
und Abfahren mit einem Draht dafür, daß das Salz nicht ganz
am Boden bleibt, sondern daß ein wenig auch in dem oberen
Teil des Aufsatzes gelöst wird. Dann fügt man in den anderen
Aufsatz etwa 0,2 g $CuCl_2$[1]). Dieses soll ganz auf den Boden fallen.
In die mit KCl beschickte Aufsatzöffnung steckt man ein langes
Streifchen blankes Silberblech, in die andere einen Kupferdraht,

---

[1]) Die Depolarisation mit $Cu + CuCl_2$ (statt mit $Zn + ZnCl_2$) hat den
Vorteil, daß man eine unerwünschte Verunreinigung der von der Elektrode entfernten Teile durch unbeabsichtigte Konvektion wegen der Färbung des Cu leichter erkennen kann.

der sorgfältig bis auf das blank gelassene unterste Ende paraffiniert ist, damit der Strom nur ganz unten, wo sicher gelöstes Cu-Salz sich befindet, austreten kann. (Die Isolation der käuflichen isolierten Drähte genügt nicht.) Das Silberblech wird mit dem positiven (Lackmus rötenden) Pol eines Gleichstroms von 110 oder 220 Volt verbunden; dieser Strom bleibt aber vorläufig an irgendeiner Stelle außerhalb des Apparates geöffnet. Eine Glühlampe wird zweckmäßig in den Stromkreis als Sicherung eingeschaltet.

Der Hahn C wird jetzt geöffnet, damit die beiden Flüssigkeitssäulen sich auf gleiches Niveau einstellen. Ist das geschehen, so wird der Hahn wieder geschlossen, ohne sonst die Stellung des Apparates zu verändern. Jetzt werden die Hähne A und B geöffnet. Man überzeuge sich durch 5 Minuten langes Beobachten, daß 1. die Grenze zwischen der Hämoglobinlösung und der farblosen Lösung beiderseits scharf bleibt und nicht verschoben wird, 2. daß die Hähne A und B nach außen gut schließen und kein Tropfen Wasser durch sie nach außen tropft. Ist das alles besorgt, so wird schließlich der Strom geschlossen. Nach 30 Minuten sieht man, daß die ganze Hämoglobinsäule einige Millimeter zur Kathode verschoben ist: die durchaus scharf bleibende Grenzfläche zwischen roter und farbloser Flüssigkeit fällt auf der Silberblechseite und steigt auf der Kupferdrahtseite.

Bilden sich Streifen und Schlieren, so sind daran nicht elektrische Strömungen schuld, sondern Erschütterungen und Temperaturdifferenzen. Der Zusatz des Zuckers zur Mittelflüssigkeit setzt die Empfindlichkeit gegen solche Strömungen bedeutend herab.

Hat man sich von der Wanderungsrichtung genügend überzeugt, so öffne man den Strom, schließe die Hähne A und B, dann C, ziehe die Elektroden heraus und nehme erst den Kupfer-, dann den Silberaufsatz einzeln heraus. Man verschließt dazu mit dem Finger die äußere Öffnung und lüftet dann die Gummistopfen rasch, so daß nichts von dem Inhalt der Aufsätze in die Räume 2 bzw. 4 fließt. Nun entleert man getrennt den Raum 2 und 4 mit einer Pipette, ohne Hämoglobin mitzubekommen, und prüft auf dieselbe Weise wie zu Anfang, ob der p_H gleich geblieben ist. Dies muß wenigstens angenähert (innerhalb eines Spielraums von höchstens $\pm 0,1$) der Fall sein.

(Wenn man die p_H-Messung mit der elektrometrischen Methode ausführt, kann man zu Beginn und zum Schluß des Versuchs nicht nur die Seitenflüssigkeit, sondern auch die gefärbte Mittelflüssigkeit messen.)

Resultat: bei $p_H = 6$ wandert Hämoglobin zur Kathode, es ist also positiv geladen.

Benutzt man eine Lösung mit einem $p_H =$ etwa 8, so wandert Hämoglobin zur Anode. Dafür würde sich empfehlen:

Mittelflüssigkeit: 30 ccm verdünntes Blut (wie oben, 20- bis 40fach mit destilliertem Wasser verdünnt), $+$ 0,1 ccm m/3 prim. Phosphat $+$ 3,0 ccm m/3 sekund. Phosphat $+$ 0,5 g Rohrzucker.

Seitenflüssigkeit: 90 ccm destilliertes Wasser $+$ 0,3 ccm m/3 prim. Phosphat $+$ 9,0 ccm m/3 sekund. Phosphat. p_H etwas $>$ 8.

Der isoelektrische Punkt, an dem gar keine Wanderung eintritt, liegt bei $p_H = 6,8$.

Hat man von dem Versuch S. 63 noch etwas denaturiertes Albumin, so kann man die Versuche auch mit diesem machen. Man sieht hier die trübe Flüssigkeit sich ebenso verschieben wie die Hämoglobinlösung. Geeignete Zusammensetzung der Lösungen

für anodische Wanderung:	Mitte		Seite
norm. Natriumazetat . ccm	0,5		1,5
0,1 norm. Essigsäure . ,,	0,5		1,5
verdünntes Eiweiß . . ,,	30,0	Wasser	90,0

für kathodische Wanderung:			
0,1 norm. Natriumazetat ccm	0,2		0,6
norm. Essigsäure . . . ,,	1,0		3,0
verdünntes Eiweiß . . ,,	30,0	Wasser	90,0.

48. Übung.

Die quantitative Bestimmung der kataphoretischen Geschwindigkeit.

Der in der vorigen Übung beschriebene Apparat kann nur als Nullinstrument benutzt werden, d. h. zur Feststellung desjenigen p_h, bei dem die Wanderungsrichtung soeben umkehrt; er genügt nicht, um die absolute Größe der Wanderungsgeschwindigkeit unter der Kraftwirkung eines gegebenen elektrischen Feldes zu messen, denn da infolge der verschiedenen Weiten des Stromweges (Glashähne, seitliche Aufsätze) das Feld nicht homogen ist, kann man den Spannungsabfall pro cm, das Maß der Feldstärke, nicht berechnen. Dies kann man mit dem in Abb. 24 abgebildeten Apparat, welcher übrigens ebensogut als einfaches Nullinstrument benutzt werden kann. Das Glasrohr hat überall, auch in den Hahnbohrungen, die gleiche Weite. Zur Stromzuführung werden nicht direkt metallische Elektroden benutzt, sondern U-förmig gebogene Glasrohre, welche mit einer Gallerte aus KCl-Agar gefüllt werden. (3 g Agar werden mit 100 g Agar auf dem Wasserbade verkocht und 10 g KCl aufgelöst.) Jedes der beiden Glasrohre taucht mit seinem einen Schenkel in die Enden des Überführungsrohres, mit dem anderen Schenkel in eine Flasche mit 10 proz. $CuSO_4$-Lösung, in welcher spiralig gewickelte, blanke Kupferdrähte als Elektroden stecken. Die Glasrohre werden mit einem Stativ derartig befestigt, daß ihre Enden bis zu dem spitzwinkligen Knick des Überführungsrohres herunterragen. Diese Glasrohre sollen nicht überflüssig lang sein. Die Weite des Glasrohres muß so beschaffen sein, daß zwischen ihm und dem Rande des Überführungsrohres nicht ein bloß kapillarer Raum, sondern genügend Spielraum bleibt und ein gut definiertes oberes Niveau des Wasserstandes sich ausbildet, andererseits darf es nicht überflüssig eng sein, um den Widerstand nicht unnötig zu erhöhen, denn die Berechnung des Stromfeldes beruht auf der Annahme, daß der Widerstand der Agarzuleitung verschwindend klein ist gegenüber dem Widerstand des Überführungsrohrs. Nur die äußerste Spitze des Agarrohres, welche in den spitzwinkligen Teil des Abführungsrohres hineinragt, darf etwas enger ausgezogen werden.

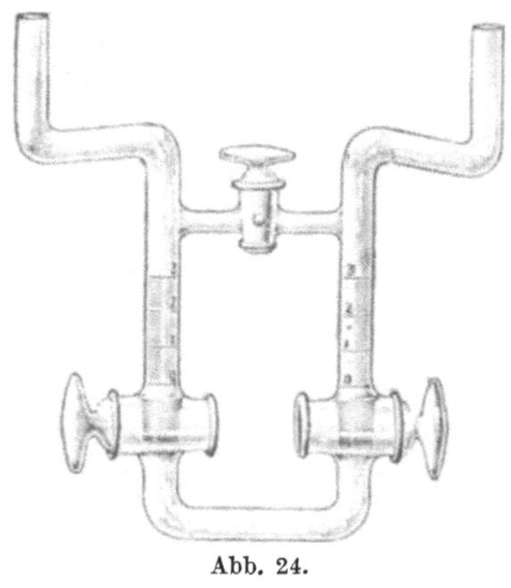

Abb. 24.

Die beiden Seitengefäße sind mit einer Millimeterteilung versehen, welche so weit um den Umfang des Glases herumgeführt ist, daß eine parallaxefreie Ablesung möglich ist. Als Versuchsbeispiel kann man eine kolloidale Mastixlösung wählen, welche wie in Übung 2 hergestellt wird; man mache eine kräftig getrübte, fast milchige Lösung. Um sie spezifisch schwerer zu machen, fügt man etwa 1% Zucker hinzu, außerdem gibt man z. B. $^1/_{20}$ Volumen einer Phosphatmischung „8" (vgl. S. 34) hinzu. Als Seitenlösung benutzt man ebenfalls eine 20 fach verdünnte Phosphatmischung „8", aber ohne Zucker und ohne Mastix. Der Zusatz der Phosphate dient dazu, erstens den p_h genau zu definieren, denn vom p_h hängt die Wanderungsgeschwindigkeit ab; zweitens die Leitfähigkeit der Mittel- und Seitenflüssigkeit gleich und daher das elektrische Feld homogen zu machen. Ohne Salzzusatz würde die Leitfähigkeit der Lösung nur von den spurweise vorhandenen Verunreinigungen abhängen, welche wahrscheinlich in der Mittelflüssigkeit und in der Seitenflüssigkeit verschieden sein werden. Im übrigen ist das Verfahren wie das der vorigen Übung. Sobald bei der Kataphorese das Niveau der Mastixsäule den Nullpunkt der Graduierung erreicht hat, notiert man die Zeit und mißt von nun an die Geschwindigkeit der Bewegung. Die Stärke des elektrischen Feldes wird bestimmt, indem man die angelegte äußere Spannung durch die Länge des Stromweges von einer Agarspitze zur anderen durch den ganzen Apparat hindurch, ausgedrückt in Zentimetern, dividiert.

Die Regulierung der äußeren Spannung geschieht zweckmäßig durch eine Schalttafel, mit der man von der Lichtleitung beliebige Spannung abnehmen kann. Empfehlenswert sind 50, 100 oder 200 Volt. Von der Schalttafel wird der Strom über einen Stromwender (Wippe) in den Überführungsapparat geführt.

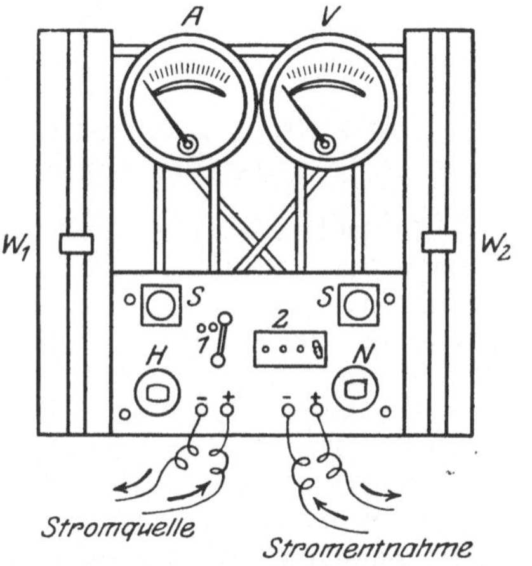

Dieser Überführungsapparat hat auch den Vorteil, daß seine Depolarisationsvorrichtung symmetrisch funktioniert. Man darf während der Beobachtung durch Stromwendung den Vorgang umkehren, während bei dem vorigen Apparat (47. Übung) die Stromrichtung vorgeschrieben ist.

Es fand sich in einem solchen Versuch folgendes: Länge des Stromweges zwischen den Agarspitzen 32 cm; angelegte äußere Spannung 100 Volt, Stärke des Stromfeldes daher 3,2 Volt/cm. Etwa 8 Minuten nach Stromschluß passiert das scharfe Niveau des Mastix den Nullpunkt der Graduierung. Nunmehr steigt das Niveau in je 2 Minuten um 1,0 mm; also umgerechnet auf eine Feldstärke von 1 Volt/cm pro Minute um 0,157 cm oder

Abb. 25. Schematische Ansicht einer einfachen Schalttafel. Der Strom der Elektrizitätsquelle (Gleichstrom von 110 oder 220 Volt) wird zu den gezeichneten 2 Polklemmen geführt. Der in den Überführungsapparat zu schickende Strom wird aus zwei anderen Polklemmen abgenommen. W_1 und W_2 sind regulierbare Gleitwiderstände, ein gröberer und ein feinerer. A Amperemeter, V Voltmeter, beide mit drei Meßbereichen; das Amperemeter genau ablesbar zwischen 3 und 0,001 Ampere; das Voltmeter ablesbar zwischen 220 und 0,001 Volt. 1 Umstellvorrichtung für die verschiedenen Meßbereiche des Amperemeters, 2 ebensolche für das Voltmeter. SS Sicherungen. H Einschalter für den Strom. N Einschaltung für Stromentnahme durch Nebenschluß.

pro Sekunde um $2{,}62 \cdot 10^{-3}$ cm. Man überzeuge sich, daß bei Verdoppelung der angelegten Spannung, also auf 200 Volt, die Geschwindigkeit verdoppelt wird oder bei Halbierung der Spannung halbiert wird, ferner, daß bei Wendung des Stromes die Geschwindigkeit in umgekehrter Richtung, aber von derselben Größe ist. Bei allen diesen Manipulationen muß wenigstens für längere Zeit eine scharfe Grenzfläche zwischen der Mastixlösung und der klaren Flüssigkeit bestehen bleiben.

49. Übung.

Elektrische Kataphorese von roten Blutkörperchen bei Beobachtung im Mikroskop[1]).

Zur fehlerfreien Beobachtung der Elektrokataphorese im mikroskopischen Präparat bedarf es einer zweckmäßig hergestellten Kammer. Wenn man einfach einen Tropfen der Suspension zwischen Objektträger und Deckglas ausbreitet und in dieser kapillaren Schicht die Kataphorese beobachtet, so erhält man trügerische Resultate, die man sofort verstehen wird, wenn man sich die Theorie dieser Erscheinung klarmacht. Diese ist nämlich folgende: Legt man an die beiden Enden einer mikroskopischen Kammer eine elektrische Spannung an, so tritt erstens eine Bewegung der suspendierten Teilchen gegen die Flüssigkeit ein: die eigentliche elektrische Kataphorese, welche man beobachten will. Außerdem aber wird die Grenzschicht der Flüssigkeit gegen die obere und die untere Wand der Kammer verschoben, weil Wasser in Berührung mit der Glaswand eine elektrische Ladung annimmt, in der Regel eine positive Ladung. Denken wir uns zunächst die Kammer geschlossen, so hat diese Verschiebung der obersten und der untersten Wasserlamelle zur Folge, daß das Wasser in der Mittelschicht zurückströmen muß, um auszuweichen. Denken wir uns das Wasser in der Kammer in zahlreiche dünne horizontale Lamellen zerlegt, so strömt also die oberste und die unterste Lamelle unter der Wirkung einer angelegten Spannung zur Kathode, die mittelste Lamelle zur Anode. Die dazwischenliegenden Lamellen zeigen alle Übergänge dieser Bewegungen. Die kathodische Geschwindigkeit nimmt daher von oben her mit zunehmender Tiefe der Schicht ab, ist in einer bestimmten Kammertiefe gleich 0, kehrt weiterhin

---

[1]) In Anlehnung an HÖBER, R.: Pflügers Arch. f. d. ges. Physiol. **101**, 607. 1904, vereinfacht und modifiziert.

um, hat in der mittelsten Schicht den größten Betrag in anodischer Richtung, und in der unteren Hälfte der Kammer wiederholt sich dieses symmetrisch. Diese Strömung des Wassers addiert sich zu der kataphoretischen Bewegung der suspendierten Teilchen, und nur in denjenigen Schichten beobachtet man die kataphoretische Bewegung der suspendierten Teilchen in reiner Form, in welchen die Wasserströmung gleich 0 ist. Nach v. SMOLUCHOWSKI[1]) herrscht in denjenigen beiden Schichten keine Wasserströmung, welche von der oberen Kammerwand die Entfernung $d\left(\frac{1}{2} \pm \sqrt{\frac{1}{12}}\right)$ haben, wo d die ganze Tiefe der Kammerschicht bedeutet, d. h. also rund in der Schicht $^1/_5$ d und $^4/_5$ d.

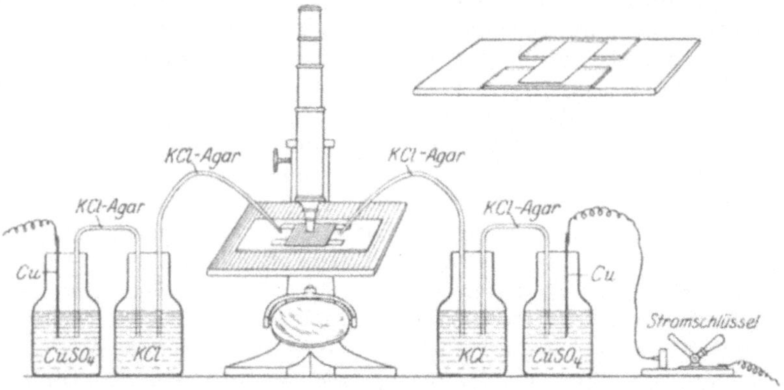

Abb. 26. Elektrische Kataphorese. Rechts oben die mikroskopische Kammer allein.

Zu exakten Beobachtungen der Kataphorese ist es daher erforderlich, daß die suspendierten Teilchen während der Beobachtung sich nicht wesentlich sedimentieren, weil sie dabei ihre Schichthöhe verändern. Dies ist bei Blutkörperchen kaum zu erreichen, die Beobachtungen sind hier daher im wesentlichen qualitativer Natur. Ein günstigeres Objekt sind Bakterien, z. B. Staphylokokken, an denen man die Umkehr der Bewegung von den Rändern der Kammer nach der Mitte zu recht gut beobachten kann.

Die Kammer stellt man sich am einfachsten folgendermaßen her: auf einen Objektträger werden, wie in Abb. 26, oben, zwei Leisten aus nicht zu dünnen Deckglasstreifen (0,1—0,2 mm dick) mit Kanadabalsam (oder recht gut auch mit Paraffin) aufgekittet,

---

[1]) In GRÄTZ: Handbuch der Elektrizität **2**. 1912; unveränderter Abdruck in der 2. Auflage 1920.

nach mehrtägigem Trocknen vom überflüssigen Balsam befreit, die zu untersuchende Suspension in die Kammer eingefüllt und die Mitte der Kammer durch ein Deckglas bedeckt. Die Flüssigkeit muß sich also über den vom Deckglas bedeckten Raum nach beiden Seiten noch fortsetzen.

In diese überragenden Flüssigkeitstropfen wird rechts und links die Elektrode eingetaucht. Diese besteht aus einem passend gebogenen Glasrohr, welches an einem Ende in eine feine Spitze ausgezogen ist. Es ist mit einer Lösung von 10% NaCl oder KCl in 3proz. Agar gefüllt. Das andere Ende dieses Agarrohrs taucht in eine Flasche mit ebenso starker oder gesättigter KCl-Lösung. In diese Salzlösung tauchen die metallischen Elektroden ein, die mit den Polen eines Gleichstroms von 100 Volt verbunden werden. Die Stromleitung ist durch einen Stromschlüssel vorläufig unterbrochen, der in der Nähe des Mikroskops steht.

Für kurzdauernde Einzelversuche kann man als Elektrode einfach Kupferdrähte benutzen. Für länger dauernde Versuchsreihen ist folgende Anordnung zu empfehlen. Der Agarheber taucht wie vorher in die Salzlösung; diese ist durch einen zweiten Glasheber, der wiederum mit KCl-Agar gefüllt ist, mit einer zweiten Flasche verbunden, die mit 10proz. Lösung von $CuSO_4$ gefüllt ist, und in diese erst tauchen die Kupferdrähte.

Als Versuchsobjekt nimmt man eine 50fache Verdünnung irgendeines defibrinierten Blutes in 0,85proz. NaCl-Lösung oder eine recht dünne Aufschwemmung von Staphylokokken in Wasser.

Man beobachtet im Mikroskop, bis das Strömen der Blutkörperchen aufgehört hat, am besten mit einem Fadenkreuzoder Mikrometerokular. Jetzt wird der Strom geschlossen. Diejenigen Blutkörperchen, welche sich in der mittleren Tiefe der Kammer befinden, strömen dann energisch zur Anode. Wendet man den Strom, so ändert sich auch die Strömungsrichtung, immer zur Anode hin.

Besonders bei Bakterien kann man beobachten, daß die oberste und unterste Schicht sich in umgekehrter Richtung wie die mittlere Schicht bewegt. Maßgeblich für die wahre Kataphorese ist die mit der Mikrometerschraube aufzusuchende Schichttiefe 0,2 d und 0,8 d. Insbesondere bei Blutkörperchen ist die Beobachtung der alleroberste Schicht deshalb unmöglich, weil die Körperchen zu schnell sedimentieren, und die Beobachtung der untersten Schicht ist ebenfalls unmöglich, weil die Blutkörperchen an ihr ankleben. Immerhin aber ist die Beobachtung der geforderten Schichten noch möglich, und rein qualitativ kann man sich an die Beobachtung der mittleren Kammertiefe halten, in welcher die Bewegung von der der geforderten Schichten nicht allzusehr abzuweichen pflegt.

Setzt man zu einer solchen. Blutkörperchenaufschwemmung eine Spur Aluminiumchlorid, so ist die Wanderungsrichtung umgekehrt zur Kathode.

Mit derselben Versuchsanordnung kann man auch bei Verwendung eines Ultrakondensors auch kolloide Lösungen (Mastix, Eiweiß usw.) untersuchen.

Für wirklich quantitative Versuche ist die geschlossene Kammer von NORTHROP und KUNITZ, ev. mit einer Modifikation von ABRAMSON zu empfehlen (Journ. of general Physiology **12**, 469. 1929).

50. Übung.

Elektrische Endosmose durch eine Tonzelle.

Der Apparat hat folgende Anordnung[1]) (Abb. 27). Die Tonzelle (Pukallfilter) A wird an einem Stativ in dem großen Becher-

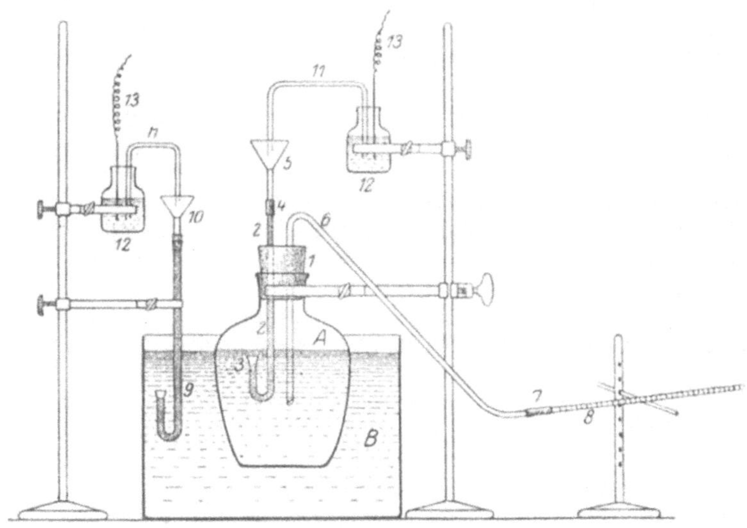

Abb. 27.　Elektroendosmose.

glas B schwebend gehalten. A ist mit dem doppelt durchbohrten Stopfen 1 verschlossen. Durch die eine Bohrung geht das Glasrohr 2, welches unten umgebogen ist. Es ist mit einer Gallerte

---

[1]) In Anlehnung an die Versuchsanordnungen älterer Physiker (WIEDEMANN, QUINCKE u. a.) modifiziert.

von 3proz. Agar in gesättigter KCl-Lösung gefüllt (s. S. 188). Das Ende des aufgebogenen Teiles, 3, ist frei von der Gallerte, um ein Herabsinken der allmählich herausdiffundierenden starken KCl-Lösung zu verhindern. Nach oben setzt sich das Rohr in den Gummischlauch 4 fort, der den Trichter 5 am anderen Ende trägt. Der Schlauch und der Trichter ist mit gesättigter KCl-Lösung gefüllt. A und B werden mit der gleichen Lösung gefüllt, z. B. 1/1000 n-KCl-Lösung.

Die andere Bohrung des Stopfens trägt das Glasrohr 6, das vermittels des Gummistücks 7 in das Steigrohr (graduierte 1 ccm-Pipette) 8 übergeht. Während der Gummistopfen 1 gelüftet wird, saugt man vom Ende der Pipette die Rohre 6, 7, 8 voll Flüssigkeit und schließt sofort den Stopfen wieder. Ferner taucht in das große Becherglas das mit KCl-Agar gefüllte Glasrohr 9, von gleichem Bau wie 2; es endet oben vermittels eines Gummistücks in den Trichter 10, der mit gesättigter KCl-Lösung gefüllt ist. In den Trichter 5 und 10 taucht je eine Elektrode von gleicher Beschaffenheit. Sie besteht aus dem mit KCl-Agar gefüllten Glasheber 11, der andererseits in eine mit 10proz. $CuSO_4$-Lösung gefüllte Flasche 12 taucht. In diese ragt der Kupferdraht 13 als Stromzuführung hinein.

Man gebe dem Steigrohr 8 eine ganz schwache Neigung (5—10°), so daß das Flüssigkeitsniveau irgendwo an der Kalibrierung der Pipette steht. Man überzeugt sich, daß das Niveau einerseits sich auf einen festen Stand einstellt, andererseits bei Bewegungen der Pipette frei spielt. Nun schließt man eine elektrische Gleichstromleitung von 110 oder 220 Volt an. Beim Stromschluß tritt eine Bewegung des Wassers ein, und zwar wird es von der Kathode angezogen. Bei Wechsel der Stromrichtung geht es umgekehrt, stets zur Kathode. Die Tonzelle ist also negativ, das Wasser positiv geladen. Man erhält Wasserbewegungen, die als langsames Kriechen des Niveau leicht erkennbar sind; z. B. in der Minute 0,1—0,2 ccm.

51. Übung.

Elektrische Endosmose durch eine Kollodiummembran[1]).

Die Anordnung ist die gleiche, nur ersetzt man die Tonzelle durch eine Kollodiummembran. Sie wird zweckmäßig folgendermaßen hergestellt. Ein zylindrisches Glasgefäß von 15 cm Höhe und 3 cm Durchmesser ist an dem einen Ende zu einem 3 mm

---

[1]) In Anlehnung an LOEB, JACQUES: Journ. of gen. physiol. 1. 1918, mit einigen Änderungen.

breiten plangeschliffenen Wulst aufgetrieben. Dieser wird auf ein rundes, mit Kollodium bestrichenes Stück Filtrierpapier aufgedrückt und dieses an den Rändern umgebogen und an die abgeschrägte Außenwand des Glaswulstes auch noch mit Kollodium aufgeklebt. Das Filtrierpapier wird dann noch außen und innen mit einer dünnen Schicht Kollodium begossen und getrocknet. Man überzeuge sich von der Dichtigkeit des Verschlusses und setze diesen Zylinder an die Stelle des Pukallfilters im vorigen Versuch. Das Resultat ist das gleiche, die Wasserbewegung nur langsamer. Durch eine Kollodiummembran wandert das Wasser unter allen Umständen immer nur nach der Kathode; ist die Lösung (statt 1/1000 n-KCl) eine starke Säure (1/100 n-HCl) oder $AlCl_3$, so ist die Wanderung allerdings sehr träge oder hört sogar ganz auf. Niemals tritt eine Umladung ein.

Durchtränkt man eine Kollodiummembran einige Stunden mit 1proz. Gelatinelösung, so verhält sie sich wie eine Gelatinemembran[1]). Sie hat in saurer Lösung positive (also das Wasser negative), in alkalischer Lösung negative (das Wasser positive) Ladung. Al$\cdots$-Ionen wirken ebenso wie H$\cdot$-Ionen.

Auch kann man ohne Kollodiumgrundlage eine Membran aus Gelatine oder Agar herstellen, indem man ein Blatt Filtrierpapier an den Glaszylinder mit der flüssigen Gallerte anklebt und eine Schicht der Gallerte auf das Papier gießt. Gelatine verhält sich ebenso wie die gelatinierte Kollodiummembran amphoter. Agar ist stets negativ geladen, wie reines Kollodium.

X. Adsorption.

52. Übung.

Übersicht über die Typen der Adsorptionsmittel und Adsorbenda[2]).

Es gibt verschiedene Typen von Adsorbentien:

1. Kohle. Sie ist von allen bekannten Adsorbentien das wirksamste und vielseitigste, adsorbiert Elektrolyte und Nichtelektrolyte, saure und basische Farbstoffe, in besonders hohem Maße oberflächenaktive Nichtelektrolyte.

Man verwende „Carbo animalis" Merck. Sie ist nicht ganz frei von Asche. Ihr Feuchtigkeitsgehalt beträgt unter gewöhn-

---

[1]) LOEB, JACQUES: l. c.
[2]) In Anlehnung an die Versuchsanordnungen von FREUNDLICH, H.: Zeitschr. f. physikal. Chem. und MICHAELIS, L. und RONA: Biochem. Zeitschr., mehrere Arbeiten, 1908, 1919, 1920.

lichen Bedingungen gegen 20% und kann für die folgenden Versuche unberücksichtigt bleiben.

2. Unlösliche Pulver von elektrolytartigem Charakter (unlösliche Salze, Säuren, Basen). Sie haben gegen reines Wasser entweder eine negative Ladung (Typus: Kaolin) oder, seltener, eine positive Ladung (Typus: Eisenoxyd).

3. Organische („indifferente") Substanzen vom Charakter der Zellulose (Filtrierpapier, Baumwolle, negativ geladen).

4. Organische „amphotere" Substanzen vom Typus des Eiweiß (Seide, Wolle, fixiertes Gewebseiweiß).

Man bereite folgende Lösungen als Adsorbenda:

1. Gesättigte wäßrige Lösung (s. S. 77) von Tributyrin oder Heptyl- oder Oktylalkohol, als Typus eines stark oberflächenaktiven, schwerlöslichen Stoffes.

2. 0,1 n-Essigsäure, als Typus eines sehr schwachen Elektrolyten mit deutlicher, aber nicht exzessiver Oberflächenaktivität.

3. Etwa 0,1 n-Azetonlösung (0,58 proz. Lösung), als Typus eines Nichtelektrolyten von gleicher Oberflächenaktivität wie Essigsäure.

4. Eine 2 proz. Lösung von Traubenzucker als Typus eines nicht oberflächenaktiven (die Oberflächenspannung sogar etwas erhöhenden) Nichtelektrolyten.

5. Eine Lösung von Eosin 1:10000 als Typus eines nicht kolloidalen sauren Farbstoffes.

6. Eine Lösung von Kongorot 1:10000 als Typus eines kolloidalen sauren Farbstoffes.

7. Eine Lösung von Methylenblau 1:10000 als Typus eines basischen Farbstoffes.

Man benutzt für jeden Versuch 100 ccm Flüssigkeit, 2 g Kohle bzw. 20 g Eisenoxyd. Eine Probe der Flüssigkeit wird vorher analysiert; das mit dem Adsorbens versetzte Gemisch wird in einer Flasche 3 Minuten geschüttelt, filtriert und das Filtrat nochmals analysiert.

Die Analyse der Essigsäure: durch Titration gegen 0,1 n-Natronlauge (Phenolphthalein). Azeton: jodometrisch. Traubenzucker: polarimetrisch.

Tributyrin (bzw. Heptyl-, Oktylalkohol) stalagmometrisch; Vergleichung der Tropfenzahl vor und nach der Adsorption. Bei den Farbstoffen ist keine Analyse erforderlich.

Man findet für Kohle: Tributyrin (bzw. Heptyl- oder Oktylalkohol) wird von der Kohle völlig adsorbiert. Das Filtrat zeigt die Tropfenzahl des reinen Wassers.

Essigsäure und Azeton werden zu einem deutlich erkennbaren Bruchteil adsorbiert.

Traubenzucker wird sehr wenig, wenn auch nachweisbar adsorbiert. Nimmt man 3—4mal soviel Kohle, wird die Adsorption deutlicher.

In allen Farblösungen wird der Farbstoff total adsorbiert.

Für Kaolin: Tributyrin (bzw. die genannten Alkohole) werden gar nicht adsorbiert. Azeton und Traubenzucker werden gar nicht adsorbiert.

Also: Die Oberflächenaktivität eines Stoffes hat gar keinen analytisch nachweisbaren Einfluß darauf, ob er von Kaolin adsorbiert wird.

Eosin wird gar nicht adsorbiert. Dagegen werden Methylenblau und Kongorot adsorbiert.

Also: Basische Farbstoffe werden adsorbiert; saure höchstens dann, wenn sie kolloidal sind.

Für Eisenhydroxyd alles ebenso wie für Kaolin, nur mit dem Unterschied, daß saure Farbstoffe adsorbiert werden, nicht aber basische (Methylenblau).

Hieraus sieht man, daß die Adsorption der sog. oberflächenaktiven Stoffe nicht allein von der dargebotenen Oberflächengröße abhängt, sondern auch von der chemischen Natur der Oberfläche. Es gibt zahlreiche Pulver, die auch bei denkbar größter Oberflächenentwicklung keine Spur eines oberflächenaktiven Nichtelektrolyten adsorbieren (Kaolin, Eisenoxyd).

53. Übung.

Die Verdrängungserscheinungen.

Zwei in Lösung befindliche adsorbierbare Stoffe verdrängen einander von der adsorbierenden Oberfläche. Ist der eine an sich schon schwer adsorbierbar, so kann er durch einen besser adsorbierbaren ganz an der Adsorption gehindert werden.

a) 100 ccm 0,1 n-Essigsäure + 5 ccm Wasser + 2 g Kohle: Filtrat enthält weniger Essigsäure als vorher.

b) 100 ccm 0,1 n-Essigsäure + 5 ccm Azeton + 2 g Kohle: Im Filtrat ist der Essigsäureverlust geringer.

Ferner: a) 100 ccm 2 proz. Traubenzuckerlösung + 5 ccm Wasser + 5 g Kohle. Das Filtrat zeigt einen deutlichen Verlust an Zucker.

b) 100 ccm 2 proz. Traubenzuckerlösung + 5 ccm Azeton + 5 g Kohle. Das Filtrat hat denselben Zuckergehalt wie vor der Adsorption.

Die beiden Versuche b) stelle man einmal so an, daß zuerst der eine Stoff mit der Kohle in Berührung gebracht, dann der andere und darauf ein zweites Mal umgekehrt: Das Resultat ist das gleiche. Diese Adsorption ist reversibel, es entsteht ein echtes Gleichgewicht[1]).

54. Übung.

Adsorption der Elektrolyte und der Farbstoffe.

Die Adsorption eines Elektrolyten setzt sich additiv zusammen aus der seiner Ionen. Von allen physiologisch in Betracht kommenden Ionen werden die $H^{\cdot}$- und OH'-Ionen am stärksten adsorbiert. Daher wird HCl oder NaOH viel stärker adsorbiert als NaCl.

Man versetze je 100 ccm einer 0,1 molaren Lösung dieser drei Stoffe mit 15 g Blutkohle. Bei NaCl ist eine Adsorption nur soeben nachweisbar (Cl-Titration), bei HCl und NaOH ist sie fast vollkommen.

Die Adsorption von HCl wird durch die Anwesenheit von KCl gefördert (Gegenstück des Verdrängungsgesetzes):

100 ccm 0,01 n-HCl + 1 g Kohle. Das Filtrat ist etwa 0,006 n an HCl.

100 ccm einer Lösung von 0,01 n-HCl + etwa n-KCl, d. h. eine Mischung von 1 ccm n-HCl und 99 ccm n-KCl + 1 g Kohle: das Filtrat ist etwa 0,0045 n an HCl.

Eine durch Verkohlen von reinem Rohrzucker hergestellte und durch sehr starke Erhitzung aktivierte Kohle verhält sich anders; sie adsorbiert HCl, aber nicht NaOH[2]). Auf diese Verhältnisse soll im folgenden Abschnitt näher eingegangen werden.

---

[1]) Hier sei noch folgender Versuch erwähnt: Invertase (Herstellung s. S. 229, vierfach verdünnte Stammlösung) wird mit reichlichen Mengen kolloider Eisenhydroxydlösung (gleiches Volumen 4fach verdünnter Eisenhydroxydlösung) versetzt. Es entsteht eine dichte Fällung, welche bis zu 100% des Ferments der Lösung entrissen hat. Das Filtrat ist dann wirkungslos auf Saccharose (Beobachtung im Polarisationsapparat). Auch beim Schütteln mit Wasser gibt der Niederschlag kein Ferment ab. Versetzt man aber den Niederschlag mit einer 5proz. Saccharoselösung, so wird diese invertiert. Filtriert man die Lösung nach $^1/_2$ stündigem sanften Schütteln ab, so geht die Invertierung im Filtrat immer weiter. Das Ferment ist also durch den Zucker vom Niederschlag abgelöst worden. Der Mechanismus der Ablösung ist noch ungeklärt (ERIKSSON, A.: Zeitschr. f. physiol. Chem. **72**, 313. 1911 und MEYERHOF, O.: Pflügers Arch. **157**, 251. 1914).

[2]) BARTELL und MILLER: J. amer. Chem. Soc. **44**, 1866. 1922. Über die Darstellung von Zuckerkohle und einer Benzoesäurekohle vgl. O. WARBURG: Biochem. Zeitschr. **119**, 162. 1921 und **136**, 272. 1923.

55. Übung.

Darstellung aschefreier Kohle.

Eine sehr reine Kohle erhält man nach MILLER[1]) auf folgende
Weise: Man trocknet eine gut adsorbierende Kohle (MERCKsche
Blutkohle oder Norit) 3—4 Stunden oder über Nacht bei 110°.
Nach dem Trocknen verreibt man die Kohle und siebt durch
ein feines Sieb (300 Maschen pro qcm). Man benutzt zur Reinigung
nur die feinsten Teile. Dann vermischt man die Kohle in einer
Platinschale mit einer genügenden Menge konzentrierter Fluorwasserstoffsäure zu einer dünnen Paste und erhitzt zuerst gelinde,
dann stärker, bis die ganze Fluorwasserstoffsäure verjagt ist.
Dann kocht man die Kohle mit konzentrierter Salzsäure eine
halbe Stunde, verdünnt mit Wasser und filtriert durch ein gehärtetes Filter auf einem Büchnertrichter. Man wäscht einige
Male, indem man die Kohle in Wasser suspendiert, kocht und
filtriert. Das Kochen mit konzentrierter Salzsäure wiederholt
man, ebenso das Waschen. Es ist vorteilhaft, die Behandlung
mit Fluorwasserstoffsäure und Salzsäure 2—3mal zu wiederholen. Dann wird die Kohle, wie oben beschrieben, mit destilliertem Wasser gewaschen. Der Aschengehalt der Kohle wird so
auf wenige zehntel Prozent reduziert. Um mit der Reinigung
noch weiterzugehen, trocknet man die Kohle bei 115° und glüht
im bedeckten Quarztiegel bei 900—1200° mit einem Meeker-
brenner oder im elektrischen Muffelofen zu starker Rotglut.
Die adsorbierte Säure wird bis auf wenige Reste entfernt, und
selbst diese Reste können entfernt werden, wenn man die Kohle
mit sehr reinem (am besten Leitfähigkeits-) Wasser mit 1 ccm
0,02 n-NaOH pro Gramm Kohle kocht. Der Überschuß des
Alkalis und die gebildeten Salze werden quantitativ entfernt,
wenn man 2—3mal aufkocht und filtriert. Durch diese Behandlung wird eine Kohle erhalten, deren Eigenschaften denen
reiner Zuckerkohle praktisch gleich ist und nur einige zehntel
bis hundertstel Prozent Asche enthalten. Wie diese, adsorbieren
die gereinigten Kohlen Säuren, aber nicht Basen. Salze werden
hydrolytisch adsorbiert.

---

[1]) MILLER: J. Amer. Chem. Soc. J. Physic. Chem. **30**, 1031. 1926;
47, 1270. 1925.

Adsorption der Elektrolyte von aschefreier Kohle.

56. Übung.

Prüfung der Adsorption von Säuren und von Basen[1].

Zu 1,5 g aschefreier Kohle fügt man 100 ccm 0,02 n-Kali- oder Natronlauge. Man schüttelt gut und läßt 10—15 Minuten stehen. Dann filtriert man in einem Goochtiegel durch Filtrierpapier und wäscht die Kohle, indem man sie in 75—100 ccm destilliertem Wasser suspendiert und durch dasselbe Filter filtriert. Die vereinigten Filtrate und die Waschwässer titriert man mit 0,02 n-Salzsäure unter Anwendung von Phenolrot oder Phenolphthalein als Indikator. (Man titriert in heißer Lösung, um die Kohlensäure auszutreiben, bis die rote Farbe des Indikators endgültig verschwindet.)

In einer anderen Probe derselben Kohle fügt man zu 1,5 g 100 ccm 0,02 n-Salzsäure, verfährt wie oben und bestimmt die Säuremenge im Filtrat durch Titration mit 0,02 n-Lauge.

Alkalien werden von reiner Kohle nicht adsorbiert, dagegen Säuren stark, namentlich die organischen, weniger die anorganischen.

(Eigentlich werden die Alkalien „negativ" adsorbiert, d. h. das Wasser wird stärker als die Alkalien adsorbiert und die Lösung wird nach der Adsorption konzentrierter an Alkali als vorher.)

57. Übung.

Hydrolytische Adsorption von benzoesaurem Natrium[2].

Zu 2,0 g Natriumbenzoat, gelöst in 50 ccm destilliertem Wasser, gibt man 0,5 g aschefreie Kohle. Man schüttelt energisch einige Minuten und läßt dann unter zeitweiligem Umschütteln 10 bis 15 Minuten stehen. Man filtriert in einem Goochtiegel durch ein Papierfilter. Dann wäscht man die Kohle 5mal mit je 15 ccm Wasser, indem man jedesmal umrührt und dann trocken saugt. Im Filtrat titriert man das freie Alkali, wobei man die Kohlensäure wegkocht.

Man überträgt die Kohle samt Filtrierpapier mit etwa 100 ccm Wasser in einen 200 ccm fassenden Erlenmeyerkolben, fügt dann 15—20 ccm Benzol zu, verschließt gut mit einem sauberen Korkstopfen und schüttelt energisch, bis die Kohle vollkommen aus der Wasserphase entfernt ist und in die Benzolphase tritt. Dann

---

[1] MILLER, E. J.: J. Physic. Chem. **30**, 1163. 1926. J. Amer. Chem. Soc. **46**, 1150. 1924.
[2] H. N. HOLMES: Lab. manual of colloid chemistry. 2. ed. New York. JOHN WILEY and SONS. 1928. S. 173.

fügt man Phenolrot hinzu und titriert bis zur bleibenden Rotfärbung mit 0,02 n-Natrium- oder Kaliumhydroxyd. (Der zugefügte Indikator geht in die wäßrige Phase. Nach Zufügen der Säure wird die zugekorkte Flasche energisch und lange zwischen den einzelnen Zusätzen geschüttelt.) Die letzten Reste der Säure werden von der Kohle nur langsam abgelöst. Die von der Kohle abgelöste Benzoesäuremenge ist äquivalent der Alkalimenge, die von dem Natriumbenzoat freigemacht worden ist.

Der Versuch zeigt, daß die reine Kohle aus benzoesaurem Natrium hydrolytisch Benzoesäure adsorbiert, während die Natronlauge (als Produkt der Hydrolyse) in Lösung bleibt. Die mit Benzoesäure beladene Kohle wird von Benzol besser benetzt als von Wasser und wird daher aus der wäßrigen Phase entfernt. Ferner sieht man, daß aus Wasser die Adsorption der Benzoesäure größer ist als aus Benzol: daher wird die adsorbierte Benzoesäure der Kohle durch Benzol entzogen. Die Benzoesäure verteilt sich entsprechend dem Löslichkeitskoeffizienten zwischen Wasser und Benzol. Neutralisiert man die Säure in der wäßrigen Phase, so wird dieses Gleichgewicht gestört, und mehr und mehr Benzoesäure verläßt die Kohle, bis sie vollkommen in Benzol und von dort in das Wasser übergegangen ist. Auch der angewandte Indikator wird nicht adsorbiert, wenn die Kohle von Benzol benetzt ist, während er aus der wäßrigen Lösung leicht adsorbiert wird.

Hydrolytische Adsorption von Natriumchlorid[1]).

Man schüttelt 2 g aschefreie Kohle mit 100 ccm einer fast gesättigten Lösung von reinem Kalium- oder Natriumchlorid. Nach 10—15 Minuten filtriert man im Goochtiegel durch Filterpapier. Man wäscht die Kohle einigemal mit destilliertem Wasser und saugt zwei- oder dreimal je 10 ccm frischer Salzlösung durch die Kohle; zwischen dem einzelnen Durchsaugen wäscht man die Kohle jedesmal mit Wasser. Zum Schluß wäscht man die Kohle im Goochtiegel zwei- bis dreimal und einmal durch Schütteln mit 100 ccm Wasser bei Zimmertemperatur. Man prüft die Reaktion der Waschwässer und der Filtrate: diese ist alkalisch. Nun verteilt man die Kohle wieder in 150 ccm Wasser und kocht einige Minuten. Man filtriert heiß und prüft die Reaktion des Filtrates: sie ist sauer. Der Versuch zeigt, daß die Kohle die Säure adsorbiert hat unter Freimachung der Base.

Reine Kohle adsorbiert anorganische Salze, wie Kaliumchlorid, -sulfat, -nitrat, nur hydrolytisch. Nur die Säure, die sich

---

[1]) Vgl. HOLMES: l. c. S. 173.

bei der Hydrolyse bildet, wird adsorbiert, während die entsprechende Menge Base in der Lösung bleibt. Das Salz als solches wird nicht adsorbiert. Salze organischer Säuren, wie z. B. benzoesaures Natrium, werden sowohl hydrolytisch als auch molekular adsorbiert.

58. Übung.

Prüfung der Kohle auf adsorbierende Fähigkeit und auf Reinheit[1]).

Zu 0,25 g Tierkohle, die vorher bei 120° oder darüber getrocknet worden ist, fügt man in einem Jenaer Kolben von 200—300 ccm Inhalt 100 ccm einer 0,02 n-Benzoesäurelösung. Man schüttelt gut um, um die Kohle vollkommen zu benetzen. Wenn man mit einer guten Wasserstrahlpumpe den Kolben evakuiert, so erleichtert man die Benetzung der Kohle. Man läßt die Mischung unter zeitweiligem Umschütteln 18—24 Stunden stehen und filtriert dann durch ein aschefreies Filter im Goochtiegel unter mäßigem Saugen. Die Menge der adsorbierten Säure bestimmt man durch Titration eines aliquoten Teiles des Filtrates mit 0,02 n-Lauge. Eine brauchbare Tierkohle wird etwa 50% der Säure adsorbieren.

Die Gegenwart von adsorbierten anorganischen Säuren kann nachgewiesen werden, da diese bei Behandlung mit Alkali von der Kohleoberfläche quantitativ entfernt und bestimmt werden können. Eine von adsorbierten Säuren befreite Tierkohle adsorbiert anorganische Basen nicht. Man verfährt wie folgt:

1. 2 g Kohle werden im Erlenmeyerkolben mit 20 ccm 0,02 n-Salzsäure geschüttelt. Nach 1—2 Stunden gibt man 30 ccm 0,02 n-NaOH zu und kocht die Suspension einige Minuten. Man filtriert im Goochtiegel über gehärtetes Filterpapier und wäscht mehreremal mit Leitfähigkeitswasser. Man spült die Tierkohle mit Leitfähigkeitswasser in den Kolben zurück, fügt noch 10 ccm derselben NaOH-Lösung hinzu, kocht einige Minuten und filtriert wie vorher. Man wäscht schließlich die Kohle, indem man sie 2—3mal mit Leitfähigkeitswasser aufkocht, dann filtriert man. Die vereinigten Filtrate und die Waschwässer titriert man mit 0,02 n-Salzsäure, indem man zwischen den letzten Säurezusätzen die Kohlensäure wegkocht, bis die orangegelbe Farbe des Indikators (Phenolrot) bestehen bleibt. Wenn die verwendete gesamte Alkalimenge genau der Säuremenge äquivalent ist, die ursprünglich der Kohle zugesetzt war plus der Menge, die bei der Titration der Filtrate

---

[1]) MILLER, E. J.: J. Physic. Chem. **30**, 1167. 1926.

und Waschwässer nötig war, so sind keine alkalischen Verunreinigungen an der Kohle. War die Alkalimenge größer als berechnet, sind adsorbierte Säuremengen, war sie kleiner, so sind adsorbierte Alkalimengen in der Kohle vorhanden.

2. In einem Erlenmeyerkolben werden 2 g Tierkohle in ca. 100 ccm Leitfähigkeitswasser suspendiert; dann fügt man 20 ccm 0,02 n-NaOH hinzu. Man kocht einige Minuten, filtriert dann, wäscht die Kohle 2—3 mal mit Leitfähigkeitswasser und filtriert. Die vereinigten Filtrate werden mit 0,02 n-Salzsäure (Indikator Phenolrot, die Kohlensäure wird weggekocht) titriert. Wenn die Alkalimenge im Filtrat der ursprünglich zugegebenen entspricht, so ist keine adsorbierte Säure vorhanden gewesen. Ist sie geringer, so war die Kohle durch Säure verunreinigt.

59. Übung.

Kapillarisation.

Die Adsorption von Filtrierpapier (Zellulose) wird am einfachsten durch die Methode der „Kapillarisation" geprüft. Man taucht 1 cm breite, 20 cm lange Streifen Filtrierpapier in Lösungen (1 promill.) von Methylenblau, Eosin und Kongorot. Methylenblau ist ein basischer Farbstoff. Er wird stark adsorbiert, daher steigt der Farbstoff nicht weit, das in die Höhe gesaugte Wasser ist bald farblos. Eosin ist ein echt gelöster saurer Farbstoff. Er wird schlecht adsorbiert und steigt daher sehr hoch, fast so hoch wie das Wasser. Kongorot ist zwar auch ein saurer Farbstoff, aber ein kolloider. Er wird wie Methylenblau adsorbiert. Es ist sehr wahrscheinlich, daß das adsorbierende Vermögen der Zellulose für nichtkolloidale Farbstoffe an die stets vorhandenen Beimengungen von Aschebestandteilen, vor allem Kalziumsilikat, gebunden ist.

Taucht man den Streifen in eine Lösung von eosinsaurem Methylenblau (einige Tropfen MAY-GRÜNWALDsches Farbgemisch in 10 ccm destilliertes Wasser), so trennen sich die Farbstoffe. Das Eosin kriecht weiter als das Methylenblau. Verdünnt man jedoch das Farbgemisch nicht mit Wasser, sondern mit Chloroform, so kriecht das Methylenblau höher als das Eosin.

60. Übung.

Adsorption von Farbstoffen an Grenzflächen.

Wäßrige Lösungen von Indikatoren, die eine H-Ionenkonzentration in der Nähe des Umschlagpunktes des Indikators besitzen, zeigen einen Farbenumschlag, wenn man sie mit einer indifferenten

Flüssigkeit, wie Benzol oder Toluol, schüttelt. Wenn z. B. eine Bromthymollösung, mit einem p_H von 7,4 in dieser Weise behandelt wird, so ändert sich die Farbe von Blau ins Gelb. Diese Änderung hält nur während der Emulgierung an; sobald die beiden Phasen sich trennen, verschwindet die gelbe Farbe. Je energischer man schüttelt, um so intensiver wird die Farbe, indem die gebildeten Tropfen kleiner und zahlreicher werden und dementsprechend die Grenzfläche Wasser-Benzol größer wird. Die Erscheinung ist vollkommen reversibel und kann beliebig oft wiederholt werden. Die Farbenänderung entspricht einer scheinbaren Änderung des p_H von 7,4 auf 6,2.

Die Farbenänderung beruht jedoch nicht auf einer Änderung der H-Ionenkonzentration. So verändert auch ein nichtsaurer Farbstoff wie Malachitgrün beim Schütteln mit einer indifferenten Flüssigkeit seine Farbe, und zwar von Gelb auf Grün, entsprechend einer scheinbaren Änderung des p_H von 0,5 auf 1,5, also hier nach der alkalischen Seite.

Folgende Tabelle zeigt die beobachteten Änderungen:

Indikator	Lösung	Farbe der Lösung	Farbe beim Schütteln	Scheinbare p_H-Änderung
Malachitgrün .	ca. 0,4 n-HCl	gelb	blau—grün	von 0,5 auf 1,5
Brillantgrün .	0,25 n-HCl	,,	grün—blau	,, 0,7 ,, 2,0
Methylviolett	0,1 n-HCl	grün	blau	,, 1,0 ,, 2,0
Thymolblau .	0,016 n-HCl	gelb	rot—violett	,, 2,8 ,, 1,6
Tropäolin 00	0,016 n-HCl	orangegelb	rot	,, 2,8 ,, 1,8
Bromthymol-blau	Mischung von dest. u. undest. Wasser	blau	gelb	,, 7,4 ,, 6,2

Bei der Erklärung der Erscheinung nimmt DEUTSCH[1]) an, daß an der Grenzfläche die weniger dissoziierte Verbindung des Indikators z. B. des Malachitgrüns, gebildet wird. In anderen Fällen (z. B. beim Tropäolin) mögen andere, nicht schwächer dissoziierte Ionenarten des Indikators die Ursache des Farbenumschlages an der Grenzfläche sein[2]).

Irreversible Reaktionen an Grenzflächen, die zu unlöslichen Verbindungen führen, sind vielfach bekannt. Ein wichtiges Beispiel hierfür ist die Bildung unlöslicher (denaturierter) Eiweißhäutchen beim Schütteln eiweißhaltiger Lösungen.

---

[1]) DEUTSCH: Berichte d. chem. Ges. **60**, 1036. 1927; Zeitschr. f. physikal. Chem. **136** 353. 1928.
[2]) THIEL: Zeitschr. f. Elektrochemie **35**, 266. 1929.

Die angeführten Farbänderungen sind ein Zeichen der Änderung des chemischen Gleichgewichtes an Grenzflächen. Es werden dort Verbindungen gebildet mit bedeutender Stabilität, die in Abwesenheit von Grenzflächen nur eine sehr geringe Existenzfähigkeit haben.

Die erwähnten Verhältnisse müssen auch berücksichtigt werden bei der Beurteilung der p_H-Werte, die mittels Indikatoren an Systemen mit kolloidaler Struktur, also bei solchen mit sehr entwickelter Oberfläche (wie im Protoplasma), gewonnen werden.

61. Übung.

Die Freundlichsche Adsorptionsisotherme.

Variiert man bei konstantem Volumen der Lösung und konstanter Temperatur die Menge des Adsorbens und des Adsorbendum, so steht nach eingetretenem Adsorptionsgleichgewicht die Konzentration c des noch in Lösung befindlichen Adsorbendum zu der adsorbierten Menge desselben x in dem Verhältnis

$$\frac{x}{m} = k \cdot c^n,$$

wo m die Gewichtsmenge der Kohle ist. k ist eine Konstante, welche von der zufälligen Beschaffenheit der Kohle abhängt und als ein Maß für ihr Adsorptionsvermögen betrachtet werden kann, wenn man verschiedene Kohlenproben auf dasselbe Adsorbendum wirken läßt. n ist eine Konstante, die von der Art des Adsorbendum abhängt und in der Regel nicht sehr verschieden von 0,5 ist. Als Versuchsobjekt wird Essigsäure oder Azeton empfohlen. Je 100 ccm der Lösung, variierend von 0,3 normal bis 0,002 normal, werden in einer gut verschließbaren Flasche, in welche vorher eine genau abgewogene Menge Kohle von etwa 1 g eingefüllt ist, 5 Minuten geschüttelt, filtriert, der erste Anteil des Filtrats verworfen und von dem übrigen eine ausreichende Menge zur Titration benutzt. Proben der gleichen Lösungen werden ohne Behandlung mit Kohle ebenfalls titriert. Man berechnet die Gesamtmenge des Stoffes, wie sie in 100 ccm ohne Behandlung mit Kohle gewesen wäre, und wie sie nach Maßgabe der Analyse des Filtrats in 10 ccm nach Behandlung mit Kohle anzusetzen ist.

Die Menge drückt man am besten in Millimol aus (1 Millimol Essigsäure ist die Menge, welche 1 ccm n-NaOH entspricht; 1 Millimol Essigsäure = 0,060 g; 1 Millimol Azeton = 0,058 g).

Es fand sich z. B.:

In 100 ccm der Lösung waren ursprünglich Azeton in Millimol	Menge der Kohle in g	Im Filtrat wurden wiedergefunden		Adsorbierte Menge	
		Millimol pro 100 ccm	Konzentration in Normalität	Azeton im ganzen	pro g Kohle $\frac{x}{m}$
a	m	F	c	a − F = x	
0,421	0,8987	0,234	0,00234	0,817	0,208
2,103	1,0320	1,465	0,01465	0,638	0,618
5,257	1,0688	4,103	0,04103	1,154	1,077
10,50	1,0951	8,862	0,08862	1,64	1,498
20,34	1,2425	17,76	0,1776	2,58	2,08
30,52	1,2556	26,90	0,2690	3,62	2,88

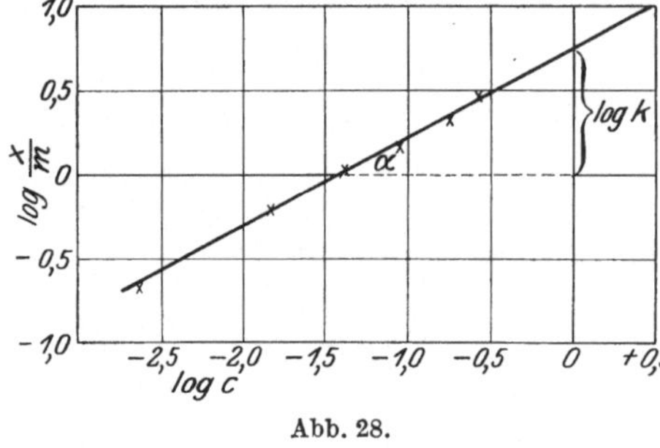

Abb. 28.

Um k und c zu ermitteln, verfährt man folgendermaßen. Durch Logarithmieren der Gleichung S. 143 erhält man

$$\log \frac{x}{m} = \log k + n \cdot \log c .$$

$\log \frac{x}{m}$ ist also eine lineare Funktion von $\log c$; n ist die Tangente des Neigungswinkels α dieser Geraden; k hat die Bedeutung:

$$\log k = \log \frac{x}{m} - n \log c .$$

Ist $c = 1$, so ist $n \log c = 0$, und $\log k = \log \frac{x}{m}$.

Wir schreiben zunächst die einander entsprechenden Werte von $\log \frac{x}{m}$ und $\log c$ hin:

$\log \frac{x}{m}$	$\log c$
−0,682	−2,631
−0,209	−1,834
+0,032	−1,387
+0,176	−1,052
+0,318	−0,753
+0,459	−0,570

Tragen wir diese in ein Koordinatensystem ein, so erhalten wir Abb. 28.

Aus dem Diagramm ergibt sich durch graphische Ausmessung:

$$n = 0,52; \quad \log k = 0,75, \quad \text{also} \quad k = 5,6.$$

k ist von der Wahl der Maßeinheiten abhängig; definiert man z. B. nicht, wie hier geschehen, die Konzentration in Mol/Liter, sondern etwa als Millimol pro 100 ccm, so wird k ganz anders. Dagegen ist n von der Wahl der Maßeinheiten unabhängig. Die gezogene Gerade ist durch geradlinige Interpolation nach Augenmaß gezogen. Die FREUNDLICHsche Adsorptionsisotherme ist nur eine für einen gewissen Bereich annähernd gültige Interpolationsformel.

62. Übung.

Trennung und Reinigung der Pankreasfermente nach der Adsorptionsmethode von WILLSTÄTTER[1]).

Prinzip: Der Glyzerinauszug der getrockneten Pankreasdrüse enthält als Fermente Lipase, Amylase und Trypsin. Zur Trennung der Lipase von den anderen beiden Fermenten wird sie bei saurer Reaktion an Tonerde adsorbiert und aus dem Adsorbat mit einer Ammoniak-Diammonphosphatlösung eluiert. Trypsin wird zwar in neutraler aber nicht erheblich in saurer Lösung vom Aluminiumhydroxyd aufgenommen. Die Trennung des Trypsins von der Amylase erfolgt durch Kaolin, wobei die Amylase größtenteils in der Mutterlauge verbleibt.

Darstellung des Auszuges. Trockenes Pankreaspulver (Trocknung s. unten) wird mit Glyzerin versetzt. Man behandelt das feinkörnige Pulver mit etwa der 16fachen Menge 87proz. Glyzerin 4—8 Stunden bei 30°. Der Auszug wird abgenutscht oder abzentrifugiert, dann die 5fache Menge Wasser zugefügt.

Erste Adsorption. Der durch Zentrifugieren geklärte Auszug wird mit 30 ccm 1 n-Essigsäure versetzt und mit 750 ccm Tonerdesuspension (Darstellung B; s. unten) geschüttelt. Die Restlösung trennt man vom Adsorbat durch Zentrifugieren. Die Restlösung enthält nur wenig (etwa 10%) Lipase, etwa $^3/_4$ der Amylase und das gesamte Trypsin.

Erste Elution. Das Adsorbat wird in den Zentrifugengläsern mit 20proz. Glyzerin gewaschen (beim Waschen mit Wasser treten Verluste durch Fermentzerstörung ein); darauf wird zweimal mit je 600 ccm Elutionsflüssigkeit eluiert. (Die Elutionsflüssigkeit besteht aus 57 Volumenteilen 1proz. Diammonphosphatlösung,

---

[1]) WILLSTÄTTER und E. WALDSCHMIDT-LEITZ: Zeitschr. f. physiol. Chem. **125**, 132. 1922/23; vgl. W. GRASSMANN: Neue Methoden und Ergebnisse der Fermentforschung, S. 121. München: J. F. Bergmann 1928.

3 Volumenteilen n-NH_3, 40 Volumenteilen 87proz. Glyzerin.) Die durch Zentrifugieren von Tonerdeschlamm abgetrennten Elutionen versetzt man zur Stabilisierung mit etwa dem halben Volumenteil 87proz. Glyzerin und verarbeitet erst nach einigen Stunden weiter. Diese Elution enthält etwa $^2/_3$ der ursprünglich vorhandenen Lipase und nur einige Prozente der anfangs vorhandenen Amylase. Vor der zweiten Adsorption ist es vorteilhaft, die Phosphorsäure aus der Elution zu entfernen, da das Phosphation die Adsorption der Lipase verhindert. Zu diesem Zwecke versetzt man die Elution z. B. mit etwa 2800 ccm Wasser, 54 ccm n-NH_4Cl und ebensoviel n-NH_3 und fällt das Phosphat unter kräftigem Schütteln mit 116 ccm 10proz. Magnesiumazetatlösung. Es ist vorteilhaft, die Fällung bei nur 10—15% Glyzeringehalt auszuführen.

Zweite Adsorption. Das phosphatfreie Filtrat wird mit 50 ccm n-Essigsäure angesäuert; dann wird mit 700 ccm des Aluminiumhydroxyds B (mit einem Gehalt von ca. 6,5 g Al_2O_3) adsorbiert. Die nach Zentrifugieren erhaltene Restlösung enthält so gut wie keine Lipase. Bei der zweiten Elution eluiere man das Adsorbat ohne zu waschen mit je 500 ccm der Elutionsflüssigkeit und zentrifugiere von der Tonerde ab. Die Elution enthält ca. 35% der Lipase des geklärten Glyzerinauszuges.

Die so gewonnene Lipase ist nur etwa dreimal reiner als die im Glyzerinauszug, 30mal reiner als die Lipase in der Drüse. Eine weitere Reinigung gelingt durch Adsorption an Kaolin.

Eine wie oben beschrieben gewonnene Lösung von Lipase in 1600 ccm 50proz. Glyzerin wird mit dem gleichen Volumen Wasser verdünnt, mit 40 ccm n-Essigsäure angesäuert und mit einer Aufschlämmung von 72 g elektroosmotisch gereinigtem Kaolin in 300 ccm Wasser behandelt. Das durch Zentrifugieren abgetrennte Adsorbat wird mit je 400 ccm der Elutionsflüssigkeit angerührt. Man zentrifugiert, klärt die Lösung durch Absaugen auf gehärtetem Filter, das mit einer dünnen Haut von Kieselgur bedeckt ist.

Man kann auf diese Weise eine bis etwa 250mal reinere Lipase als die der angewandten trockenen Drüse gewinnen.

Bei der Trennung von Amylase und Trypsin muß zuerst aus der Restlösung der Tonerdeadsorption die Lipase unter Anwendung von Tonerde vollkommen entfernt werden. Dazu genügt die Hälfte des für die Adsorption der Hauptmenge erforderlichen Aluminiumhydroxyds. In der so gewonnenen Restlösung ist praktisch das gesamte Trypsin und etwa 70—80% der Amylase enthalten. Das Trypsin wird aus dieser Restlösung an Kaolin adsorbiert, während die Amylase in Lösung bleibt.

Beispiel: Adsorption an Kaolin[1]). 18,0 ccm lipasefreie Restlösung der Tonadsorption, die auf p_H 7,0 gebracht wird, behandelt man insgesamt mit 20 ccm Kaolinsuspension (entspricht 1,55 g Kaolin), und zwar viermal mit je 5 ccm derselben unter jeweiliger Abtrennung des Adsorbates in der Zentrifuge. Die Restlösung enthält die Amylase. Die vereinigten Adsorbate werden mit 30 ccm Elutionslösung (s. S. 146) behandelt und die erhaltene Elution alsbald mit n-Essigsäure neutralisiert. Das Trypsin liegt in der Elution etwa achtmal reiner vor als in dem angewandten Glyzerinextrakt.

Anhang. Darstellung des Pankreastrockenpulvers[2]).

Frisches Schweinepankreas wird sauber präpariert und 4—5mal durch eine Fleischhackmaschine getrieben. Der dünne Brei wird in Reibschalen unter mehrmaligem Zugeben von Azeton verrieben, bis man ungefähr die 5—6fache Menge Azeton zur Drüsensubstanz gesetzt hat. Die Aufschwemmung wird portionsweise in Flaschen gut durchgeschüttelt. Nach kurzdauerndem (etwa einstündigem) Stehen wird filtriert, der Filterrückstand zuerst mit derselben Menge Azeton, darauf mit der halben Menge Azeton und mit der halben Menge Äther, schließlich zweimal mit je der doppelten Menge Äther gewaschen. Das nun pulverige Material wird zerrieben, in dünner Schicht zwischen Filtrierpapier ausgebreitet und an der Luft getrocknet. Das Pulver wird noch einmal fein zermahlen und durch ein feinmaschiges Sieb geschüttelt. Der feine Anteil enthält die Hauptmenge der Drüsensubstanz.

Darstellung von Aluminiumhydroxyd B[3]).

250 g $Al_2(SO_4)_3$ + 18 H_2O in 750 ccm Wasser erwärmt man auf 55° und trägt die Lösung auf einmal unter stärkstem mechanischen Rühren in 2,5 l auf 55° erwärmtes Ammoniak von 15 Gew.-% ein. Die Temperatur steigt auf 58° und wird unter fortgesetztem Rühren kurze Zeit (höchstens eine halbe Stunde) zwischen 55 und 60° gehalten. Die sehr voluminöse Fällung wird während des Digerierens etwas dünner, aber nicht flockig. Man verdünnt die Suspension im Filterstutzen auf 12 l und wäscht unter möglichst vollständigem Dekantieren häufig mit Wasser. Am besten vor dem vierten Waschen wird der Niederschlag zur Zerlegung noch vorhandener Spuren basischen Sulfats mit $1^1/_2$ l 15proz. Ammoniak verrührt. Dann wäscht man so lange aus, bis das Wasser drei aufeinanderfolgende Male nicht mehr klar geworden ist. Während der letzten Waschungen wird der Niederschlag immer kompakter, so daß am Ende die Waschflüssigkeit von dem am Boden klebenden plastischen Gele abgegossen werden kann. Daraus erkennt man, daß das Auswaschen genügt hat.

Bestimmung der Lipasewirkung durch die Spaltung des Tributyrins.

Im Ansatz sind im Gesamtvolumen von 60 ccm enthalten: das Ferment, 56 ccm gesättigte Tributyrinlösung, 2 ccm $2{,}5n$-NH_3—NH_4Cl-Puffer von

---

[1]) WILLSTÄTTER und WALDSCHMIDT-LEITZ: Zeitschr. f. physiol. Chem. **161**, 191 (206). 1926.

[2]) WILLSTÄTTER und WALDSCHMIDT-LEITZ: Zeitschr. f. physiol. Chem. **125**, 132. 1923; **126**, 143. 1922; **142**, 217. 1924.

[3]) WILLSTÄTTER und KRAUT: Ber. d. dtsch. Chem. Ges. **56**, 150. 1922; **57**, 1088. 1924.

$p_H = 8,6$, 10 mg $CaCl_2$, 30 mg Eieralbumin und 10 g Natriumoleat. Man verfolgt die Spaltung nach der stalagmometrischen Methode (vgl. S. 77). Eine Butyraseeinheit ist diejenige Fermentmenge, die in 50 Minuten bei 30° eine Abnahme um 20 Tropfen (d. i. um etwa die Hälfte der Differenz zwischen den Tropfenzahlen von reiner Tributyrinlösung und reinem Wasser in der üblichen Tropfpipette) bewirkt.

Bestimmung der Lipasewirkung durch Ölspaltung.

Der Ansatz besteht aus der Fermentlösung, 5 ccm 5 n-NH_3—NH_4Cl-Puffer von p_H 8,9 (1 : 2), 10 mg $CaCl_2$ und 15 mg Ovalbumin in insgesamt 15 ccm Wasser nebst 2,5 g Olivenöl. Der in einer Stunde bei 30° eintretende Aziditätszuwachs wird durch Titration mit 1,5 n-KOH ermittelt. Vorteilhafter ist die Bestimmung bei wechselndem p_H in Gegenwart von Aktivatoren. Die angewandte Pufferkonzentration ist hier 12,5 mal geringer als im obigen Ansatz. Die Reaktion der Mischung ist zu Beginn schwach alkalisch, bei etwa 8% Spaltung des Substrates neutral, beim Endpunkt der Messung (24% Ölspaltung) schwach sauer ($p_H = 5,5$). Sonst wie oben. Als Lipaseeinheit wird diejenige Fermentmenge bezeichnet, die unter angegebenen Versuchsbedingungen in einer Stunde 24% des anwesenden Substrats spaltet. Diese Menge ist etwa in 0,01 g einer getrockneten Probe vom Schweinepankreas enthalten. Eine Lipaseeinheit entspricht bei Schweine- und Leberpankreas etwa 700—820 Butyraseeinheiten.

Bestimmung der Amylasewirkung.

Man mißt die gebildete Maltose nach der Methode von WILLSTÄTTER-SCHUDEL. Die nach bestimmten Zeiten entnommenen Proben von 10 ccm Reaktionsgemisch werden in etwa 25—30 ccm $^1/_{10}$ n-Jodlösung ausgeblasen, wobei die enzymatische Reaktion sofort zum Stillstand kommt. Man setzt dann das $1^1/_2$ fache an $^1/_{10}$ n-NaOH (alkoholfrei) langsam zu und läßt 10 bis 15 Minuten, bei kleinen Zuckermengen 20 Minuten stehen. Nach dieser Zeit säuert man mit verdünnter H_2SO_4 schwach an und titriert mit $^1/_{10}$ n-Thiosulfat die unverbrauchte Jodmenge zurück. 1000 ccm Normal-Jodlösung entsprechen 171,1 g Maltose.

Bestimmung der Trypsinwirkung nach WILLSTÄTTER und WALDSCHMIDT-LEITZ[1]).

Ausführung: Das zu bestimmende Trypsinpräparat (im allgemeinen zwischen 0,1 und 0,25 g getrocknete Drüse bzw. die daraus hervorgegangene Menge reineren Präparates) wird in ein kleines, zylindrisches Standfläschchen mit eingeschliffenem Stopfen eingewogen; nach der etwa erforderlichen Vorbehandlung werden dann im Thermostaten von 30° 1,00 ccm n-Ammoniak-Ammonchloridpuffer von $p_h = 8,9$ bei 30° (bestehend aus 0,67 ccm n-NH_4Cl, 0,33 ccm n-NH_3) sowie 5,0 ccm einer 3 proz., auf 30° angewärmten Gelatinelösung (bzw. Kaseinlösung) zugefügt und gut durchgeschüttelt. Der p_h dieser Gelatinepuffermischung (bei 30°) ist 8,7.

Nach Ablauf der Bestimmungszeit (gewöhnlich 60 Minuten) wird der Inhalt des Fläschchens mit dem 9 fachen Volumen absoluten Alkohols

---

[1]) WALDSCHMIDT-LEITZ: Zeitschr. f. physiol. Chem. **132**, 181. 1924; WILLSTÄTTER, WALDSCHMIDT-LEITZ, S. DUNAITURRIA und G. KÜNSTNER: Zeitschr. f. physiol. Chem. **161**, 191. 1926.

in einen Erlenmeyerkolben übergespült und nach Zusatz von 0,5 ccm 0,5 proz. alkoholischer Thymolphtaleinlösung auf je 100 ccm Flüssigkeit mit 90 proz. alkoholischer 0,2 n-Lauge unter kräftigem Umschütteln titriert. Der Endpunkt der Titration ist durch den ersten etwas graublauen Farbton gegeben und gut erkennbar; nach Zusatz von drei weiteren Tropfen (etwa 0,05 ccm) der Normallösung wird dann die Farbe deutlich blau. Nach einigen Minuten pflegt die Indikatorfarbe infolge einer weiteren Hydrolyse der Proteinsubstanz durch den Laugenüberschuß wieder zu verschwinden.

XI. Einfluß der h auf die Fermentwirkung.

In ähnlicher Weise wie auf die Farbe molekulardisperser Indikatoren (als Typus einer Reaktion im molekulardispersen System), wie ferner auf den Zustand von Kolloiden, haben von allen physiologisch in Betracht kommenden Ionenarten die H-Ionen einen so überwiegenden Einfluß auch auf die Fermentwirkung, daß die Wirkung der anderen physiologischerweise vorkommenden Ionenarten dagegen oft fast ganz vernachlässigt werden darf. Es gibt auch Ausnahmen: Die Wirkung der Speicheldiastase ist in hohem Maße auch von der Cl′-Konzentration abhängig. Betrachtet man aber die Cl′-Verbindung der Diastase als das eigentliche Ferment, so fügt sie sich dem obigen Gesetz ein.

Die Deutung der H˙-Wirkung ist in doppelter Weise möglich: entweder man schreibt der h einen Einfluß auf den Dissoziationszustand der als Elektrolyte betrachteten Fermente zu oder man schreibt der h einen Einfluß auf den kolloidalen Zustand der als Kolloide betrachteten Fermente zu. Beides ist möglich, beide Fälle sind durch Übergänge miteinander verbunden und keine prinzipiellen Gegensätze.

63. Übung.

Der Einfluß der h auf die Wirkung der Speicheldiastase[1]).

Die Wirksamkeit der Speicheldiastase auf Stärke hängt in besonders hohem Maße von der Konzentration der Cl-Ionen und der H-Ionen ab. Ohne Cl′ (bzw. einige andere ähnliche Ionenarten wie Br′) wirkt die Diastase überhaupt nicht. Mit steigender

---

[1]) In Anlehnung an RINGER, W. E.: Hoppe-Seylers Zeitschr. f. physiol. Chem. **67**, 332. 1910; MICHAELIS, L., und H. PECHSTEIN: Biochem. Zeitschr. **59**, 77. 1914.

Cl′-Konzentration erreicht die Wirkung bald ein Maximum, welches bei weiterer Steigerung des Cl′-Gehalts nicht überschritten wird. Ein Gehalt von einigen Promille Cl′ reicht schon zur Entfaltung der maximalen Wirkung aus. Mit den H-Ionen ist es anders. Bei einer bestimmten h besteht ein Optimum der Wirkung, welches sowohl bei Über- wie Unterschreitung desselben verschlechtert wird. Wir werden im folgenden Versuch einen reichlich bemessenen, konstanten Cl-Gehalt wählen und die h variieren, um die optimale h zu suchen.

Man kocht 2,5 g „lösliche Stärke" in 500 ccm 0,3proz. NaCl-Lösung auf und füllt in 7 Erlenmeyerkolben je 50 ccm davon ein. Außerdem gebe man von den S. 80 beschriebenen Phosphatlösungen dazu:

	Nr. 1	2	3	4	5	6	7
m/3 prim. Phosphat . .	4,7	4,4	3,3	2,5	1,7	0,6	0,3
m/3 sekund. Phosphat .	0,3	0,6	1,7	2,5	3,3	4,4	4,7

Nun füllt man etwa 30 Reagenzgläser mit je 5 ccm einer äußerst stark verdünnten, ganz schwach hellgelben LUGOLschen Lösung (etwa $^1/_{1000}$ normal Jodlösung) und hält diese für die weiteren Untersuchungen in Bereitschaft. In die 7 Erlenmeyerkolben gibt man in Abständen von genau 2 Minuten der Reihe nach je 5 ccm eines 100—1000fach verdünnten Speichels. Dann entnimmt man aus dem Kölbchen Nr. 4 alle paar Minuten 5 ccm und gibt sie in ein Jodröhrchen. Zunächst wird eine blaue Farbe entstehen, weiterhin eine violette, dann rot. Wenn die Farbe rotviolett bis fast rot geworden ist, also in 4 eine recht weitgehende Spaltung der Stärke eingetreten ist, beginnt die eigentliche Reihenentnahme. Man entnimmt den 7 Kölbchen der Reihe nach in Abständen von 2 Minuten je 5 ccm und gibt sie in ein Jodröhrchen. Das Resultat wird z. B. sein:

1	2	3	4	5	6	7
blau	violett	rot	gelbrot	rot	rotviolett	violett

Die Wirkung ist also am weitesten fortgeschritten in Nr. 4. Nun bestimmt man mit der in der 15. Übung beschriebenen Methode der p_h der in dem Erlenmeyerkolben übriggebliebenen Lösung. Man wird finden p_h etwa = 6,8.

64. Übung.

Das Wirkungsoptimum des Pepsins[1]).

Die Wirkung des Pepsins hängt so überwiegend von der h ab, daß die Wirkung der anderen Ionenarten dagegen fast verschwindend gering ist. Dies gilt ganz besonders, wenn das zu verdauende Eiweiß in gelöster Form, nicht als feste oder koagulierte Eiweißstücke zugegen ist.

2 g Edestin werden 24 Stunden bei 37° mit 50 ccm 0,1 n-NaOH behandelt, dann mit Wasser auf 490 ccm und schließlich mit n-HCl auf 500 ccm aufgefüllt. Dies ist dann eine 0,4proz. Edestinlösung in 0,01 n-HCl + 0,01 n-NaCl. Diese Lösung ist im folgenden als „Edestinlösung" bezeichnet.

Eine 0,5proz. Lösung von „Pepsin Grübler" in Wasser wird als „Pepsinlösung" bezeichnet. Man stelle nun eine Reihe von Mischungen von je 6 ccm Edestinlösung, 0,4 ccm n-HCl, 3,6 ccm Wasser und 0,5 ccm Pepsinlösung in 5—6 Reagenzgläschen in gleichmäßiger Weise an, lasse sie bei Zimmertemperatur und unterbreche in Abständen von einigen Minuten die Verdauung der Reihe nach durch Zusatz von reichlich Natriumazetat in Substanz. Das unverdaute Edestin fällt dadurch aus. Man probiert auf diese Weise aus, wieviel Minuten man ungefähr braucht, um das Edestin zu einem bedeutenden Teil, aber noch nicht völlig, zu verdauen. Hat man diese Zeit ungefähr bestimmt, so stelle man folgende Reihe an:

	Nr. 1	2	3	4	5	6
Edestinlösung ccm	6	6	6	6	6	6
n-HCl ccm	0	0,2	0,4	0,8	1,6	3,2
destilliertes Wasser ccm . .	4	3,8	3,6	3,2	2,4	0,8
Pepsinlösung ccm	0,5	0,5	0,5	0,5	0,5	0,5

Nach Ablauf der im Vorversuch ermittelten Zeit unterbreche man in allen Röhrchen die Verdauung durch Zusatz von festem Natriumazetat und stelle fest, wo die Verdauung am weitesten vorgeschritten ist. Dies wird z. B. Nr. 2 sein. Die p_h-Messung wird am besten elektrometrisch gemacht, indem man ein Röhrchen der gleichen Zusammensetzung herstellt und, ohne Zusatz von Natriumazetat, zur p_h-Messung benutzt. Man wird als Optimum $p_h = $ etwa 1,7 finden.

---

[1]) MICHAELIS, L., und A. MENDELSOHN: Biochem. Zeitschr. **65**, 1. 1914. Vgl. auch die Bestimmung der peptischen Wirkung durch Trübungsmessung S. 20.

65. Übung.
Das Wirkungsoptimum der Katalase[1].

Eine stark wirksame Katalasewirkung erhält man folgendermaßen[2]. 50 g Kalbsleber werden mit Sand und Kieselgur im Mörser verrieben und mit 30 ccm 93proz. Alkohol verrührt. Nach einer Viertelstunde wird der Brei in einer Presse gut ausgepreßt und der Preßsaft verworfen. Nun preßt man zweimal hintereinander mit 30 ccm Wasser aus, nachdem dieses vor dem Pressen mit dem Preßkuchen jedesmal gut verrührt worden ist. Diese beiden wässerigen Preßsäfte vereinigt man; sie sind die Urlösung der Katalase. Die Lösung ist sehr lange haltbar, wenn sie mit etwas Toluol versetzt wird. Ein etwa allmählich sich abscheidender Niederschlag wird vor dem Versuch abfiltriert. Von dieser Urlösung braucht man für den Versuch eine Verdünnung von 1 : 50000 in destilliertem Wasser (etwa 1 Liter). Ferner braucht man etwa 1 Liter Wasserstoffsuperoxydlösung (hergestellt aus Perhydrol Merck) in der Verdünnung 1 : 1000.

Man setzt nun in einer Reihe von Erlenmeyerkolben folgende Mischungen an:

	Nr. 2	3	4	5	6	7
0,1 n-Natriumazetat . . ccm	2	2	2	2	2	2
0,1 n-Essigsäure . . . . „	0	0,12	0,5	2	—	—
1 n-Essigsäure . . . . „	—	—	—	—	0,8	3,2
destilliertes Wasser . . „	3,2	3,08	2,7	1,2	2,4	0

Ein weiterer Erlenmeyerkolben wird mit 1 ccm m/15 sekundärem Natriumphosphat (s. S. 31) + 4,2 ccm destilliertem Wasser versetzt und als 1. Röhrchen vor die anderen gestellt. Nun füllt man in jedes der 7 Röhrchen je 100 ccm der H_2O_2-Lösung ein, und dann in Abständen von je 2 Minuten je 50 ccm der Fermentverdünnung. Von Nr. 2 entnimmt man alle 5 Minuten eine Probe von 10 ccm, mischt sie mit etwa 5 ccm verdünnter Schwefelsäure und titriert sie mit $^1/_{20}$ n-Kaliumpermanganatlösung. Zu Anfang wird man etwa 3 ccm Permanganat verbrauchen, nach 10—20 Minuten nur noch die Hälfte. Ist so ein guter Fortschritt der Wirkung erkennbar geworden, so entnimmt man allen Kolben der Reihe nach in Abständen von 2 Minuten 25 ccm, gibt sie sofort in ein Gefäß, welches 10 ccm verdünnte Schwefelsäure enthält und titriert mit Permanganat. Nach dem Zusatz der Schwefel-

---

[1] MICHAELIS, L., und H. PECHSTEIN: Biochem. Zeitschr. 53, 320. 1913.
[2] SÖRENSEN, S. P. L.: Biochem. Zeitschr. 21, 131. 1909.

säure braucht die Titration nicht gleich zu erfolgen. Man beende erst in Ruhe alle Entnahmen. Man wird finden, daß die einzelnen Kölbchen weniger Permanganat verbrauchen als dem Anfangswert entspricht. Der Umsatz ist am größten und untereinander fast gleich von Nr. 1—3, dann wird er kleiner, und in Nr. 7 verbraucht man fast die Anfangsmenge des Permanganat. Das Optimum ist also sehr breit und erstreckt sich von stark alkalischer Reaktion (p_h = fast 9) bis p_h = 5,5. Nach der alkalischen Seite wird es bei dieser Versuchsordnung noch nicht einmal überschritten, wohl aber nach der sauren Seite. Die Messung der h kann in den übrig gebliebenen Proben kolorimetrisch geschehen; man wartet damit am besten, bis alles H_2O_2 zerstört ist.

XII. Elektrische Messungen.

Wenn ein elektrisch geladener Massenpunkt von der Ladung e sich in der Entfernung r von einem zweiten Massenpunkt mit der Ladung e′ befindet, so besteht zwischen diesen beiden Punkten eine elektrische Kraft K, welche bei passender Wahl der Maßeinheiten ausgedrückt werden kann:

$$K = \frac{e \cdot e'}{r^2}.$$

Hat e und e′ gleiches Vorzeichen, so wirkt die Kraft abstoßend und wird positiv gerechnet. Hat e und e′ ungleiches Vorzeichen, so ist sie anziehend oder negativ. Die Kraft wird also positiv gerechnet, wenn sie r zu vergrößern sucht. Wir denken uns den Punkt mit der Ladung e fixiert, den Punkt mit der Ladung e′ frei beweglich. Wenn der bewegliche Punkt unter der Wirkung der elektrischen Kraft sich von dem fixierten Punkt um die Strecke dr weiter entfernt, so leistet er dabei die Arbeit (Produkt aus Kraft und Weg):

$$dA = \frac{e \cdot e'}{r^2} \cdot dr.$$

Bewegt sich der Punkt aus der Entfernung r_1 auf einem beliebigen Wege bis zur Entfernung r_2, so leistet er also die Arbeit:

$$A = e \cdot e' \int_{r_1}^{r_2} \frac{dr}{r^2} = e \cdot e' \left(\frac{1}{r_1} - \frac{1}{r_2} \right).$$

Bewegt sich der Punkt aus der Entfernung r bis ins Unendliche, so leistet er die Arbeit $A = \dfrac{e \cdot e'}{r}$. Hat der bewegliche Punkt die Ladung $e' = +1$, so leistet er auf seinem Wege von r bis ins Unendliche die Arbeit:

$$A = \frac{e}{r}.$$

Ein solcher Massenpunkt mit der positiven Einheitsladung heißt ein elektrischer Probekörper. Die Arbeit, welche er leistet, wenn er sich von dem Punkt mit der Ladung e aus der Entfernung r bis ins Unendliche entfernt, wird bezeichnet als das Potential, welches die Ladung e auf einen in der Entfernung r gelegenen Punkt des Raumes ausübt. Der Potentialunterschied in zwei Raumpunkten von der Entfernung r_1 und r_2 von dem geladenen Punkt beträgt daher

$$\frac{e}{r_1} - \frac{e}{r_2}.$$

Haben wir statt eines geladenen Massenpunktes ein System von Massenpunkten, z. B. einen zusammenhängenden, elektrisch geladenen Körper, so übt dieser auf einen bestimmten Punkt des Raumes ein Potential aus, welches gleich der Summe der Potentiale der einzelnen geladenen Massenpunkte ist, also im Betrage von

$$\frac{e_1}{r_1} + \frac{e_2}{r_2} + \frac{e_3}{r_3} + \cdots \frac{e_i}{r_i} + \cdots \tag{1}$$

Hier bedeutet e_1 die Ladung eines Volumelements des Körpers und r_1 die Entfernung, welche der Bezugspunkt von ihm hat. Ist das isolierende Medium ein anderer Stoff als die Luft, so beträgt sowohl die Kraft wie das Potential nur den D^{ten} Teil des angegebenen Wertes, und D ist die Dielektrizitätskonstante des Mediums.

Die ganze Ladung eines elektrisch geladenen Körpers übt auch auf jeden einzelnen Punkt dieses Körpers selbst ein Potential aus gemäß (1).

Ist der geladene Körper ein Leiter, welcher von der Umgebung isoliert ist, so verteilt sich die Elektrizität stets so, daß das Potential der ganzen Ladung des Körpers auf jeden beliebigen einzelnen Punkt innerhalb dieses Körpers gleich ist. Es bedarf daher der gleichen Arbeit, um einen elektrischen Massenpunkt von der Ladung 1 aus dem Unendlichen entweder bis zu irgendeinem beliebigen Punkt der Oberfläche oder des Inneren des Körpers heranzuführen. Daher ist es erlaubt, von einem ganz bestimmten Potential eines elektrisch geladenen Leiters zu sprechen.

1. Wenn zwei verschiedene, elektrisch geladene Leiter von verschiedenem Potential durch einen leitenden Draht miteinander verbunden werden, so verteilt sich die Elektrizität derartig, daß das Potential des ganzen Systems alsbald gleich wird. Zu diesem Zweck fließt Elektrizität von dem Körper mit höherem Potential zu dem mit niederem. Wenn nun durch irgendeine Vorrichtung dafür gesorgt wird, daß das ursprüngliche Potential der beiden Körper sich immer wieder herstellt, und zwar schneller als der Ausgleich erfolgt, so fließt ein dauernder elektrischer Strom. Um diesen zu charakterisieren, definiert man folgende Größen: 1. die elektromotorische Kraft e. Sie ist gleich dem Potentialunterschied der beiden geladenen Körper und wird gemessen in Volt.

2. Die Stromstärke i. Sie wird gemessen durch die Elektrizitätsmenge oder die Zahl der Coulombs, welche in der Zeiteinheit einen beliebigen Querschnitt des Stromes passieren. Da der Strom stationär sein soll, also nirgends eine Stauung von Elektrizität eintritt, muß die Stromstärke in jedem beliebigen Querschnitt des Stromweges die gleiche sein.

3. Der Widerstand w. Dieser hängt von der physikalischen und chemischen Beschaffenheit aller einzelnen Teile des Stromweges ab und wird gemessen in Ohm.

Diese drei Größen stehen in der Beziehung zueinander $i = \dfrac{e}{w}$.

Der Widerstand des ganzen Systems setzt sich additiv zusammen aus dem Widerstand der einzelnen Teile.

Die elektromotorische Kraft eines Stromkreises wird nur vorgeschrieben durch diejenigen Mechanismen, welche den Potentialunterschied zwischen verschiedenen Stellen des Systems erzeugen und aufrechterhalten. Der Sitz dieser Mechanismen ist in der Regel die Grenzfläche zweier Phasen (Kontaktfläche von Metall und Lösung) oder jedenfalls eine Stelle, an der sich die chemische oder physikalische Beschaffenheit von Punkt zu Punkt ändert (Diffusionsgebiet zweier sich berührender Lösungen). Eine galvanische Kette enthält stets mehrere solcher Grenzflächen, welche stationäre Potentialunterschiede erzeugen, und die elektromotorische Kraft ist die Summe aller dieser lokalisierten Potentialsprünge. Der Widerstand dagegen wird durch jeden einzelnen Punkt des ganzen Stromkreises beeinflußt. Die folgenden Übungen betreffen nur die Messung von Widerständen bzw. ihres reziproken Wertes, der Leitfähigkeiten, und vor allem der elektromotorischen Kräfte.

XIII. Messung der elektrischen Leitfähigkeit einer Lösung.

66. Übung.

1. Schema des Apparates in der Anordnung nach KOHLRAUSCH (Abb. 29). A ist ein Akkumulator, dessen Pole über das kleine Induktorium I und einen regulierbaren Gleitwiderstand (man braucht nur wenige Ohm) vermittels eines Stromschlüssels geschlossen werden können. Der Vorschaltwiderstand wird derart eingestellt, daß gerade eben noch das Induktorium mit dem WAGNERschen Hammer in Betrieb gehalten werden kann; je schwächer der Strom, desto besser. Die Klemmschraubenpole des Sekundärstroms werden wie in der Zeichnung geschaltet. R ist ein Rheostat von mindestens 1—1000 Ohm (für schlecht leitende Flüssigkeit braucht man bis 10 000 Ohm), W ist der zu messende Widerstand in dem Widerstandsgefäß, das noch genauer weiter unten beschrieben wird. a b ist ein dünner, auf einem in Millimeter geteilten Maßstab von 1 m Länge ausgestreckter Draht aus Platin-

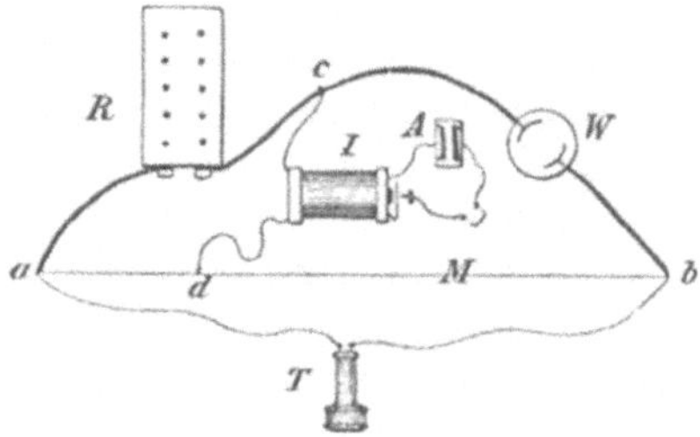

Abb. 29.   Schema des Apparates zur Messung der Leitfähigkeit.

Iridium oder aus Konstantan, d ist ein Gleitkontakt, T ein Telephon. Das Induktorium wird von einem Kasten überdeckt, damit sein Ton nicht direkt hörbar ist.

Wenn sich der Widerstand d b zu dem Widerstand a d verhält wie W : R, ist zwischen den Punkten a und b kein Potentialunterschied, und das Telephon schweigt. Die Messung des unbekannten Widerstandes W besteht also darin, daß man diejenige Stellung des Schleifkontaktes d ausprobiert, bei der das Telephon schweigt oder wenigstens ein Tonminimum vorhanden ist.

Den Widerstand R kann man beliebig wählen; am vorteilhaftesten so, daß der Schleifkontakt nicht zu weit von der Mitte des Meßdrahtes entfernt ist, wenn das Telephon schweigt; dann sind die Fehlerquellen der Messung am kleinsten.

Es wird ein geprüfter Rheostat und ein gut geprüfter (evtl. mit nötigen Korrekturangaben versehener) Meßdraht als gegeben vorausgesetzt. (S. hierüber OSTWALD-LUTHER, Physikochemische Messungen.)

Vorteilhaft ist es, einen „Funkentöter" an das Induktorium zu schalten. Dieser besteht aus einem Kondensator von $^1/_2$ Mikrofarad in der Schaltung der Abb. 30 (K).

Das Aufsuchen des Tonminimums geschieht, indem man, das Telephon am Ohr, den Gleitkontakt in pendelnder Bewegung um den Ort des Tonminimums auf- und abschiebt, die Exkursionen immer mehr einengt und so das Minimum auf möglichst weniger als 1 mm genau ermittelt. Die Güte des Tonminimums ist u. a. um so schärfer, je größer die Elektrodenfläche im „Widerstandsgefäß", aber auch, je größer der Widerstand (bis zu einer gewissen Grenze) in demselben ist. Zur Erhöhung der Oberfläche der Elektroden werden diese mit Platinschwarz überzogen.

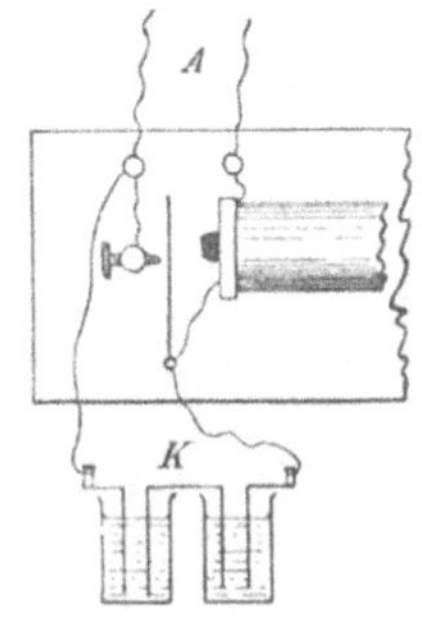

Abb. 30. Schaltung des Kondensators K als Funkentöter.

2. Das Widerstandsgefäß hat für physiologische Zwecke am besten die untenstehende Form von ARRHENIUS. Die Elektroden bestehen aus zwei starken, nicht biegsamen Platinblechen, die in starrer, unbeweglich fester Lage vermittels starker, kurzer Platindrähte an Glasröhren angeschmolzen sind. Die Platindrähte durchbohren das Glasrohr, innen werden sie vermittels eines Quecksilberkontakts und eingesteckter Kupferdrähte an den Stromkreis angeschlossen. Die Platinplatten werden zunächst mit konzentrierter H_2SO_4 + Bichromat gereinigt, gewässert und dann mit Platinschwarz überzogen. Dies geschieht, indem man in das Gefäß die Platinierungsflüssigkeit nach LUMMER (1 g Platinchlorid + 0,02 g Bleiazetat auf 100 g Wasser) füllt und den Strom eines zweizelligen Akkumulators (4 Volt) unter zeitweiliger Wendung des Stromes 10—15 Minuten hindurchschickt. Die Platinplatten müssen samtschwarz sein; bei Elektroden, die schon wiederholt platiniert worden sind, genügen 1 bis

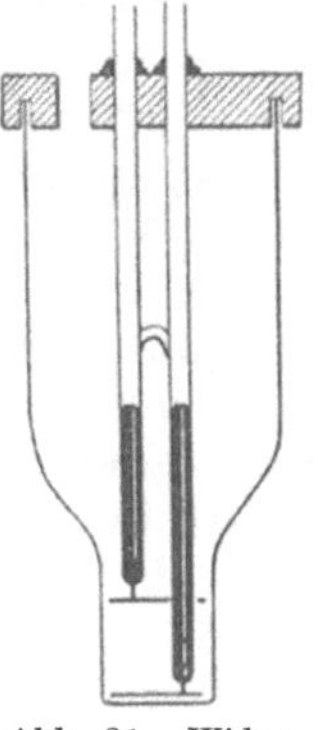

Abb. 31. Widerstandsgefäß.

2 Minuten. Dann werden die Elektroden mit Wasser gewaschen und die letzten hartnäckig haftenden Reste des Platinsalzes dadurch reduziert, daß man das Gefäß mit verdünnter H_2SO_4 füllt und wieder unter wiederholter Wendung den Strom hindurchschickt. Zum Schluß werden die Elektroden mehrere Stunden in destilliertem Wasser gewaschen, welches häufig gewechselt wird.

Da die Leitfähigkeit stark von der Temperatur abhängig ist, muß das Leitfähigkeitsgefäß in einem Wasserbad mit genau regulierter Temperatur stehen.

3. Man beginnt die Untersuchung damit, daß man den Widerstand einer sehr genau hergestellten 0,1 n-KCl-Lösung mißt. Das KCl (pro analysi, KAHLBAUM) wird vor der Abwägung schwach geglüht und nach dem Erkalten im Exsikkator gewogen. 7,44 g werden auf 1 Liter ausgekochtes und wieder abgekühltes Wasser (besser noch in Leitfähigkeitswasser, s. unten) gelöst. Findet man den Widerstand $= W$ Ohm, so nennt man $1/W$ die Leitfähigkeit der KCl-Lösung in diesem Widerstandsgefäß. Die Leitfähigkeit muß aber bezogen werden auf ein Leitfähigkeitsgefäß von 1 qcm großen Elektroden im Abstand von 1 cm; dies ist die spezifische Leitfähigkeit der Lösung, $\varkappa$. Die (bekannte) spezifische Leitfähigkeit dieser 0,1 n-KCl-Lösung beträgt bei 18° 0,01119; bei 19° 0,01143; bei 25° 0,01288; bei 35° 0,01539. Findet man nun in dem benutzten Gefäß bei 18° eine Leitfähigkeit $1/W$, so muß man diese mit $0,01119 \cdot W$ multiplizieren, damit 0,01119 herauskommt. Mit diesem Faktor $0,01119 \cdot W$ muß man dann jede Leitfähigkeit, die man mit diesem Gefäß mißt, multiplizieren, um die „spezifische" Leitfähigkeit zu erhalten. Den Faktor $0,01119 \cdot W = C$ nennt man die Kapazität des Gefäßes. W ist, wie ersichtlich, der Widerstand der 0,1 n-KCl-Lösung in dem Gefäß, gemessen in Ohm. So wird die Kapazität des Gefäßes geeicht, und diese Eichung öfters wiederholt, besonders nach einer Platinierung. Findet man z. B. $W = 50$ Ohm, so ist die Kapazität des Gefäßes $C = 50 \cdot 0,01119 = 0,5595$. Es ist zu empfehlen, die Kapazität des Gefäßes mit einer KCl-Lösung anderer Konzentration (z. B. 1/50 n) zu wiederholen. Mißt man dann eine unbekannte Lösung und findet ihren Widerstand z. B. $= 60$ Ohm, so ist die Leitfähigkeit dieser Lösung in diesem Gefäß $= \frac{1}{60}$, also die spezifische Leitfähigkeit $\varkappa = \frac{1}{60} \cdot 0,5595 = 0,00933$.

Spez. Leitfähigkeit von KCl-Lösungen bei verschiedenen Temperaturen.

$t°$	1/1 n-KCl	1/10 n-KCl	1/50 n-KCl	1/100 n-KCl
15	0,09252	0,01048	0,002243	0,001147
18	0,09822	0,01119	0,002397	0,001225
21	0,10400	0,01191	0,002553	0,001305
25	0,11180	0,01288	0,002765	0,001413
27	0,11574	0,01337	0,002873	0,001468

Ist die zu untersuchende Flüssigkeit die Lösung eines einheitlichen reinen chemischen Stoffes, und ist $\varkappa$ die spezifische Leitfähigkeit desselben, so heißt das: ein parallelepipedisches Stück dieser Lösung, dessen Länge 1 cm und dessen Querschnitt 1 qcm beträgt, hat einen Widerstand von $1/\varkappa$ Ohm. Hat die Lösung die molare Konzentration C, d. h. befinden sich im Liter C Mole des gelösten Stoffes, so befinden sich in dem Einheitsparallelepiped C/1000 Mole. Wenn man $\varkappa$ durch die in dem Einheitsparallelepiped vorhandenen Mole der Substanz dividiert, so nennt man das die „molare Leitfähigkeit des gelösten Stoffes", μ. Es ist also

$$\mu = \frac{1000 \cdot \varkappa}{C}.$$

Im allgemeinen ist μ für einen gegebenen Elektrolyten nicht konstant, sondern hängt von C ab, und zwar wird μ in der Regel größer, wenn C kleiner wird. Der Grenzwert für $C = \dfrac{1}{\infty}$ wird μ_∞ genannt. In der Regel mißt man die Konzentration verwirrenderweise nicht in Molen, sondern in Äquivalenten, was nur bei einwertigen Ionen identisch ist. So z. B. bezeichnet man eine Lösung von 1 Mol $CaCl_2$ im Liter in der Regel als zweifach äquivalentnormal. Bezeichnen wir die Konzentration in Molen pro Liter, so wollen wir sie mit C_m bezeichnen. In diesem Falle ist die molare Leitfähigkeit μ also

$$\mu = \frac{1000 \cdot \varkappa}{C_m}.$$

Messen wir die Konzentration aber in Äquivalenten pro Liter, so nennen wir sie C_n, und die „Äquivalentleitfähigkeit" λ ist dementsprechend

$$\lambda = \frac{1000 \cdot \varkappa}{C_n}.$$

Ebenso wie μ von C_m, ist natürlich auch λ von C_n abhängig. Der Grenzwert von λ für $C_n = \dfrac{1}{\infty}$ ist der „Grenzwert des Äquivalentleitvermögens", λ_∞

$$\lambda_\infty = \lim \frac{1000 \cdot \varkappa}{C_n} \quad \text{für} \quad C_n = \frac{1}{\infty}.$$

Bei den starken Elektrolyten (die meisten Salze, die Säuren HCl, HNO_3 und einige andere Mineralsäuren; die Basen KOH, NaOH, $Ba(OH)_2$ und sehr wenige ähnliche starke Laugen) ändert sich λ mit der Konzentration nur wenig, bei den schwachen Elektrolyten (z. B. Essigsäure, Ammoniak) aber sehr stark. Das zeigen folgende zwei Beispiele, deren Nachprüfung zum Gegenstand einer Übung gemacht werden mag:

$$\text{(Temperatur } 18^\circ \text{ C)}$$

HCl

für C = 1	$\lambda = 301$
0,1	351
0,01	370
0,001	377

Essigsäure C = 1	$\lambda = 1{,}32$
0,1	4,60
0,01	14,3
0,001	41

Wie man sieht, nähert sich λ bei HCl mit steigender Verdünnung einem Grenzwert, den man durch eine Extrapolation auf $C = \dfrac{1}{\infty}$ mit ausreichender Genauigkeit schätzen kann. Bei Essigsäure ist aber selbst für $C = 0{,}001$ λ immer noch so sehr im Steigen begriffen, daß eine Extrapolation auf $C = \dfrac{1}{\infty}$ illusorisch wäre.

Die Ursache für die Zunahme des molaren Leitvermögens bei der Essigsäure — und allen anderen schwachen Elektrolyten — ist die Zunahme des Dissoziationsgrades mit steigender Verdünnung: nur die Ionen leiten den Strom. Die Zunahme des Leitvermögens bei HCl und allen sog. starken Elektrolyten (fast alle Salze; die Mineralsäuren, die starken Laugen) kann ausreichend erklärt werden, ohne daß man eine Änderung des Dissoziationsgrades mit der Verdünnung anzunehmen braucht. Die zwischen den Ionen wirkenden elektrostatischen Kräfte, welche mit zunehmender Ionenkonzentration ebenfalls zunehmen, genügen, um die Abnahme des Leitvermögens mit zunehmender Konzentration ausreichend zu erklären. Man kommt daher zu der Annahme, daß die starken Elektrolyte bei allen Konzentrationen praktisch vollkommen dissoziiert sind und daß das Äquivalentleitvermögen bei ihnen kein Maß für den Dissoziationsgrad ist. Bei den schwachen Elektrolyten treten dagegen wegen der geringen Ionenkonzentrationen die interionischen elektrostatischen Kräfte so in den Hintergrund, daß sie zur Erklärung der Änderung des Leitvermögens mit der Konzentration nicht im entferntesten ausreichen.

Hat die zu untersuchende Lösung eine sehr geringe spezifische Leitfähigkeit (etwa $< 0{,}001$), so genügt zur Reinigung des Lösungswassers nicht das Austreiben der CO_2 durch Kochen; auch die Leitfähigkeit der sonstigen Verunreinigungen fällt dann störend ins Gewicht. Man benutzt „Leitfähigkeitswasser". Man benutzt für schlecht leitende Lösungen ferner nicht platinierte, sondern blanke Platinelektroden.

Die spezifische Leitfähigkeit des reinsten bekannten Wassers ist $= 0{,}4 \cdot 10^{-7}$. Zweimal destilliertes, in Silberkühlern aufgefangenes Wasser hat eine Leitfähigkeit von meist nicht größer als $2 \cdot 10^{-6}$, was für die meisten Zwecke ausreichend rein ist. Gewöhnliches destilliertes Wasser hat je nach seinem CO_2-Gehalt Leitfähigkeiten um 10^{-5}. Leitfähigkeitswasser kann in paraffinierten Glasballons von KAHLBAUM bezogen werden. Bei der Entnahme muß es vor der CO_2 der Luft geschützt werden.

<h3 style="text-align:center">67. Übung.</h3>

<h2 style="text-align:center">Leitfähigkeitstitration (Konduktometrische Titration)
nach KOLTHOFF[1]).</h2>

Wird zu einer Elektrolytlösung eine andere hinzugefügt und verbindet sich ein Ion des einen Elektrolyten mit dem Ion des anderen zu einer wenig dissoziierten oder unlöslichen Verbindung, so kann das Leitvermögen des Systems gleichbleiben oder abnehmen oder zunehmen, je nachdem die verschwindende Ionenart eine gleiche oder eine größere oder kleinere Ionenbeweglichkeit besitzt als die nach Zusatz des zweiten Elektrolyten neu auftretende Ionenart. Mißt man die Leitfähigkeit während der Titration (während des Zufügens des zweiten Elektrolyten) und stellt die erhaltenen Daten graphisch dar, so erhält man im allgemeinen zwei Gerade, die sich im Äquivalenzpunkt schneiden. Die Ermittlung dieses Schnittpunktes ist daher gleichbedeutend mit der Ermittlung des Äquivalenzpunktes. So erhält man bei der Neutralisation einer starken Säure, z. B. Salzsäure, mit einer starken Lauge, z. B. Natronlauge, zwei sich schneidende Gerade, da die schnell beweglichen Wasserstoffionen fortgenommen werden und an ihre Stelle die viel schlechter leitenden Natriumionen treten. Beim Äquivalenzpunkt, d. i. beim Schnittpunkt der Neutralisations- und Laugengeraden, ist die ursprüngliche Menge Salzsäure durch eine äquivalente Menge Chlornatrium ersetzt.

Wir wollen die Anwendung der konduktometrischen Titration an der Chlorbestimmung im Harn nach dem Verfahren von BUDAY[2]) zeigen.

Hierzu ist außer den Geräten zur Leitfähigkeitsbestimmung ein Leitfähigkeitsgefäß nach DUTOIT nötig.

---

[1]) Vgl. J. M. KOLTHOFF: Konduktometrische Titration. Dresden-Leipzig: Steinkopf 1923.
[2]) Biochem. Zeitschr. **200**, 166. 1928.

Abb. 32. Das Widerstandsgefäß dient gleichzeitig als Titriergefäß. Das zylindrische Glas hat einen Inhalt von etwa 100—150 ccm. Unten sind zwei vertikal stehende Platinelektroden angebracht. Die Platinelektroden sind an Platindrähte geschweißt, welche durch das Glas des Gefäßes geschmolzen sind. Außerhalb des Gefäßes sind sie an dicke Kupferdrähte geschweißt. Das ganze Gefäß steht in einem geeigneten Paraffinklotz oder Block von hartem Holz, worin zwei Näpfe angebracht sind, welche mit Quecksilber gefüllt sind. In die letzteren münden die Kupferdrähte und zudem die Zuleitungsdrähte vom Rheostaten und Meßdraht. Um den Abstand zwischen den Elektroden möglichst ungeändert zu lassen, sind die Platindrähte durch ein Stückchen Glas verschmolzen, wie es in der Abbildung angegeben ist. Das Gefäß hat zwei Öffnungen; durch die mittelste wird ein in Zehntelgrade geteiltes Thermometer gesteckt, durch das andere das Ende der in hundertstel Kubikzentimeter geteilten Bürette. Die Elektroden werden mit einer 3proz. Platinchloridlösung, zu der $^1/_{40}$% Bleiazetat hinzugesetzt ist, platiniert. Die Kapazität des Gefäßes soll in der Größenordnung von 0,35 liegen.

Zur Chlorbestimmung braucht der Harn nicht eiweißfrei zu sein, doch lassen sich stark blutige Harne nicht verwenden. 10 ccm einer 10fachen Harnverdünnung, entsprechend 1 ccm Harn (es können auch 0,25 ccm Harn angewandt werden, doch ist es dann zweckmäßig, ein Gefäß kleinerer Kapazität zu wählen, als oben angegeben), werden in das Titrationsgefäß gebracht, mit 5—10 Tropfen einer 1proz. Salpetersäure versetzt — bei eiweißhaltigem Harn werden 15—20 Tropfen verwandt — und so weit mit Aqua dest. verdünnt, daß die Elektroden völlig in die Flüssigkeit eintauchen. Dann fügt man aus der Mikrobürette eine genau gemessene Menge 0,1 n-Silbernitratlösung hinzu und liest den Wert an der Brücke entsprechend der üblichen Leitfähigkeitsbestimmung beim Tonminimum ab. Nach jedem Zusatz von Reagens schüttelt man die Flüssigkeit um. Man braucht dazu nicht das Gefäß aus dem Klotz zu nehmen, sondern kann den ganzen Apparat mit der Hand hin und her bewegen. Die Kapazität des Gefäßes braucht nicht bestimmt zu werden, auch ist die Messung der Temperatur überflüssig. Wesentlich ist, ein gutes Tonminimum zu bekommen, um Zehntelmillimeter gut schätzen zu können. Die den auf der Brücke abgelesenen Werten entsprechenden Zahlen werden als Ordinaten, die zugefügten ccm Reagens als Abszissen aufgetragen.

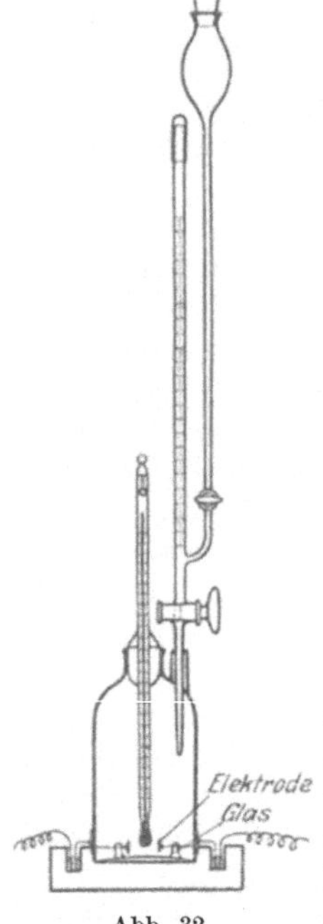

Abb. 32.

Zunächst stellt man eine Orientierungstitration an, indem man je 0,2 ccm der Titrierflüssigkeit zugibt und aus den Kurvenknickpunkten feststellt, wo ungefähr der Neutralisationspunkt liegt. Dann wird eine neue Probe genommen, diese in der Nähe des Neutralisationspunktes titriert, die Titerflüssigkeit tropfenweise zugegeben, nach jedem Tropfen umgeschüttelt und am Telephon beobachtet. Es scheint zunächst, als ob sich die Lage des Tonminimums bis zur Erreichung des Neutralisationspunktes nicht ändert. Erst nach Überschreitung des Neutralisationspunktes erhält man einen starken Ausschlag nach einer anderen Kurvenrichtung.

Man titriert daher eine Spur über und zieht von dem an der Bürette abgelesenen Wert den letzten Tropfen bzw. einen Bruchteil desselben ab. **Berechnung.** 1 ccm 0,1 n-Silbernitratlösung entspricht $0{,}00354_6$ g Cl = 0,00585 g NaCl.

XIV. Messung elektromotorischer Kräfte.

Die Messung elektromotorischer Kräfte hat sich als eine Methode von unabsehbarer Fruchtbarkeit für die Biochemie erwiesen. Sie übertrifft die Leitfähigkeitsmessungen an Vielseitigkeit der Verwendungsmöglichkeit und an Eindeutigkeit der Befunde bei weitem. Sie ist die Grundlage für die Messung der h; alle anderen Methoden der h-Messung müssen durch diese geeicht werden. Ihr Anwendungsgebiet erweitert sich ständig.

Die Entstehung der elektrischen Potentialdifferenz an der Grenze eines Metalls gegen eine Flüssigkeit kann man sich folgendermaßen vorstellen. Die Atome an der Metalloberfläche haben das Bestreben, in Lösung zu gehen. Dies ist nur möglich, wenn sie ein Elektron, also eine negative elektrische Ladung, im Metall zurücklassen und selbst als positiv geladene Ionen in Lösung gehen. Eine unbeschränkte Trennung der entgegengesetzten Elektrizitäten wird aber verhindert durch die Anziehung entgegengesetzter Ladungen. Es bildet sich eine Schicht negativer Ladung auf der Metalloberfläche und in einer gewissen Entfernung davon in der Flüssigkeit eine Schicht positiv geladener Ionen. Das Gleichgewicht wird dadurch vorgeschrieben, daß der elektrolytische Lösungsdruck des Metalls durch die elektrische Gegenkraft gerade kompensiert wird. Die elektrische Gegenkraft ist der Unterschied des Potentials der beiden Schichten. Das Potential innerhalb einer Schicht soll heißen: das Potential, welches sämtliche elektrische Ladungen beider Schichten zusammen auf einen beliebigen Punkt der einen Schicht ausüben. Alle Punkte innerhalb einer Schicht haben das gleiche Potential, aber zwischen jedem Punkt der einen Schicht und jedem Punkt der anderen Schicht besteht ein bestimmter Potentialunterschied. Dieser ist um so größer, je dichter die Schichten elektrisch belegt sind, d. h. je mehr Ionen bzw. Elektronen in 1 qcm sind, und zweitens, je entfernter die Schichten voneinander sind. Eine bestimmte Potentialdifferenz kann daher auf ganz verschiedene Weise erzeugt werden. Verdoppelt man die elektrische Dichte der Schichten und halbiert gleichzeitig ihre Entfernung, so bleibt der Potentialunterschied ungeändert. Die elektromotorischen Erscheinungen werden aber nur durch den Potentialunterschied bestimmt. Wird eine elektrische Ladung durch das Metall hindurch in die Lösung transportiert, so findet diese keine elektrische Gegenkraft innerhalb des Metalls. Beim Überschreiten der Grenze gelangt sie plötzlich in einen Raum von anderem Potential. Hierbei leistet die bewegte Elektrizität Arbeit oder verbraucht Arbeit, je nachdem das Potential fällt oder zunimmt. Sobald die Grenze überschritten ist, geschieht der Transport wieder kräftefrei.

Der Potentialsprung an der Grenze hängt ab erstens von der Natur des Metalls. Je unedler dieses ist, um so größer ist die Kraft, mit der es Ionen in die Lösung zu treiben sucht. Zweitens hängt sie ab von der Konzentration der Ionen dieses Metalls, welche in der Lösung schon vorhanden ist. Je mehr Ionen in Lösung sind, um so größer ist das Widerstreben der Lösung, neue Ionen aufzunehmen. Drittens hängt der Potentialunterschied von der Temperatur ab. Der Potentialunterschied an der Grenze ist so bei einem einwertigen Metall

$$E = -RT \ln c + C$$
$$= -0{,}001983 \cdot T \log_{10} c + C \,.$$

Hier ist C die für die Metallart charakteristische Konstante, c die Konzentration der Ionen dieses Metalls in der Lösung, T die absolute Temperatur und R die Gaskonstante, welche, wenn das Potential in Volt ausgedrückt und gleichzeitig die natürlichen in dekadische Logarithmen verwandelt werden, den oben angegebenen Zahlenwert hat. Besteht eine Kette aus zwei Elektroden des gleichen Metalls, welche in zwei Lösungen von verschiedener Konzentration der zugehörigen Ionenart tauchen, so ist die elektromotorische Kraft E gleich der Differenz der beiden Potentialsprünge, also

$$E = E_1 - E_2 = 0{,}001983 \cdot T \log \frac{c_2}{c_1} \,.$$

Vorausgesetzt ist dabei, daß an der Berührung der beiden Lösungen nicht ein neuer Potentialsprung hinzukommt. Dies kann man durch geeignete Vorrichtungen praktisch annähernd erreichen. — In den folgenden Übungen werden die Methoden und Apparate zur Messung von elektromotorischen Kräften gezeigt.

68. Übung.
Herstellung eines Normalelements[1]).

Ein Normalelement ist ein galvanisches Element mit genau bekannter elektromotorischer Kraft, welches als Vergleichswert zur Messung anderer elektromotorischer Kräfte benutzt wird.

Das gebräuchlichste Normalelement ist das Kadmium-Normalelement. Das Gefäß dieses Elements (Abb. 33) hat eine **H**-förmige Form und ist mit zwei eingeschmolzenen Platindrähten versehen, die zu den Klemmschrauben führen. Man braucht zu seiner Füllung folgende Reagenzien:

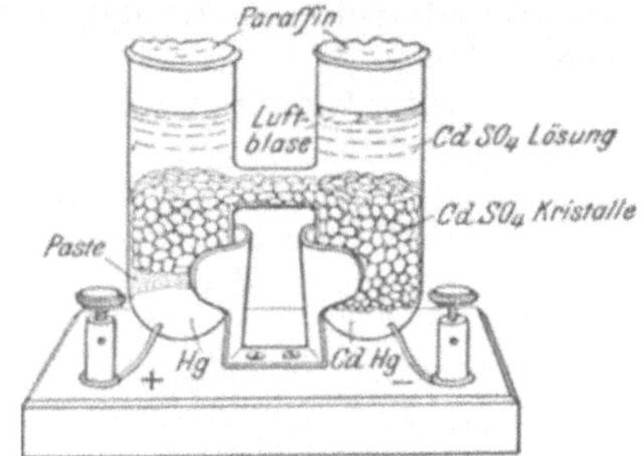

Abb. 33. Normalelement.

1. Reines Quecksilber. Dasselbe kann aus käuflichem, reinem, destilliertem Quecksilber folgendermaßen bereitet werden. In einer 50 ccm fassenden Flasche werden 20 ccm Quecksilber mit 20 ccm einer etwa 1proz. Lösung von Merkuronitrat (nicht Merkurinitrat)[2]) und einigen Tropfen Salpetersäure $^1/_2$ Stunde lang heftig geschüttelt, die Lösung von Hg abgegossen, das Quecksilber mit destilliertem Wasser gewaschen und diese Prozedur noch einmal wiederholt. Nachdem das Hg gründlich mit destilliertem Wasser gewaschen ist, wird der Inhalt der ganzen Flasche in eine Porzellanschale gegossen, das Wasser abgegossen und der Rest mit Bäuschen von Filtrierpapier aufgesaugt. Will man das Hg noch filtrieren, so geschieht das durch ein Filter, in dessen Spitze mit einer Glasnadel einige feine Löcher gebohrt sind.

---

[1]) Im wesentlichen nach OSTWALD-LUTHER: Physiko-chemische Messungen.

[2]) Vor dem Auflösen des Merkuronitrats in Wasser versetzt man das Salz mit einigen Tropfen verdünnter Salpetersäure und wenig Wasser. Erst nachdem sich alles Salz gelöst hat, füllt man auf das gewünschte Volumen auf.

2. Reines Kadmium. Man bestelle es gleich in Stücken von 1—2 g, da es sich sehr schwer zerschlagen läßt. Das reinste Kadmium von Kahlbaum war bisher immer brauchbar (d. h. absolut Zn-frei). Über die Reinheitsprüfung des Kadmiums siehe Ostwald-Luther, Physiko-chemische Messungen.

3. Reines Kadmiumsulfat und eine gesättigte Lösung desselben, etwa 50 ccm. Diese Lösung wird einige Tage vorher angesetzt, da die Sättigung nur langsam erfolgt.

4. Merkurosulfat (nicht Merkurisulfat). Es wird von allen löslichen Hg-Salzen dadurch befreit, daß man es in einem Bechergläschen mit einigen Kubikzentimetern der Kadmiumsulfatlösung einige Minuten wäscht, dekantiert, und dies dreimal wiederholt. Zum Schluß wird die Lösung, soweit es geht, abgegossen und verworfen.

Gleichzeitig bereite man Kadmiumamalgam. Ein abgewogenes Stück Kadmium (etwa 2 g) wird mit der 6—8fachen Gewichtsmenge (nicht mehr und nicht weniger!) des reinen Quecksilbers in einer Porzellanschale zusammengeschmolzen, ein wenig gekühlt und noch flüssig in den einen Schenkel des H-Gefäßes so weit eingefüllt, daß der eingeschmolzene Platindraht sehr reichlich bedeckt ist. Das Amalgam erstarrt bald. Diesen Pol des Elements markiere man sofort als den negativen.

In den anderen Schenkel wird etwa ebensoviel reines Quecksilber eingefüllt. Das währenddessen gewaschene, noch feuchte Merkurosulfat wird nunmehr mit einigen Tropfen Quecksilber und ganz wenig Kadmiumsulfatlösung in einer Reibschale zu einem gleichmäßigen grauen Brei verrührt. Von diesem gieße man auf das Quecksilber (nicht auf das Amalgam!) eine etwa 5 mm hohe Schicht. Nun fülle man beide Schenkel locker mit groben Kristallstücken von Kadmiumsulfat und mit der gesättigten Kadmiumsulfatlösung. Die Öffnungen werden mit nicht überstehenden, einigermaßen schließenden Korkscheiben verschlossen. Mindestens unter einer derselben muß eine Luftblase bleiben, um Wärmeausdehnung der Flüssigkeit zu gestatten. Die Korken werden mit geschmolzenem Paraffin oder Siegellack gedichtet und befestigt. Das Element kann sogleich benutzt werden. Es ist das Eichungsinstrument für elektromotorische Kräfte. Seine EMK beträgt bei Zimmertemperatur 1,0187 Volt und hängt innerhalb aller in Betracht kommenden Temperaturintervalle kaum von der Temperatur ab. Je nach der Reinheit der angewandten Materialien können kleine Abweichungen vorkommen; bei reinen Materialien ist der erlaubte Fehler $\pm$ 0,0002 Volt. Es kann durch Vergleich mit einem von der physikalisch-technischen Reichsanstalt ge-

eichten „transportablen Westonelement" geeicht werden. Die
Eichung des „Gebrauchselements" erfolgt auf die Weise, daß mit
der gleich zu beschreibenden Kompensationsmethode mit Hilfe
eines amtlich geeichten Elements die EMK eines Akkumulators
bestimmt wird, und dann mit Hilfe dieses Akkumulators sofort
hinterher die EMK des zu prüfenden Elements. Das „Westonelement" enthält kein überschüssiges $CdSO_4$, sondern bei 4° gesättigte Lösung. Seine EMK soll 1,0186 Volt bei Zimmertemperatur (innerhalb aller in Betracht kommenden Temperaturschwankungen) betragen. Die Haltbarkeit eines Kadmiumelements ist unbegrenzt, wenn man ihm keinen Strom entnimmt, wenn es also immer nur in ganz oder nahezu kompen-
sierter Schaltung zur Eichung des Akkumulators benutzt wird.
Ist einmal vorübergehender Kurzschluß vorgekommen, so kann
die EMK um mehrere Millivolt sinken, erholt sich aber nach
einigen Stunden wieder. Man benutzt zur Arbeit immer nur das
selbstgefertigte Kadmiumelement. Das geeichte Westonelement
dient nur zur gelegentlichen Kontrolle des
Arbeitselements.

69. Übung.

Der Gebrauch des Kapillarelektrometers.

Das Kapillarelektrometer besteht aus
einem Stativ mit kleinem Mikroskop
(50fache Vergrößerung), dem Elektrometerrohr und dem Kurzschluß. Das
Stativ dient dazu, das Elektrometerrohr
in richtiger Weise vor dem Mikroskop einstellen zu können. Als Elektrometerrohr benutzt man am besten eine geschlossene Form,
wie nebenstehende Abbildung (Abb. 34). D ist
ein Deckgläschen, welches mit Kanadabalsam
aufgekittet wird. Die Dicke der Kapillare
ist von größter Wichtigkeit für die Empfindlichkeit des Instrumentes. Sie soll nicht
zu weit sein; aber auch nicht zu eng, weil
dann das Hg oft nicht frei spielt. Vor

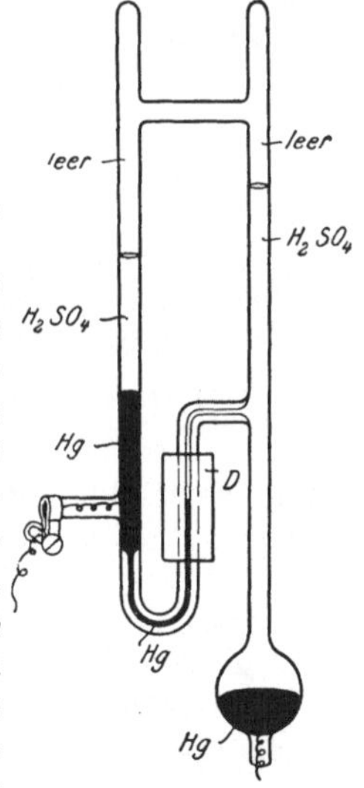

Abb. 34. Kapillar-
elektrometer.

dem Instandsetzen des Apparates wird durch geeignetes Kippen
der größere Teil des Quecksilbers zunächst in das nicht zur
Kugel erweiterte Glasrohr gebracht. Nunmehr halte man das
Rohr fast senkrecht, so, daß das Glaskugelende nur leicht

nach unten geneigt ist, und lasse so viel Quecksilber durch die Kapillare in die Kugel übertropfen, daß, wenn das Abtropfen durch plötzliches Aufrichten des Kugelendes unterbrochen wird, sein Meniskus etwa in der Mitte des Deckglases stehenbleibt. Nunmehr wird das Rohr am Stativ befestigt und so eingestellt, daß man den Meniskus scharf im Mikroskop sieht. Künstliche Beleuchtung ist bei geeignetem Licht (Tisch am Fenster) nicht erforderlich. Die Verbindungsdrähte werden wie in dem Schema Abb. 35 geschaltet. Es müssen gut isolierte Drähte genommen werden für alle Leitungen. c stellt den „Kurzschluß" dar. Er ist zweckmäßig auf dem Fuß des Stativ befestigt als ein Quecksilbertauchkontakt oder als Winkelhebelkontakt. Die mit Pfeilen bezeichneten Leitungsdrähte sind für Zu- und Abfuhr des zu messenden Stroms bestimmt; auf ihrem Wege muß sich irgendwo eine Unterbrechungsstelle befinden, die nur im Augenblick der Messung kurze Zeit (1 Sekunde und weniger) geschlossen wird. Der Kurzschluß dagegen muß dauernd geschlossen sein und wird nur ganz unmittelbar vor jeder Messung geöffnet und nach derselben (d. h. 1 Sekunde später) wieder geschlossen. Das auf dem Stativ montierte Elektrometerrohr muß zunächst mehrere Stunden, am besten 24 Stunden, bei geschlossenem Kurzschluß stehen bleiben. Es ist brauchbar, sobald es folgende Proben besteht: 1. Wenn man den Kurzschluß öffnet (so wenig wie irgend möglich mit den Fingern anfassen!), muß der Meniskus in Ruhe bleiben oder jedenfalls in einigen Sekunden keine größere Bewegung machen. 2. Wenn man vorsichtig nunmehr bei geöffnetem Kurzschluß einen schwachen Strom durchschickt, muß er sich deutlich bewegen. Einen solchen Prüfungsstrom erzeugt man einfach folgendermaßen. Man steckt in die beiden Klemmschrauben des Kurzschlusses statt der mit Pfeilen bezeichneten Drähte (Abb. 35) zwei kurze einzelne Drähte aus ungleichem Metall (z. B. Cu-Messing oder selbst nur zwei Messingproben, oder Cu-Fe; schließlich bestehen die Klemmschrauben selber niemals aus ganz gleichem Metall) und berührt, nachdem man kurz vorher den Kurzschluß geöffnet hat, die beiden Drähte

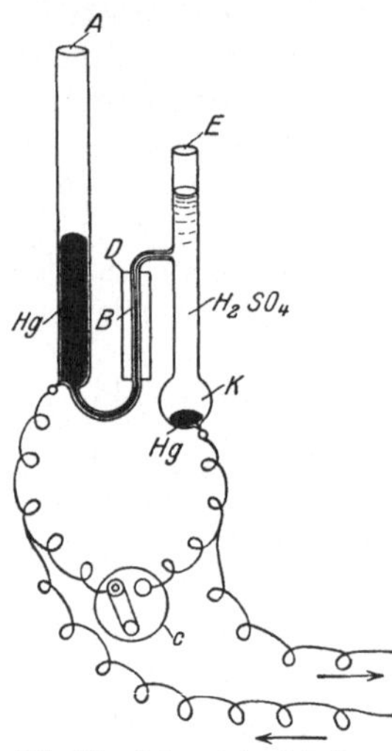

Abb. 35. Schema der Schaltung des Kapillarelektrometers.

mit zwei verschiedenen, nicht allzu trocknen Fingern. Der Meniskus muß sich kräftig bewegen. Wechselt man die Drähte um, muß er sich ebenso leicht nach der anderen Seite bewegen. Man warte bei diesen Beobachtungen nicht, bis der Stand des Meniskus konstant geworden ist. Bloße Konstatierung einer Bewegung über mehrere Striche des Mikrometerokulars genügt; dann schließe man sofort wieder kurz.

Ist das Elektrometer unempfindlich, so wird es oft durch folgenden Kunstgriff empfindlicher. Man schicke einen Strom (wie oben) längere Zeit (minutenlang) hindurch in derjenigen Richtung, daß der Meniskus im Mikroskop nach oben (in Wirklichkeit nach unten) geht. (Niemals aber schicke man längere Zeit einen Strom durch, bei dem der Meniskus im Mikroskop nach unten geht; dann entwickelt sich am Meniskus eine Wasserstoffblase, und das Elektrometer muß ganz von vorn wieder in Ordnung gebracht werden.) Dann schließt man wieder kurz, bis die oben angegebenen Prüfungszeichen richtig ausfallen. Bei guter Behandlung bleibt ein Meniskus über Monate brauchbar. Der Anfänger wird ihn häufig erneuern müssen.

Da heute genügend empfindliche und doch robuste Galvanometer in verschiedenster Ausführung erhältlich sind, liegt kein Grund mehr vor, das Kapillarelektrometer vorzuziehen. Für viele Zwecke ist schon ein Zeigergalvanometer mit einer Empfindlichkeit von 10^{-7} Ampere pro Skalenstrich genügend. Ein Spiegelgalvanometer (Typus K von LEEDS und NORTHRUP) mit einer Empfindlichkeit von 1 bis $2 \cdot 10^{-8}$ Ampere genügt wohl allen Zwecken und ist von derselben Stabilität wie ein Zeigergalvanometer. Ein großes Spiegelgalvanometer mit einer Empfindlichkeit $< 10^{-8}$ Ampere pro Skalenstrich ist für die Zwecke dieser Übungen niemals erforderlich.

70. Übung.

Herstellung der Kompensationsschaltung zur Messung elektromotorischer Kräfte mit Hilfe eines Meßdrahtes.

Alle Leitungsdrähte müssen bis auf ihre Enden gut isoliert sein. Die Enden der Drähte müssen blank geputzt werden. Kontaktstellen, besonders federnde oder schleifende Kontakte (z. B. am Kurzschluß des Elektrometers in dem beschriebenen Modell) müssen gelegentlich mit einem Tropfen Petroleum befeuchtet werden.

Die Schaltung geschieht nach dem Schema Abb. 36. A ist ein Akkumulator, BC der Meßdraht (wie bei der Leitfähigkeitsmessung), D der Schleifkontakt. G ist das Kapillarelektrometer, H das in Frage stehende galvanische Element, in unserem Falle das Kadmiumelement. Man achte genau auf die Stellung der Pole von Akkumulator und Kadmiumelement! Andernfalls kompensieren sich die elektromotorischen Kräfte nicht, sondern addieren sich; das Normalelement und das Elektrometer werden auf lange Zeit unbrauchbar gemacht.

Nicht in der Abbildung gezeichnet, aber nicht zu vergessen ist ein Kontakt zum Öffnen und Schließen zwischen A und B, und ein zweiter irgendwo auf der Strecke DGHC. Der Stromkreis ABDCA heißt der Hauptstromkreis. Er wird einige Zeit vor Beginn des Versuchs geschlossen und kann am besten die ganze Zeit des Versuchs geschlossen bleiben. Die Drähte AB und AC müssen stark (1 mm) und nicht überflüssig lang sein.

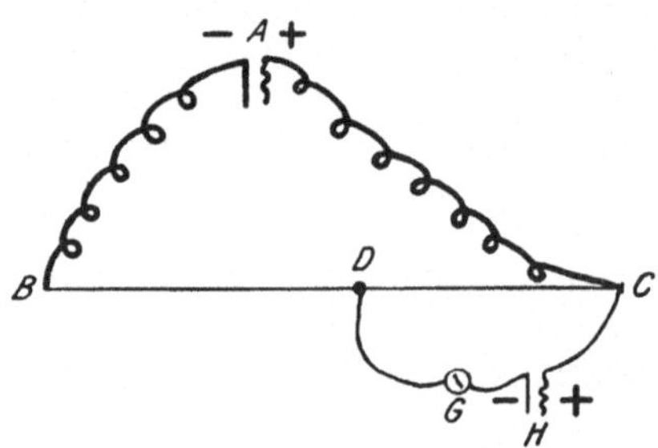

Abb. 36. Schema der Kompensationsschaltung.

Der Kreis DGHCD heißt der Nebenstromkreis. Die Drähte in demselben dürfen beliebig dünn sein.

Der Stromweg DGHC muß zunächst ungeschlossen bleiben (der Kurzschluß des Elektrometers natürlich geschlossen!); H soll also zunächst repräsentiert werden durch das Kadmiumelement. Man stelle den Schleifkontakt D etwa in die Mitte des Meßdrahtes. Das ist die Grundstellung des Apparates, von der wir immer wieder ausgehen.

71. Übung.

Messung der EMK des Akkumulators.

Der Akkumulator hat frisch nach der Ladung eine EMK von merklich mehr als 2 Volt. Man lasse den Hauptstromkreis, wenn der Akkumulator frisch geladen ist, erst einige Zeit geschlossen. Dann fällt die EMK ein wenig und hält sich lange Zeit konstant gegen 2—1,85 Volt, ganz allmählich abnehmend. Sobald sie 1,85 Volt erreicht, lade man neu auf. Im Zustande mittlerer Ladung (bei etwa 2 Volt) bleibt die EMK sehr lange gleich. In diesem Zustande beginne man die Messung seiner EMK, von der Grundstellung ausgehend, folgendermaßen: 1. Schließen des Hauptstromkreises. 2. Öffnen des Elektrometerkurzschlusses, rasch beobachten, ob der Meniskus des Elektrometers in 1—2 Sekunden sich nicht ändert, dann sofort auf einen Bruchteil einer Sekunde den Nebenstromkreis schließen, indem man gleichzeitig das Elektrometer beobachtet. Sobald man die Bewegung desselben gesehen hat, den Nebenstromkreis wieder öffnen; 3. Kurzschluß des Elektrometers wieder schließen.

Man hat nun beobachtet, ob der Meniskus nach oben oder nach unten gegangen ist. Nun verstellt man den Schleifkontakt D ein wenig, wiederholt das Ganze und beobachtet, ob der Ausschlag des Elektrometers größer oder kleiner wird. Je nach dem erhaltenen Resultat verschiebt man nun den Schleifkontakt D nach der Richtung, daß der Ausschlag voraussichtlich kleiner wird, und wiederholt die Beobachtung. Man verschiebt weiter, bis der Ausschlag nach der anderen Seite erfolgt, und sucht diejenige Stelle auf, bei der der Ausschlag $= 0$ wird. Wird der Elektrometerausschlag kleiner und kleiner (3—4 Teilstriche des Mikrometerokulars), so kann man den Nebenstromkreis etwas länger zur Beobachtung geschlossen halten. Ist der Ausschlag nur noch spurenweise, aber erst dann, so kann man zur definitiven Aufsuchung der Nullstellung besser folgendes Verfahren anwenden: 1. Öffnen des Elektrometerkurzschlusses, 2. Schließen des Nebenstromkreises auf 2—3 Sekunden, ins Mikroskop blicken und dann den Elektrometerkurzschluß plötzlich schließen. Man sieht das Elektrometer in seine Ruhestellung zurückkehren. Dieses Zurückzucken geht schneller als das Umgekehrte, ist daher leichter zu beobachten. Dann sofort wieder den Nebenstromkreis öffnen. Mit diesem Verfahren findet man die wirkliche Nullstellung innerhalb eines Bruchteiles eines Millimeters des Meßdrahtes genau.

Ein gut empfindliches Elektrometer soll, wenn die Stellung um 1 mm von der Nullstellung entfernt ist, einen Ausschlag von 2—4 Teilstrichen des Okularmikrometers geben. Man prüfe hiernach die Empfindlichkeit des Elektrometers gelegentlich.

Berechnung des Versuchs. Da der Widerstand AB + AC gegenüber dem Meßdraht vernachlässigt werden kann, ist zwischen B und C dieselbe Potentialdifferenz wie zwischen den Klemmen des Akkumulators, E_{Acc}. Es ist nun bei Nullstellung die EMK des Kadmiumelements, E_{Cad}, gleich der Potentialdifferenz zwischen D und C (E_{DC}).

Nun ist

$$E_{DC} : E_{BC} = \text{Länge}_{DC} : \text{Länge}_{BC}.$$

Also die gesuchte EMK des Akkumulators, E_{BC},

$$E_{BC} = E_{DC} \cdot \frac{\text{Länge}_{BC}}{\text{Länge}_{DC}}$$

oder

$$E_{Acc} = E_{Cad} \cdot \frac{BC}{DC}.$$

(Man beachte, daß hier das Verhältnis $BC : DC$ maßgeblich ist, während bei der Leitfähigkeitsmessung $BD : DC$ gesucht wird!) Ist also z. B.

$$E_{Cad} = 1,0185 \text{ Volt}, \quad BC = 1000 \text{ mm}, \quad DC = 555,5 \text{ mm},$$

so ist

$$E_{Acc} = 1,0185 \cdot 1000 : 555,5 = 1,8335 \text{ Volt}.$$

72. Übung.

Der Gebrauch der Rheostaten mit Vorschaltwiderstand[1]).

Direkte Ablesung der Millivolt.

Wer viel Messungen macht, dem sei folgendes Verfahren empfohlen: An Stelle des Meßdrahtes BDC in Abb. 36 benutze man zwei Rheostatenkästen in der Schaltung der Abb. 37. Jeder Kasten hat einen Satz von 1, 2, 2, 5, 10, 20, 20, 50, 100, 200, 200, 500 Ohm (zusammen 1110 Ohm). Die Stöpsel des linken Rheostaten entferne man vor der Messung völlig. Wenn man jetzt z. B. den 50-Ohm-Stöpsel des rechten Kastens auf die entsprechende Stelle des linken steckt, ist es dasselbe, als wenn man an einem 1110 mm langen Meßdraht den Schleifkontakt von seinem äußersten rechten Ende 50 mm nach links gerückt hätte. Jedes Ohm, welches man vom rechten Kasten zum linken befördert, bewirkt, daß der Potentialabfall zwischen D und C um $^1/_{1110}$ des ganzen Akkumulatorwertes vermehrt wird. Der Abfall zwischen D und C ist also den aus dem rechten Kasten in den linken übertragenen Ohmzahlen proportional. Man kann diesen Proportionalitätsfaktor der Bequemlichkeit wegen so einrichten, daß jedes Ohm ein Millivolt bedeutet. Zu diesem Zweck braucht man nur die EMK des Akkumulators durch einen Vorschaltwiderstand so zu schwächen, daß, wenn 1018,5 Ohm nach links herübergestöpselt sind, gegen das Kadmiumelement Stromlosigkeit herrscht. Der Vorschaltwiderstand ist ein regulierbarer Gleit-

---

[1]) MICHAELIS, L.: Die Wasserstoffionenkonzentration, 2. Aufl. Berlin: Julius Springer 1922.

widerstand von insgesamt 1500—2500 Ohm (Abb. 37), mit einer groben und einer feinen Regulierung, ohne sonstige Kalibrierung. Man verfährt also folgendermaßen:

Man entfernt alle Stöpsel des linken Rheostaten und bringt 1018 Ohm von rechts nach links. Man stellt zunächst den Vorschaltwiderstand etwa in mittlerer Stellung des Gleitkontaktes ein und macht wie früher eine Ablesung am Kapillarelektrometer. Man sucht nun diejenige Stellung des Vorschaltwiderstandes heraus, bei welcher Stromlosigkeit ist. Genauer: man sucht diejenige Stellung, bei der die Stöpselung 1018 Ohm einen kleinen Ausschlag des Elektrometers in der einen Richtung, 1019 einen ebensolchen in der anderen Richtung gibt. Wenn man so arbeitet, braucht man niemals die EMK des Akkumu-

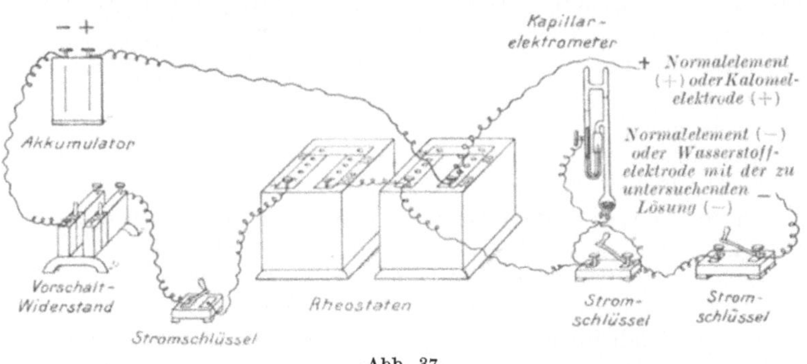

Abb. 37.

lators selbst zu kennen. Man reguliert nur immer den Vorschaltwiderstand, daß er der obigen Bedingung genügt. Dann bedeutet bei den nunmehr folgenden Messungen unbekannter elektromotorischer Kräfte, welche an die Stelle des Kadmiumelements gesetzt werden, jedes Ohm, das von rechts nach links gesetzt werden muß, um Ruhe des Elektrometers zu erreichen, genau ein Millivolt. Die Zehntel-Millivolt werden geschätzt. Hiermit ist der Apparat für die Messung einer beliebigen EMK vorbereitet.

Eine noch feinere Abstufung erhält man auf folgende Weise: Zwischen die beiden Rheostaten wird in den Stromkreis noch ein Meßdraht mit Gleitkontakt eingeschaltet, von derselben Art wie der Meßdraht des Leitfähigkeitsapparates, aber viel kürzer. Die ganze Länge des Meßdrahtes hat einen Widerstand von 1 Ohm (oder auch 2 Ohm), die Skala ist in $^1/_{10}$ Ohm eingeteilt. Die eine Abzweigung des Nebenstromkreises beginnt dann nicht, wie in Abb. 37, an der Klemmschraube des Rheostaten, sondern an dem Gleitkontakt des Meßdrahtes. Durch Verschieben des Gleitkontaktes können Bruchteile eines Ohms verteilt werden. Ein solcher

Meßdraht kann aus einem Holzbrett, einem Stück Nickelin- oder Konstantandraht von 0,5—1 mm Dicke, welches zu einem Gesamtwiderstand von 1 Ohm (oder 2 Ohm) bemessen und an zwei Kupferbleche angelötet ist, leicht improvisiert werden. Der Gleitkontakt kann durch die Kante eines Messingbleches dargestellt werden, welcher an einem Holzklotz, denselben etwas überragend, aufgenagelt ist.

73. Übung.

Messung mit dem Potentiometer.

In den letzten Jahren werden an Stelle der Meßdrähte und der Rheostatenkästen zur H-Ionenmessung Apparaturen benutzt, die das Meßverfahren sehr einfach gestalten. Diese Apparate führen den Namen Potentiometer. Meßdrähte, Widerstände, Spulen, Schalter, Drahtwindungen liegen in einem Kasten eingebaut, der außen nur wenige Drehknöpfe und Steckkontakte aufweist. Als Nullinstrument wird ein hochempfindliches Galvanometer benutzt.

Die Leitungsanordnung des Potentiometers von E. MISLOWITZER geht aus der Abbildung hervor.

Die Spannung der Batterie B fällt über einem Meßdraht $(A A_1)$ und einem Kurbelrheostaten $(A_1 F)$ ab, die hintereinander geschaltet sind. In demselben Stromkreis liegt noch der Regulierwiderstand RW. Mit Hilfe dieses Regulierwiderstandes ist es möglich, den Gesamtspannungsabfall über Meßdraht + Kurbelrheostat in bestimmten Grenzen zu verändern. Der zirkulär angeordnete Meßdraht ist von 0 bis 100 unterteilt. Jeder einzelne der 10 Widerstände des Kurbelrheostaten ist ebenso groß wie der Widerstand des ganzen Meßdrahtes. Dadurch ist der Gesamtwiderstand in 11 große und unter Zuhilfenahme der 100 kleinen Teile des Meßdrahtes in 1100 kleine Teile unterteilt. Wird nun an die Enden dieses Gesamtwiderstandes eine Spannung von genau 1100 Millivolt angelegt, so fällt über jedem kleinen Teil gerade ein Millivolt ab. Zur Kontrolle darüber, daß über Meßdraht + Kurbelrheostat genau 1100 Millivolt abfallen, wird an die Enden des Gesamtwiderstandes ein Präzisionsvoltmeter (G) angelegt. Dieses Voltmeter ist auf den einen Punkt, 1100 Millivolt, geeicht. Es ist ebenso wie bei der Rheostatenapparatur mit Vorschaltwiderstand (S. 172) einerlei, wie groß die genaue Klemmenspannung des Akkumulators B ist. Alles, was von der Spannung des Akkumulators über 1100 Millivolt hinausgeht, wird vom Regulierwiderstand RW unterdrückt.

Bei der Messung werden der Kurbelrheostat und der Kontakt C_1 auf dem Meßdraht so lange verstellt, bis das Galvanometer im

Teilstromkreis Stromlosigkeit anzeigt. Ist der Punkt erreicht, so fällt zwischen der Kurbel und dem Punkt C_1 eine Spannung ab, deren Größe für den großen Stromkreis und den Teilstromkreis dieselbe ist. Da in dem großen Stromkreis über jedem einzelnen Widerstandsschritt gerade ein Millivolt abfällt, so läßt sich aus der Zahl der zwischen C_1 und der Kurbel liegenden Widerstandsschritte die zwischen C_1 und der Kurbel liegende Spannung direkt in Millivolt ablesen. Diese Spannung ist nach erfolgter Kompensation gleich der unbekannten Spannung E_x ($-E$ und $+E$).

Die Regulierung der vom Akkumulator stammenden Hilfsspannung auf genau 1100 Millivolt und das Auffinden der Kompensationsstelle bei der eigentlichen Messung wird mit einem Meßinstrument durchgeführt. Zum Einregulieren der Teilspannung des Akkumulators auf 1100 Millivolt wird das Meßinstrument an die Enden des Meßdrahtes und des Kurbelrheostaten (A und F) angelegt. Bei dieser Schaltung liegt ein Ballastwiderstand (BW) von fast 100000 Ohm vor dem Meßinstrument, das

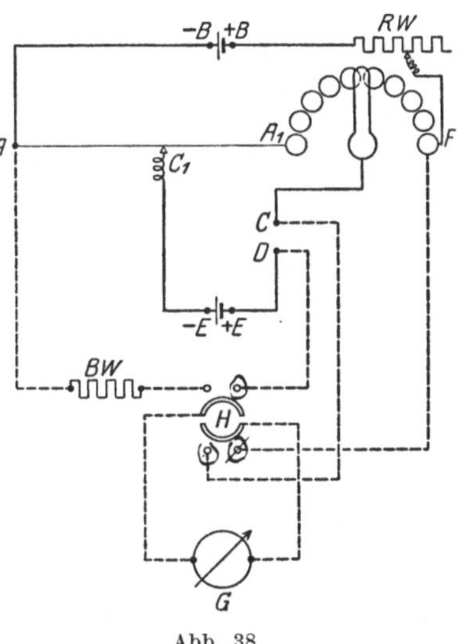

Abb. 38.

durch den hohen Widerstand als Voltmeter wirkt. Durch Betätigen eines Umschalters (in der Abbildung mit H bezeichnet) wird das Instrument von den Enden der Brückenwiderstände abgeschaltet und zugleich ohne Ballastwiderstand in den Teilstromkreis (bei C und D) gelegt. Hier dient es mit einer Empfindlichkeit von ca. 10^{-7} Ampere für jeden Teilstrich als gewöhnliches Nullinstrument.

Ausführung der Messung.

Zum Aufbau der Apparatur wird der Kompensationskasten auf den Tisch gestellt, das Meßinstrument links daneben. Durch Verstellen der 3 Stellschrauben, auf denen das Meßinstrument steht, wird es sorgfältig horizontal gestellt. Die Meßinstrumentlibelle zeigt die Horizontalstellung an. Dann wird der Deckel des Kompensationskastens aufgeklappt, der 2-Volt-Akkumulator durch Leitungsschnüre mit den Steckkontakten bei v und das Galvanometer mit den Steckkontakten bei G verbunden, beide Male unter

Berücksichtigung der Polbezeichnung. Jetzt entarretiere man
das Meßinstrument, indem man den Arretierhebel nach Entfernung des Sicherheitsstiftes von rechts nach links umlegt, und
überzeuge sich davon, ob der Zeiger genau auf Null steht oder
genau um die Nullage schwingt. Steht der Zeiger einen halben
oder einen Teilstrich vor oder hinter Null, so berücksichtige man
diese Differenz bei der folgenden Einstellung auf den 1100-Punkt.
Ist die Differenz aber größer als ein Teilstrich, so korrigiere man sie
durch Verstellen der Nullpunktschraube. Zu diesem Zwecke nehme
man den Glasdeckel von der Glasröhre ab, in der der Zeiger auf-
gehängt ist, und drehe vorsichtig mit einem Finger an der unter
dem Deckel befindlichen Hartgummischraube so lange, bis der

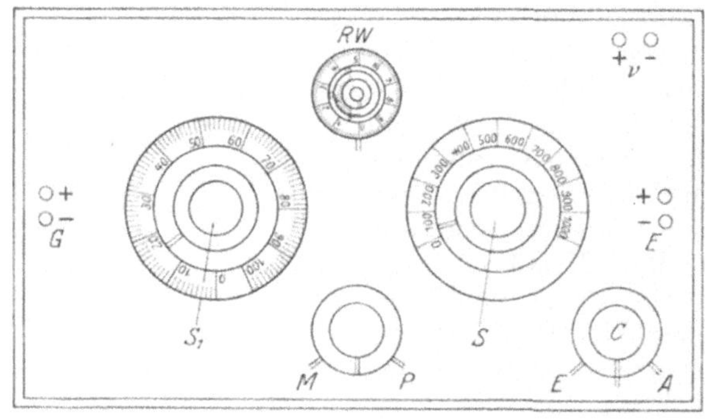

Abb. 39.

Zeiger genau über Null steht. Der bis dahin auf M (Messen)
zeigende Umschalter (vgl. Abb.) wird auf P (Prüfen) gestellt und
der rote Knopf am Regulierwiderstand RW so lange gedreht, bis
der Zeiger über der roten Marke bei dem 1100-Punkt steht. Stand
der Zeiger bei der Nullstellung ohne jede Abweichung über dem
Nullstrich, so wird er auch jetzt ganz genau auf den 1100-Strich
eingestellt. Andernfalls berücksichtige man jetzt eine kleine Abweichung der Nullpunktslage nach rechts oder links, indem man
den Zeiger um denselben Betrag nach rechts oder links von dem
1100-Punkt einreguliert. Ist das geschehen, so stelle man den
Umschalter von P auf M zurück. Nunmehr kann die eigentliche
Messung beginnen.

Das war die Einstellung der Apparatur ohne Benutzung eines
Normalelementes. Voraussetzung für diese Art Einstellung ist,
daß das Voltmeter in gutem Zustande ist. Will man sich auf die
Genauigkeit des Voltmeters nicht verlassen, so nehme man die

Einstellung der Apparatur mit Normalelement vor. Für diesen Fall bleibt der Umschalter stets auf M. Die P-Stellung, bei der das Instrument als Voltmeter wirkt, ist dann überflüssig.

Um mit einem Normalelement einzustellen, schalte man zunächst dieses Element an die Steckkontakte von E an und stelle die Brücke auf diejenige Millivoltzahl, die das Normalelement gerade aufweist. Hat es z. B. eine Spannung von 1018 Millivolt, so stelle man den rechten Drehrheostaten auf 1000 und den linken auf 18. Die Brückenstellung ist dann also 1018. Nun schalte man den Einschalter C von A vorsichtig nach E und beobachte dabei den Zeigerausschlag. Gibt der Zeiger schon bei der Zwischenstellung zwischen A und E einen Ausschlag, so schalte man gar nicht erst ganz bis E, um starke Ausschläge des Zeigers zu vermeiden. Gibt der Zeiger aber auf der Zwischenstellung des Einschalters nur einen schwachen oder gar keinen Ausschlag, dann schalte man den Einschalter völlig bis E ein. Durch abwechselndes Ein- und Ausschalten und Regulieren des Vorschaltwiderstandes suche man die Stelle, auf der der Zeiger auch bei schnellem Einschalten von A nach E weder nach rechts noch nach links ausschlägt. Hat man diesen Punkt gefunden, so ist die Einstellung des Apparates beendet, da jetzt über jedem Brückenschritt genau 1 Millivolt abfällt.

Zur Messung der unbekannten Potentialdifferenz nach vollzogener Einstellung der Apparatur wird die Elektrodenkette an die Steckkontakte bei E angelegt. Beide Drehrheostaten werden auf Null gestellt. Jetzt wird vorsichtig von A nach E geschaltet (meistens genügt die Mittelstellung) und der Ausschlag des Zeigers beachtet. Geht der Ausschlag nach rechts, so ist falsch gepolt, und die Elektrodenkette muß umgekehrt geschaltet werden (durch einfaches Umstecken der Stecker von E).

Geht der Zeigerausschlag nach links, so wird der rechte Drehrheostat auf 100 gestellt und der Einschalter gleich wieder von A nach E geschaltet; geht der Zeiger jetzt ebenfalls noch nach links, so wird der Drehrheostat auf 200 gestellt, dann auf 300, 400, 500 usw., bis der Zeiger nach rechts ausschlägt. Ist das z. B. bei 500 der Fall, so stelle man den rechten Rheostaten auf 400 zurück und suche nun mit dem linken Drehrheostaten die wirkliche Kompensationsstellung. Mit dem linken Drehrheostaten stelle man z. B. auf 20, 40, 60 usw. Schlägt der Zeiger bei 40 nach links, bei 60 nach rechts, so stelle man zuerst auf 45, dann auf 55, gabele also die Nullstellung ein. Sehr bald ist dann die wirkliche Ruhelage gefunden. Steht der linke Drehrheostat auf 48, wenn der Zeiger beim Ein- und Ausschalten keinen Ausschlag mehr

gibt, so beträgt die gemessene Spannung 400 + 48, also 448 Millivolt. Bei nicht zu großem Widerstand in der Kette läßt sich noch
weit genauer als auf 1 Millivolt einstellen. Die neuen im Handel befindlichen Instrumente ermöglichen die Ablesung von 0,5 und
0,25 Millivolt.

Der Fehler des Voltmeters kann dadurch festgestellt werden,
daß die Apparatur zunächst mit Hilfe des Normalelementes nach
guter Nullpunktskorrektion eingestellt und der Umschalter hinterher von M auf P gestellt wird. Jetzt schlägt der Zeiger aus. Stellt
er sich genau auf den 1100-Strich, so ist das Voltmeter fehlerfrei, im anderen Falle nicht fehlerfrei.

Die Größe dieses Fehlers läßt sich direkt in Millivolt messen.
Man stelle mit Hilfe der Voltmetereinstellung, also ohne Benutzung eines Normalelementes, nach guter Nullpunktskorrektur
den Zeiger unter Benutzung einer Lupe genau auf den 1100-
Strich, schalte dann von P auf M zurück und messe nun die
Spannung eines Normalelementes, das man bei E anlegt, indem
man die Kompensationsstellung sucht.

Mißt man z. B. jetzt statt 1018 Millivolt 1028 Millivolt, so
macht man bei allen Messungen pro 100 Millivolt einen Fehler
von 1 Millivolt. Der Fehler rührt daher, daß man den Zeiger auf
1100 eingestellt hat, obwohl das etwas nachgealterte Meßinstrument erst bei einer Spannung von 1111 Millivolt bis zu dem Strich
1100-Strich ausschlägt. Stellen wir bei diesem Beispiel die Apparaturen mit Hilfe eines Normalelementes ein und schalten dann
von M auf P, so wird der Zeiger nicht auf 1100 gehen, sondern
ca. 1,5 Teilstriche davor haltmachen; an diesem Punkte sollte
eigentlich die Marke 1100 sein. Wollte man mit diesem veränderten Instrument ohne Normalelement weiterhin fehlerfrei
arbeiten, so müßte man in Zukunft den Zeiger nicht mehr auf die
Marke 1100 einstellen, sondern 1,5 Teilstriche davor. Auf diese
Weise läßt sich also der Fehler eliminieren.

74. Übung.

Herstellung von Kalomelelektroden und
Cl-Konzentrationsketten mit solchen.

Eine Kalomelelektrode nennt man eine Elektrode aus Quecksilber, welches irgendeine mit Kalomel gesättigte Flüssigkeit berührt. Das Potential einer solchen Elektrode hängt von der
Zusammensetzung dieser Flüssigkeit ab. Wir wählen als Flüssigkeit zunächst eine 0,1 normale KCl-Lösung. Reinstes KCl (pro

analysi, KAHLBAUM) wird kurz schwach geglüht. Nach dem Erkalten im Exsikkator werden 74,56 g in Wasser gelöst und genau auf einen Liter (im Meßkolben) aufgelöst. Dies ist eine normale Lösung, von der man durch sehr genaues Verdünnen eine 10fache Verdünnung herstellt.

Als Elektrodengefäß benutzt man die nebenstehende Form (Abb. 40). Der Boden des Gefäßes wird mit einer Schicht reinen Quecksilbers (Reinigung s. S. 165) gefüllt, so weit, daß der Platinkontakt gut untertaucht.

Nun wasche man ein kleines Löffelchen voll Kalomel (das Präparat der Apotheken, oder von KAHLBAUM) in einer Schale mit etwa 30 ccm der später anzuwendenden (also 0,1 n-) KCl-Lösung. einige Minuten unter Umrühren mit einem Glasstab, lasse dann das Kalomel sich möglichst absetzen, gieße die Lösung ab und wiederhole das Waschen 5—6mal. Zum Schluß wird es mit etwas KCl-Lösung in das Elektrodengefäß hineingesogen. Der Pt-Kontaktstöpsel wird dabei am besten nicht herausgenommen, um die Platinspitze nicht zu verschmieren. Nachdem das Kalomel sich gesenkt hat (es braucht nur eine Schicht von minimaler Dicke zu bilden), saugt man das Gefäß mit der KCl-Lösung fast

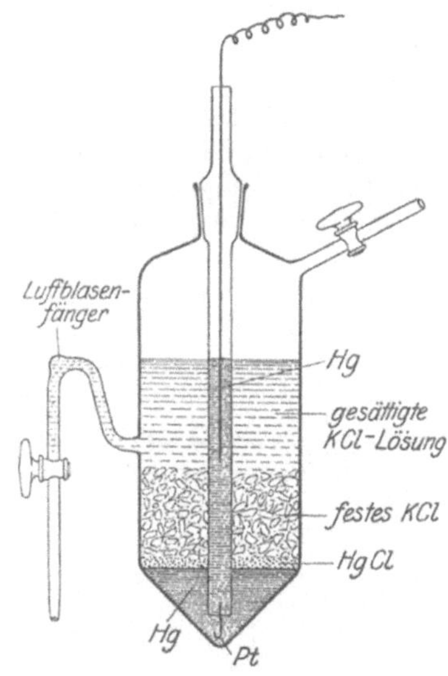

Abb. 40. Kalomelelektrode. Als Füllung ist die der „gesättigten" Kalomelelektrode dargestellt (siehe 78. Übung). Hier wäre an Stelle von „gesättigte KCl-Lösung" zu setzen: „0,1 n.-KCl-Lösung", und die Schicht „festes KCl" würde fortfallen.

voll. Das Abflußrohr muß luftblasenfrei gefüllt sein. Man schließt den Hahn und stellt die Elektrode sofort an einem Stativ auf, daß das Abflußrohr in eine Lösung von 0,1 n-KCl taucht.

Man achte darauf, daß bei allen Manipulationen das Elektrodengefäß nur sehr sanft bewegt wird, damit das Quecksilber nicht in einzelne Portionen zerfällt. Sonst geschieht es leicht, daß die mit dem Platinkontakt verbundene Portion nur kapillare Flüssigkeitsschichten berührt. Dieser Umstand scheint die wesentlichste Fehlerquelle zu sein, wenn eine Elektrode ein von der Erwartung abweichendes und zeitlich veränderliches Potential zeigt.

Es soll nun eine Konzentrationskette zwischen einer solchen und einer mit einer anderen Lösung hergestellten Kalomelelektrode gemacht werden. Wir wählen als zweite Lösung folgende Mischung: n-KCl-Lösung 2,00 ccm; n-KNO$_3$-Lösung (pro analysi, KAHLBAUM, völlig Cl-frei!) 18,0 ccm, destilliertes Wasser auf 200 ccm aufgefüllt. Weiter unten wird erörtert werden, was das Lehrreiche gerade dieser Mischung ist.

Die Elektrode wird genau so wie die erste hergestellt, das Kalomel mit der neuen Lösung statt mit der früheren gewaschen. Man kann aber auch, wenn man einmal eine Elektrode mit einer kostbaren Versuchsflüssigkeit machen will, das Kalomel erst 5—6mal mit destilliertem Wasser und dann nur noch 3mal mit der eigentlichen Lösung waschen. Man kann dann auch ebensogut Elektrodengefäße der gleichen Form mit nur 1—1,5 ccm Fassungsraum nehmen und reicht dann einschließlich des Waschens mit 5—10 ccm Flüssigkeit völlig aus.

Man montiere nun die beiden Kalomelelektroden so, daß ihre Ausflußöffnungen in ein Gefäß mit gesättigter KCl-Lösung tauchen. Diese „Konzentrationskette" setzt man nun in den Apparat zur Messung der EMK an Stelle des Kadmiumelements, und zwar so, daß die Cl-ärmere Lösung dem positiven Pol des Kadmiumelements entspricht. Dann mißt man die EMK.

Arbeitet man mit dem Meßdraht (Abb. 36), so schiebt man den Gleitkontakt so, daß Stromlosigkeit besteht. Dann ist die gesuchte elektromotorische Kraft

$$E = E_{Acc} \cdot \frac{DC}{BC}.$$

Arbeitet man mit Rheostaten und Vorschaltwiderstand (Abb. 37), ist die EMK einfach gleich der Zahl der nach links herübergestöpselten Ohm.

Das Resultat muß sein: 0,0577 Volt, wenn die Messung bei 18° geschah; oder allgemeiner (Werte für $\vartheta = 0,0001983$ T).

bei 15° 0,0571	bei 18° 0,0577	bei 21° 0,0583
„ 16° 0,0573	„ 19° 0,0579	„ 22° 0,0585
„ 17° 0,0575	„ 20° 0,0581	„ 23° 0,0587.

Die erlaubte Fehlergrenze ist $\pm$ 0,0005 Volt. Der Ungeübte wird sich mit $\pm$ 0,001 Volt begnügen dürfen. Beispielsweise wurde gefunden: bei 16° 0,0575 Volt.

Das Potential wird alle 5 Minuten gemessen und die Messungen so lange fortgesetzt, bis sie dreimal hintereinander konstant bleiben. Man überzeuge sich, daß sie sich dann auch 1 und 2 Stunden später nicht geändert hat. Bei richtigem Arbeiten stellt sich

gleich zu Anfang das definitive Potential mit großer Schärfe ein;
langsamere Einstellung (1 Stunde!) kommt allerdings auch vor.
Jedenfalls muß die EMK sich kontinuierlich einem definitiven
Endwert nähern, wenn die Elektroden in völliger Ruhe stehen.
Andernfalls liegen Kontaktfehler, unreines Quecksilber oder dgl.
vor, und die Messung ist zu verwerfen.

Die obigen Lösungen wurden für diese Übung deshalb gewählt, weil ihr Resultat theoretisch wichtig ist. Der Cl-Gehalt
in den beiden Lösungen verhält sich wie $1:10$. Da beide Lösungen die gleiche Konzentration an $K^{\cdot}$ besitzen, ist auch der
Dissoziationsgrad des Cl in beiden Lösungen gleich, und daher
verhält sich auch die Konzentration der Cl-Ionen wie $1:10$.
Nach NERNST ist nun die EMK einer Konzentrationskette

$$E = RT\ln\frac{c_1}{c_2},$$

wo c_1 und c_2 die Konzentrationen der stromerzeugenden Ionen
bedeuten, R die Gaskonstante, T die Temperatur vom absoluten
Nullpunkt gerechnet. Für $18°$ und unter Umwandlung in dekadische Logarithmen wird daraus

$$E = 0{,}0577 \cdot \overset{10}{\log}\frac{c_1}{c_2}\,\text{Volt}.$$

Ist $c_1:c_2 = 10:1$, so ist $\log(c_1:c_2) = 1$ und $E = 0{,}0577$ Volt.
Diese charakteristische Zahl sollte hier im Experiment vor-
geführt werden.

Die stromerzeugenden Ionen sind eigentlich nicht die Cl-
Ionen, sondern die Hg-Ionen aus dem gelösten Kalomel. Da
aber die Löslichkeit des Kalomels der Cl-Ionenkonzentration umgekehrt proportional ist, kann man die beobachtete elektromotorische Wirkung ebensogut auf die Cl-Ionen beziehen (Elektroden zweiter Ordnung).

Als zweites Beispiel für eine Cl-Konzentrationskette nehme
man als die eine Elektrode wiederum die Kalomelelektrode mit
$0{,}1$ normal KCl, die andere fülle man mit einer Lösung von
$0{,}25$ ccm $0{,}1$ n-KCl, 20 ccm n-KNO_3, mit (Cl-freiem!) destilliertem
Wasser aufgefüllt auf 200 ccm. Dies ist also eine Lösung von
$0{,}000125$ n-KCl in $0{,}1$ n-KNO_3. Da der Kaliumgehalt beider
Lösungen annähernd gleich ist, ist auch der Dissoziationsgrad
des KCl gleich. Die Cl-Ionen-Konzentrationen in beiden stehen
daher in demselben Verhältnis zueinander wie die Konzentrationen an KCl. Überlegen wir uns erst, welche EMK dieser Kette
wir z. B. für $17{,}5°$ C zu erwarten haben. Es muß sein:

$$E = 0{,}0576 \cdot \log\frac{c_1}{c_2},$$

wo c_1 und c_2 die beiden KCl-Konzentrationen bedeuten. c_1/c_2 ist in unserem Fall $= 0,00125$, also $E = 0,0576 \cdot (0,097 - 3) = -0,1672$ Volt. Gefunden wurde, wenn als positiver Pol die Cl-ärmere Lösung angesetzt wurde, z. B.:

> sofort nach Ansetzung der Kette . . . . 0,1635 Volt
> nach 15 Minuten . . . . 0,1655 „
> „ 30 „ . . . . 0,1660 „
> „ 1 Stunde und weiterhin konstant . 0,1666 „

Also innerhalb etwa eines halben Millivolts der erwartete Wert.

Das negative Vorzeichen bei 0,1672 Volt rührt von der willkürlichen Definition der positiven Stromrichtung her. Würden wir als c_1 die stärkere, als c_2 die schwächere Cl-Lösung bezeichnen, so erhielten wir $+ 0,1672$ Volt, da

$$\log \frac{c_1}{c_2} = - \log \frac{c_2}{c_1}.$$

Man kann die Konzentrationskette auch umgekehrt dazu benutzen, um den Cl-Ionengehalt einer Lösung zu bestimmen.

75. Übung.

Elektrometrische Bestimmung der Cl-Ionen in einer unbekannten Lösung.

Als „unbekannte Lösung" benutze man eine KCl-Lösung, die von einem anderen Laboranten durch Verdünnung aus der 0,1 n-KCl-Lösung hergestellt worden ist, mit der Anweisung, er möge die Lösung zwischen 0,1 n und 0,00001 n machen. Man lasse sich von dieser (natürlich in größerer Menge hergestellten) Lösung nicht mehr als etwa 8—10 ccm zur Analyse übergeben, um den Bedürfnissen einer Mikroanalyse im Ernstfall gerecht zu werden.

Man verdünnt die erhaltene Lösung genau mit $^1/_9$ ihres Volumens mit 1 n-KNO_3-Lösung (die man vorher auf Cl-Freiheit geprüft hat), damit der Dissoziationsgrad[1]) des Cl in dieser Lösung derselbe sei wie in der 0,1 n-KCl-Lösung, die man als Vergleichsflüssigkeit für die zweite Elektrode benutzt. Man wasche etwas Kalomel 8—10 mal mit destilliertem Wasser. Es genügt, wenn nach dem Waschen ein kleines Messerspitzchen voll Kalomel übrigbleibt. Dieses wasche man noch 3—4 mal mit je 1—1,5 ccm der zu untersuchenden Lösung, rühre jedesmal gut um und gieße jedesmal so weit ab wie möglich. Schließlich gießt man den Rest der Lösung auf das Kalomel und saugt diese Flüssig-

---

[1]) Besser sollte man sagen: „Der Aktivitätsgrad der Cl-Ionen" im Sinne der BJERRUMschen Ionenaktivitätstheorie.

keit in die Mikroelektrode (wie Abb. 40, nur ohne Hahn am
Ausflußrohr) mit einem Fassungsraum von 1—1,5 ccm, nachdem sie vorher mit ein wenig reinem Quecksilber beschickt ist.
Man läßt das mitgesaugte Kalomel absetzen und die Flüssigkeit
wieder in dieselbe Schale auslaufen. Man saugt nochmals ein und
saugt wieder etwas Kalomel mit. Dies wiederholt man, bis nach
dem Absetzen über dem Quecksilber überall eine wenn auch dünne
Schicht Kalomel liegt. (Eine dicke Schicht Kalomel zu haben, ist
unvorteilhaft. Sie verschmiert leicht den Kontakt zwischen dem
Quecksilber und dem eintauchenden Platindraht.) Nun setze man
mit einer 0,1 n-KCl-Kalomelelektrode als zweiter Elektrode eine
Konzentrationskette wie in Übung 74 an und bestimme die EMK.

Es ist ratsam, die Mikroelektrode nicht direkt in die gesättigte Kalomellösung tauchen zu lassen. Bei sehr niederem
Cl-Gehalt könnte bei der kleinen Elektrodenform doch durch
eine Strömung eine Spur in die Elektrode geraten und die Bestimmung fälschen. Man benutze in solchem Falle lieber eine
gesättigte Lösung von Ammonnitrat. Hat man noch genug von
der zu untersuchenden, mit KNO_3 versetzten Lösung übrig, so
kann man besser diese nehmen, um die Mikroelektrode in sie ein-
zutauchen. Die 0,1 n-Elektrode taucht man dann in 0,1 n-KCl-
Lösung und verbindet die beiden Gefäße durch einen kleinen
Glasheber, der mit einer Gallerte aus gesättigter KCl-Lösung
+ 3% Agar (im Dampfkochtopf zusammengekocht) gefüllt ist.

Nun mißt man die EMK wie in Übung 74. Die Berechnung
geschieht nach der Formel

$$E = 0{,}0577 \cdot \log \frac{c_1}{c_2},$$

wenn bei 18° gemessen wurde. Andernfalls setzt man für 0,0577
die S. 180 stehenden Werte ein. c_1 bedeutet die Cl-Konzentration
der bekannten, c_2 die der unbekannten Lösung. Wir schreiben
die Gleichung in der Form

$$\log \frac{c_1}{c_2} = \frac{E}{0{,}0577}.$$

Angenommen, es sei gefunden E = 0,1646 Volt bei 16,5°.
Dann ist

$$\log \frac{c_1}{c_2} = \frac{0{,}1646}{0{,}0574} = 2{,}868$$

und daher

$$\frac{c_1}{c_2} = 738.$$

c_1 ist = 0,1, also ist $c_2 = \dfrac{1}{7380}$ normal = 0,0001356 normal.
Das Resultat muß um 10% seines Wertes vermehrt werden

wegen der Verdünnung mit KNO_3; das definitive Resultat ist: 0,000149 normale Cl-Lösung. In Wirklichkeit war die Lösung als eine 0,000138 normale KCl-Lösung hergestellt worden; also ein Fehler von $+8\%$.

Ein Fehler in der Messung von 2 Millivolt bewirkt einen Fehler von etwa 10% des Gesamtwertes. Ein solcher Fehler kann bei einer Mikromessung sowohl nach oben als auch nach unten leicht vorkommen; $+10\%$ Fehler kann man als nicht sicher vermeidbar betrachten; der Ungeübte wird auch leicht Fehler von $\pm 20\%$ erhalten. Die hier gewählte Cl-Menge steht nicht weit vor der praktisch erreichbaren unteren Grenze, wenn man Wert auf Genauigkeit legt. Wenn man insgesamt 5 ccm Lösung verbraucht, was leicht durchführbar ist, kann man 0,000002 g Cl als die untere Grenze der mit der angegebenen Genauigkeit bestimmbaren Cl-Menge betrachten.

Will man mit dieser Elektrode eine neue Messung machen, so ist unbedingt notwendig, sie ganz auseinander zu nehmen, zu reinigen, zu trocknen (besonders die Platinspitze!) und von neuem zu füllen. Insbesondere ist die Amalgamierung der Platinspitze bei diesen Mikroelektroden zu empfehlen[1]).

76. Übung.

Messung eines Diffusionspotentials; seine experimentelle Vernichtung.

An der Berührungsstelle zweier verschiedener Elektrolytlösungen herrscht eine Potentialdifferenz, welche von Menge und Art der Elektrolyte abhängt. Da man diese Potentialdifferenz nur dadurch messen kann, daß man sie mit zwei metallischen Elektroden ableitet, diese aber selber verschiedene Potentiale gegen die beiden Lösungen haben, so kommt das Diffusionspotential in einer Kette in der Regel nur als Summand der gesamten EMK der Kette zur Geltung. Wir wollen einen Fall zur Übung aufstellen, wo man das reine Diffusionspotential messen kann.

Man fülle zwei Kalomelelektroden, die eine mit 0,1 n-KCl, die andere mit 0,1 HCl. Da die Konzentrationen der Cl-Ionen in beiden Lösungen gleich sind, heben sich die Elektrodenpotentiale auf, und es bleibt allein das Diffusionspotential übrig. Man tauche die Abflußöffnungen beider Elektroden in eine Schale,

---

[1]) Der Platinkontakt (in konz. Schwefelsäure gereinigt, gewaschen) wird als Kathode in ein Gefäß mit einer Lösung von 1 proz. Merkuronitrat mit einigen Tropfen HNO_3 gesteckt; die Anode ist eine kleine Platinelektrode. Der Strom eines 2-Volt-Akkumulators wird etwa 1 Minute hindurchgeschickt.

welche eine dieser beiden Flüssigkeiten enthält, gleichgültig, welche von beiden, und messe das Potential. Zu erwarten ist für diesen Fall für 18°

$$E = 0,0577 \cdot \log \frac{u_1 + v}{u_2 + v} \; \text{Volt}.$$

u_1 ist die Wanderungsgeschwindigkeit des Kation des einen Elektrolyten, u_2 die des anderen, und v die des (gemeinschaftlichen) Anions. Es beträgt

$$\begin{matrix} \text{für HCl} & u_1 = 330 \\ \text{für KCl} & u_2 = 65 \end{matrix} \quad v = 65,$$

also $\qquad E = 0,0577 \cdot \log \dfrac{395}{130} = 0,0271 \; \text{Volt}.$

Diesen Wert wird man bei der Messung innerhalb 1 Millivolt genau auch finden (gefunden wurde z. B. 0,0275 Volt).

Nunmehr ändere man nichts weiter, als daß man als Verbindungsflüssigkeit beider Elektroden nicht eine der Elektrodenlösungen benutzt, sondern eine gesättigte Lösung von KCl, und messe nochmals: die EMK der Kette ist auf 0,0015 Volt gesunken. Zwischenschalten von gesättigter KCl-Lösung vermindert alle Diffusionspotentiale. KCl ist durch NaCl nicht mit gleichem Erfolg ersetzbar (K˙ und Cl′ haben gleiche Wanderungsgeschwindigkeit, nicht aber Na˙ und Cl′).

Das hier gezeigte Diffusionspotential von 27 Millivolt ist für ein Diffusionspotential besonders groß. Die meisten, gewöhnlich vorkommenden Diffusionspotentiale werden durch Zwischenschaltung von gesättigter KCl-Lösung praktisch = 0 gemacht.

77. Übung.

Wasserstoffkonzentrationskette mit strömendem Wasserstoff.

Mit Wasserstoffgas beladenes Platinschwarz hat die elektromotorischen Eigenschaften, als ob es aus metallischem Wasserstoff bestünde. Auf diese Weise kann man Wasserstoffionenkonzentrationsketten herstellen. Die Form der Elektroden ist je nach den Umständen verschieden zu wählen. Wir wollen als erste Übung die EMK einer H^+-Konzentrationskette zwischen folgenden zwei Lösungen messen.

1. 0,5 ccm n-HCl + 19,5 n-KCl + 180 ccm destilliertes Wasser, d. h. eine Lösung von 0,0025 n-HCl, welche insgesamt einen Cl-Gehalt von 0,1 n hat. 2. 50 ccm n-NaOH + 100 ccm n-Essigsäure + 350 ccm Wasser, d. h. eine Lösung von 0,1 n-Essigsäure + 0,1 n-Natriumazetat („Standardazetat").

Man benutze birnenförmige[1]) Elektrodengefäße nach Art der Abb. 41. Die Platinelektrode, in Form eines Platindrahtes, ist an dem eingeschliffenen Glasstöpsel befestigt. Sie muß zunächst mit Platinschwarz überzogen werden. In ein kleines Gefäßchen (Abb. 42, oder besser das mit möglichster Ersparnis an Platin gebaute, ebensogut funktionierende Gefäß wie Abb. 43) füllt man etwa 10 ccm einer Lösung von 1 g Platinchlorid $+$ 0,007 g Bleiazetat in 30 ccm Wasser und bringt in diese eine kleine Hilfselektrode aus Platin, welche man mit dem positiven Pol eines 4-Volt-Akkumulators verbindet. In dem Modell Abb. 43 ist die Hilfselektrode in Form einer Platinspitze in die untere Gefäßwand eingeschmolzen. Die zu platinierende Platinelektrode dagegen wird zuerst mit konzentrierter Schwefelsäure gereinigt und mit destilliertem Wasser gut abgespült, mit dem negativen Pol des Akkumulators verbunden und in die Platinlösung untergetaucht. Sie überzieht sich unter mäßiger Gasentwicklung bald mit einer samtschwarzen Schicht von Platinschwarz. Bei neuen Elektroden erfordert das bis 5 Minuten, bei schon gebrauchten 1 Minute: Dann wird die Elektrode mit destilliertem Wasser gut ausgewaschen und in einem zweiten elektrolytischen Trog sofort genau ebenso, wie soeben in der Platinlösung, in verdünnter Schwefelsäure behandelt. Es tritt lebhafte Gasentwicklung ein. Stromrichtung gut beachten!

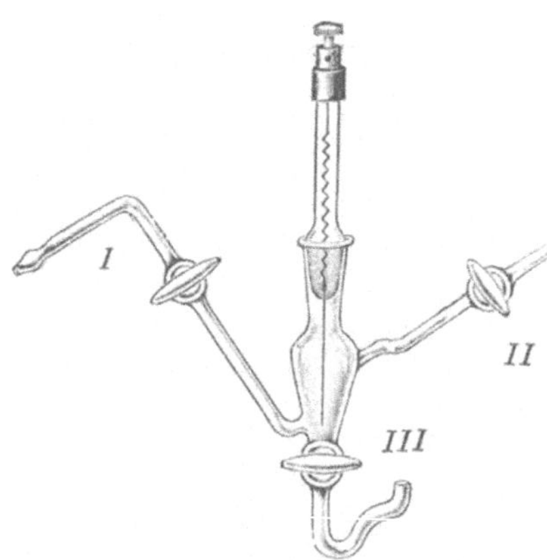

Abb. 41. Wasserstoffelektrode. Birnenform. ¹/₃ nat. Größe.

Dann wird die Elektrode mit Wasser gut ausgewaschen, in das Elektrodengefäß luftdicht (Schliff trocknen und etwas fetten!) eingesetzt und darin in mehrfach gewechseltem Wasser 1 Stunde lang weiter gewässert. Dann ist die Elektrode gebrauchsfertig. Die Platinierung muß in der Regel nach einigen Wochen erneuert werden. Im unbenutzten Zustand müssen alle platinierten Platinelektroden mit destilliertem Wasser gefüllt aufbewahrt werden. Sie sollen niemals ganz trocken werden.

---

[1]) MICHAELIS, L. und GYEMANT, A.: Biochem. Zeitschr. **109**, 165. 1920.

In die eine derartige Elektrode füllt man die eine Lösung, in eine zweite die andere Lösung ein, indem man die Flüssigkeit bei geeigneter Stellung der Hähne aus einer kleinen Schale einsaugt. Die erste Füllung läßt man wieder auslaufen und erneuert sie, des Auswaschens wegen, noch einmal. Man achte darauf,

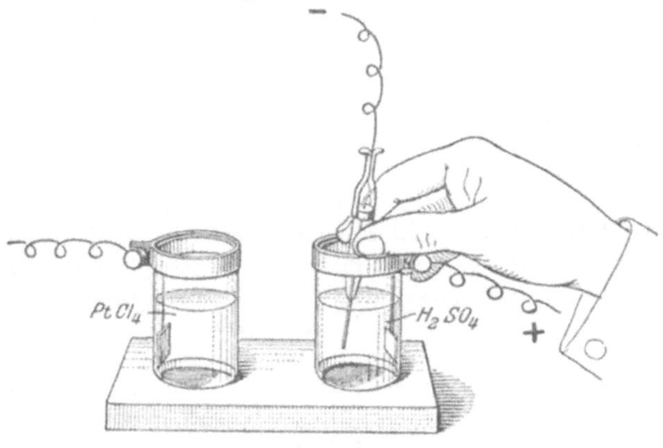

Abb. 42.

daß das Abflußrohr, besonders unter dem Glashahn, luftblasenfrei gefüllt ist. Man läßt die Flüssigkeit dann so weit ausfließen,

daß der Platindraht zur Hälfte eintaucht und befestigt das Gefäß an einem Stativ. Der Abflußhahn bleibt von jetzt ab vorläufig geschlossen. Nun leitet man Wasserstoff ein. Derselbe wird aus As-freiem Zink und verdünnter Schwefelsäure mit etwas $CuSO_4$ oder einigen Tropfen Platinchlorid entwickelt, mit 2proz. Lösung von $KMnO_4$ und dann mit konzentrierter Sublimatlösung gewaschen, evtl. noch durch eine dritte Waschflasche, die mit NaOH gefüllt

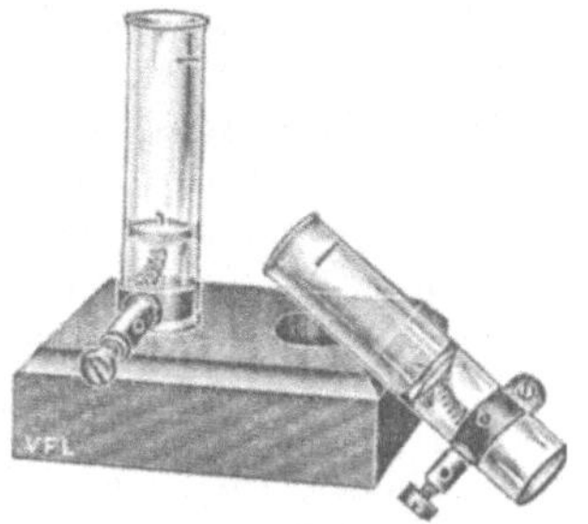

Abb. 43.

Abb. 42 und 43. Zwei Modelle für Platinierungsgefäße.

ist[1]), geschickt, und durch den linken (Abb. 41) Glashahn zugeführt, aus dem rechten Hahn abgeleitet. (Als Quelle für Wasserstoff kann man ebensogut eine Bombe mit komprimiertem Wasserstoff mit Reduktionsventil benutzen.) Das Gas

---

[1]) Diese dritte Flasche soll Spuren von CO_2 absorbieren, die sich in der Permanganatflasche durch Oxydation organischer Gase bilden; dies ist besonders bei der Messung alkalischer Lösungen von Bedeutung.

perlt durch die Flüssigkeit, treibt ihren Sauerstoff aus, löst sich
selbst bis zur Sättigung und erfüllt den Gasraum. Der Gas-
strom soll ziemlich lebhaft sein, 3—5 Blasen in der Sekunde.
Nach etwa 3 Minuten schließt man erst den abführenden,
dann den zuführenden Hahn. Man nimmt den H_2-zuführenden
Gummischlauch von der Birnenelektrode ab und dreht diese in
ihrem „Drehstativ" (Abb. 44) 30—50mal um sich selbst. Dies
hat den Zweck, das Gleichgewicht zwischen der H_2-Atmosphäre
und der Lösung zu beschleunigen. Man könnte meinen, daß die
bloße Durchströmung mit Wasserstoff dazu genügt, und in der
Tat ist das auch meist der Fall. Das Drehen erhöht aber die
Exaktheit und Schnelligkeit der Potentialeinstellung sehr merklich. Die Ursache ist wohl folgende. Ist der Wasserstoff auch
nur mit den geringsten Spuren eines elektrolytisch wirksamen
Gases (O_2) verunreinigt, so nutzt eine noch so lange Durchströmung
nichts. Beim Schütteln des in die Elektrode eingeschlossenen
Gases jedoch wird diese Spur O_2 an der katalytisch wirkenden
Platinoberfläche zu H_2O reduziert und unschädlich gemacht.
Die zweite, mit der anderen Lösung beschickte Birnenelektrode
wird genau ebenso behandelt. Nunmehr verbindet man die beiden
Elektroden durch je einen KCl-Agar-Heber mit einer Wanne
mit gesättigter KCl-Lösung. Diese Agarheber haben die Form wie
Abb. 44, A. Bei Nichtgebrauch werden sie stets unter gesättigte
KCl-Lösung versenkt. Es ist vorteilhaft, wenn an in die (nach
oben gerichtete) Ausflußöffnung der Birnenelektrode vor dem
Einstecken des Agarhebers noch etwas festes, fein zerriebenes KCl
schüttet; dadurch wird die Vernichtung des Diffusionspotentials
noch vollkommener[1]), und man erreicht gleichzeitig, daß die eintauchenden Agarspitzen ihre Sättigung mit KCl nicht einbüßen.

Anmerkung. Wer nicht zwei Birnenelektroden zur Verfügung hat,
kann gleich das in der nächsten Übung empfohlene definitive Verfahren
anwenden: Man füllt die Elektrode mit der ersten Lösung, mißt den
Potentialunterschied gegen die gesättigte Kalomelelektrode; dann füllt
man die Birnenelektrode mit der zweiten Lösung, mißt den Potentialunterschied gegen die Kalomelelektrode; die Differenz der beiden Messungen
ist der gleiche Betrag, als ob man zwei Birnenelektroden, mit Lösung I
und II, gegeneinander gemessen hätte.

Dann öffnet man den unteren Glashahn der Elektrode und
beginnt die Messung. Die Herstellung des Agarhebers geschieht
folgendermaßen:

Ein kleines, zweimal rechtwinkelig gebogenes Glasrohr, das an
einem Ende zu einer kurzen, feinen Spitze ausgezogen ist, wird luft-

---

[1]) MICHAELIS und FUJITA: Biochem. Zeitschr. **142**, 398. 1923.

blasenfrei mit einer noch warmen Lösung von 3 g Agar + 40 g
KCl in 100 g Wasser (längere Zeit im Wasserbad gekocht!) gefüllt.
Der Agar erstarrt in dem Rohr bald. Bei Nichtgebrauch wird das
Rohr in gesättigter KCl-Lösung aufbewahrt. Bei Gebrauch wird es
abgetrocknet und so befestigt, daß die Spitze gerade in die Elek-
trodenflüssigkeit und das andere Ende in ein Gefäß mit gesättigter
KCl-Lösung eintaucht.

Diese Konzentrationskette setzt man in die Kompensations-
anordnung zur Messung der EMK an die Stelle des Kadmium-
elementes, derart, daß die HCl-Lösung dem positiven, das Stan-

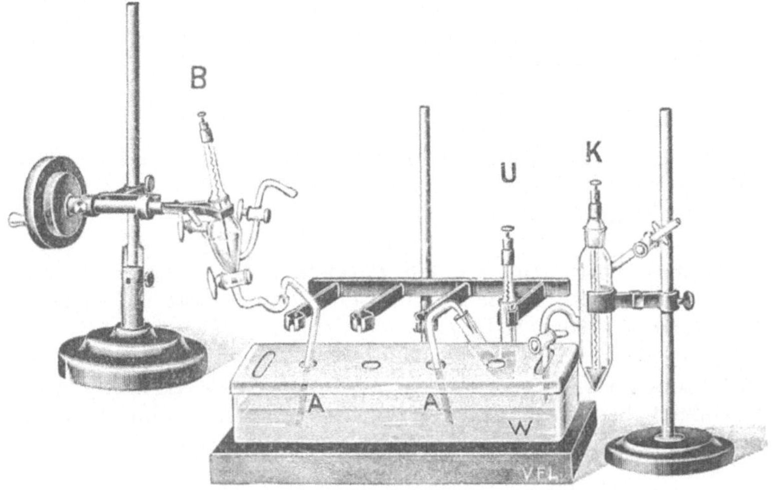

Abb. 44. Elektroden und Stative.

B Birnenelektrode und Drehstativ. K Kalomelelektrode. U U-Elektrode. A, A Glasrohre
mit KCl-Agar, zur Verbindung der Gaselektroden mit der Wanne mit gesättigter KCl-Lösung.

dardazetat dem negativen Pol entspricht. Man mißt die EMK
in Abständen von 5 Minuten bis zur Konstanz. Sie muß gleich
zu Anfang ganz oder beinahe genau den definitiven Wert zeigen,
andernfalls ist die Wasserstoffsättigung noch nicht vollkommen
und muß nochmals wiederholt werden. Die Kette gibt bei 18°
eine EMK = 0,1140 Volt; erlaubte Abweichungen sind bei gutem
Arbeiten auf keinen Fall mehr als ± 0,7 Millivolt.

Da nun h der angewendeten HCl-Lösung bekannt ist, können
wir h des Standardazetats daraus berechnen. Es ist bei 18°

$$E = 0{,}0577 \log \frac{h_{HCl}}{h_{Azet.}}$$

oder
$$\log \frac{h_{HCl}}{h_{Azet.}} = \frac{0,1140}{0,0577} = 1,976$$

oder
$$\frac{h_{HCl}}{h_{Azet.}} = 94,6 \,.$$

h_{HCl} wäre bei totaler Dissoziation $= 0,0025$. Man nimmt nun an, daß der Dissoziationsgrad einer schwachen HCl-Lösung in einem Überschuß von KCl derselbe sei wie in einer reinen HCl-Lösung von gleichem Cl-Gehalt, also wie in einer 0,1 n-HCl-Lösung. Diesen Dissoziationsgrad erfährt man durch Vergleich der molaren Leitfähigkeit der HCl in 0,1 n-Lösung im Vergleich zu der bei unendlicher Verdünnung, und zwar hat man ihn gefunden $= 0,917$. Demnach hat man in unserer Lösung $h_{HCl} = 0,0025 \cdot 0,917 = 0,00229$ n zu setzen.

Also ist $h_{Azet.} = \dfrac{0,00229}{94,6} = 2,42 \cdot 10^{-5}$ und p_h 4,616.

Anmerkung. Wie schon früher erwähnt, ist es sehr zweifelhaft geworden, ob die h einer verdünnten HCl-Lösung auf Grund von Leitfähigkeitsdaten richtig berechnet werden kann. Wir würden die vorigen Betrachtungen auf folgende Weise der neueren Anschauung anpassen. In den Formeln auf der vorigen Seite müssen wir unter h nicht die wahre Konzentration, sondern die „Aktivität" der H-Ionen verstehen. Der Faktor 0,917 hat nicht den Sinn eines Dissoziationsgrades, sondern eines Aktivitätsfaktors. Da dieser Faktor mit Hilfe von Leitfähigkeitsmessungen bestimmt worden ist, ist er wahrscheinlich nicht ganz richtig, aber der Fehler kann nur sehr klein sein, so daß wir ihn an dieser Stelle vernachlässigen wollen. Das Schlußresultat bleibt unter dieser Voraussetzung das gleiche, nur bedeutet p_h den negativen Logarithmus nicht der Konzentration, sondern der Aktivität der H^+-Ionen.

78. Übung.

Herstellung und Eichung einer gesättigten Kalomelelektrode[1]).

Um in einer unbekannten Lösung h zu messen, braucht man eine Vergleichselektrode. Diese war in der vorigen Übung eine H_2-Elektrode in HCl-Lösung von der h $= 0,00229$ n. Für die Rechnung wäre es einfacher, eine Säurelösung von der h $= 1$ zu wählen. Das ist wegen des hohen Diffusionspotentials einer

---

[1]) MICHAELIS, L.: Die Wasserstoffionenkonzentration, 2. Aufl. Berlin: Julius Springer 1914.

solchen Lösung unpraktisch. Aber die Vergleichselektrode braucht überhaupt keine H_2-Elektrode zu sein, sondern kann eine beliebige Metallelektrode sein, welche sich dadurch auszeichnet, daß sie gut haltbar ist und nicht jedesmal gefüllt zu werden braucht. Für diesen Zweck eignet sich am besten die „gesättigte Kalomelelektrode", welche wie die 0,1 n-Kalomelelektrode (S. 178) hergestellt wird, nur nimmt man als Lösung gesättigte KCl-Lösung. Man saugt die warme gesättigte KCl-Lösung in die Elektrode ein; beim Abkühlen fällt reichlich KCl aus, die KCl-Lösung ist dann also mit Sicherheit gesättigt. Die Ausflußöffnung taucht stets in gesättigte KCl-Lösung. Diese Elektrode ist jahrelang haltbar. Gegen die „Normalwasserstoffelektrode" hat diese Elektrode bei 18° eine Potentialdifferenz von 0,2500 Volt. Man verlasse sich aber auf diese Zahl nicht. Es kommen kleine Abweichungen bei verschiedenen Elektroden vor, und jedes Exemplar muß von Zeit zu Zeit geeicht werden. Die Eichung geschieht dadurch, daß man die Potentialdifferenz gegen eine Wasserstoffelektrode mit Standardazetat bestimmt. Nehmen wir an, diese sei bei 18° = 0,5160 Volt gefunden worden. Hieraus soll berechnet werden, wie groß die Potentialdifferenz der Kalomelelektrode gegen eine Wasserstoffelektrode mit der h = 1fach-normal wäre. Wir hatten p_h des Standardazetats in der 77. Übung = 4,616 gefunden. Also beträgt die Potentialdifferenz des Standardazetats gegen die Normal-H·-Lösung bei 18°

$$E = 4{,}616 \cdot 0{,}0577 \text{ Volt} = 0{,}2663 \text{ Volt}.$$

Folglich hat die Kalomelelektrode gegen die Normal-H·-Elektrode die Potentialdifferenz 0,5160 — 0,2663 = 0,2497 Volt.

Zur Übung der Anwendung messen wir die Potentialdifferenz der so geeichten Kalomelelektrode gegen eine Wasserstoffelektrode, gefüllt mit einer Mischung von gleichen Teilen m/15 prim. Kaliumphosphat und m/15 sek. Natriumphosphat (s. 12. Übung). Wir finden E = 0,6426 Volt. Somit hat das Phosphatgemisch gegen die Normal-H·-Elektrode den Potentialunterschied

0,6426 — 0,2497 = 0,3929 Volt, und p_h = 0,3929 : 0,0577 = 6,81.

Aus dem Vorangehenden ergibt sich folgende für die Praxis vorteilhafteste

allgemeine Vorschrift für die p_h-Messung einer beliebigen Flüssigkeit.

1. Man mißt am Tage des Versuches zunächst den Potentialunterschied der dauernd vorrätig gehaltenen gesättigten Kalomel-

elektrode gegen eine Wasserstoffelektrode mit Standardazetat. Dieses Potential werde gefunden = E_0.

2. Man mißt den Potentialunterschied derselben Kalomelelektrode gegen eine Wasserstoffelektrode, welche mit der zu messenden Lösung gefüllt ist. Man finde den Potentialunterschied = E_x.

3. Man berechne die Differenz $E_x - E_0 = E$ in Millivolt und dividiere diese durch ϑ (vgl. S. 180). Diese Größe von ϑ hängt von der Versuchstemperatur ab und ist aus der Tabelle S. 180 zu entnehmen. Die auf diese Weise erhaltene Zahl wird zu 4,62 algebraisch addiert (also, wenn sie eine negative Größe war, von 4,62 subtrahiert). Das erhaltene Resultat ist der p_h der zu messenden Lösung.

Hat man viele p_h-Messungen zu machen, so kann der an einem bestimmten Tage gemessene Wert von E_0 allen Messungen des gleichen Tages zugrunde gelegt werden. E_0 pflegt 514—517,5 Millivolt zu betragen, je nach Temperatur, Barometerstand und unkontrollierbaren Einflüssen der Kalomelelektrode. Die hier empfohlene Vorschrift gründet sich auf der Beobachtung, daß die H_2-Azetat-Elektrode besser reproduzierbar ist als eine Kalomelelektrode, und auf der Überlegung, daß hierdurch gleichzeitig jede Temperatur- und Barometerstandkorrektur überflüssig gemacht wird. Sie verbindet den technischen Vorteil der immer fertigen Kalomelelektrode mit der theoretischen Überlegenheit einer H_2-Elektrode als Ableitungselektrode.

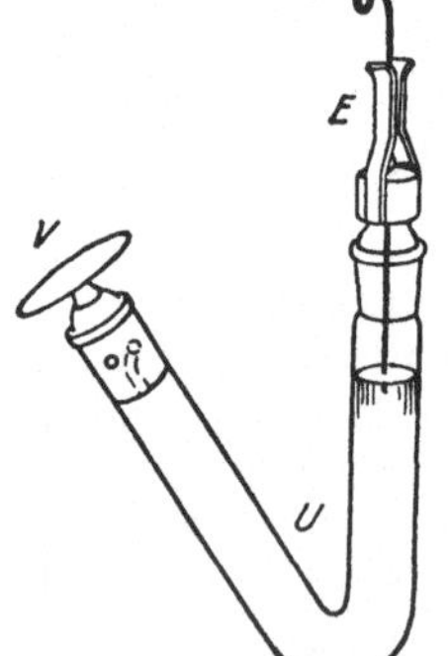

Abb. 45.   U-Elektrode.

79. Übung.

a) Wasserstoffelektrode mit stehender Gasblase[1]). p_h-Messung in Serum.

Bei Flüssigkeiten, welche CO_2 enthalten und beim Durchströmen mit Wasserstoff eine Abnahme der h erfahren würden, ist eine andere Elektrodenform notwendig. Sie kann auch sonst immer angewendet werden, erfordert aber für die konstante Einstellung des Potentials längere Zeit. Es wird nebenstehende U-Elektrode empfohlen (Abb. 45).

Die Platinierung geschieht wie vorher. Die zu untersuchende Lösung wird derart eingefüllt, daß zunächst nur der kurze Schenkel ganz und der lange Schenkel zum Teil gefüllt wird. Man lasse nun den — wie oben entwickelten und gewaschenen — Wasserstoff

---

[1]) MICHAELIS, L.: l. c.

durch ein zu einer 5 cm langen feinen Kapillare ausgezogenes Glasrohr eine Weile strömen, bis sicher alle Luft aus dem Rohr ausgetrieben ist. Jetzt nähere man das Ende dieser Kapillare, während das Gas noch strömt, der Elektrode und stecke die Spitze unter die Flüssigkeitsoberfläche. In demselben Augenblick, wo die Spitze eintaucht, quetsche man die Gasleitung dicht oberhalb der Kapillare mit dem Finger zu. Ein dauerndes Durchströmen würde CO_2 austreiben. Nunmehr bringe man die Kapillarenspitze bis auf die tiefste Stelle der U-Rohre und lüfte den zuklemmenden Finger ganz wenig, so daß kleine H_2-Blasen zu der Pt-Elektrode aufsteigen. Man fülle so viel Blasen ein, daß die Platinelektrode mit ihrer Spitze gerade soeben noch eintaucht. Schaumbildung schadet nichts. Dann zieht man die Kapillare heraus und füllt den langen Schenkel des U-Rohres mit der Lösung ganz auf, setzt den Glasstopfen auf, ohne daß Luftblasen hineinkommen, kippt das Gefäß in geeigneter Weise hin und her (mit der freien Hand oder mit Hilfe des Drehstativs, Abb. 44), so daß die Wasserstoffblase die ganze Länge des U-Rohres 50 mal hin und 50 mal zurück durchstreicht. Um Druckausgleich herbeizuführen, drehe man gelegentlich, wenn die Gasblase an dem Pt-Ende steht, den Glasstopfen am anderen Ende einmal um sich selbst, wobei eine geeignete Bohrung vorübergehend Kommunikation mit der Außenluft herstellt. Wenn das Kippen beendet ist und die Gasblase wieder auf der Pt-Seite steht, zieht man den Glasstopfen heraus und befestigt die Elektrode an einem Stativ. Ihre Flüssigkeitsverbindung wird mit einem KCl-Agarrohr hergestellt wie S. 189.

Als Versuchsflüssigkeit benutze man Blutserum, als Vergleichselektrode die gesättigte Kalomelelektrode als positiven Pol. Je nach der CO_2-Abgabe, die das Blutserum beim Stehen an der Luft schon erlitten hat, erhält man verschiedene Werte; p_h gewöhnlich 7,6—7,7; d. h. die Potentialdifferenz gegen die gesättigte Kalomelelektrode um 0,69 Volt.

79. Übung.

b) h-Messung im Blut[1]).

Für Blut eignet sich am einfachsten folgende Methode, welche darauf beruht, daß Blut keine Änderung des p_H erfährt, wenn man es mit physiologischer CO_2-freier NaCl-Lösung verdünnt.

---

[1]) In Anlehnung an das Prinzip von HASSELBALCH, K. A.: Biochem. Zeitschr. **49**, 451. 1913; nach L. MICHAELIS: l. c.

0,85 proz. NaCl-Lösung wird in einem Jenaer Kolben ausgekocht und unter Verschluß abgekühlt. Mit dieser Lösung wird eine U-Elektrode wie gewöhnlich gefüllt und mit der H_2-Blase versehen, aber noch nicht durchgeschüttelt. Der längere Schenkel bleibt zur Hälfte frei. Nunmehr gibt man an die Wand des frei gebliebenen Teils einige Körnchen Hirudin (evtl. statt dessen Heparin oder Natriumoxalat), entnimmt Blut aus der Ellbogenvene mit einer Spritze und füllt das frische Blut in den leer gebliebenen Teil des U-Rohres völlig auf, verschließt mit dem Glasstopfen und schüttelt dann sofort wie gewöhnlich um. Sollte sich ein Gerinnsel am Platin bilden, so stellt sich kein konstantes oder ein scheinbar konstantes, falsches Potential ein.

Das Potential stellt sich auf die beschriebene Weise schnell zur Konstanz ein. Man wiederhole die Messung der EMK nach der Anordnung der Gaskette alle 5 Minuten so lange, bis drei aufeinanderfolgende Ablesungen konstant bleiben.

Man erhält für venöses Blut des Menschen bei 18°: 0,674 Volt gegen die gesättigte Kalomelelektrode, entsprechend $p_h = 7{,}35$.

<h2 style="text-align:center">80. Übung.</h2>

<h3 style="text-align:center">Das Diffusionspotential an einer Membran
von Pergamentpapier[1]).</h3>

Ein Becherglas wird mit 0,1 n-KCl-Lösung gefüllt und in dasselbe eine „Diffusionshülse" von SCHLEICHER und SCHÜLL eingestellt, welche 0,01 n-KC l enthält. In jede der beiden Lösungen taucht ein Glasheber mit 3 % Agar, gesättigt mit KCl (s. S. 188). Die Enden des Hebers sind entsprechend der Zeichnung Abb. 46 aufgebogen, das aufgebogene Ende ist frei von Agar. Dadurch wird verhindert, daß das aus dem Agar diffundierende KCl sich der Lösung beimischen und ihre Konzentration ändern kann.

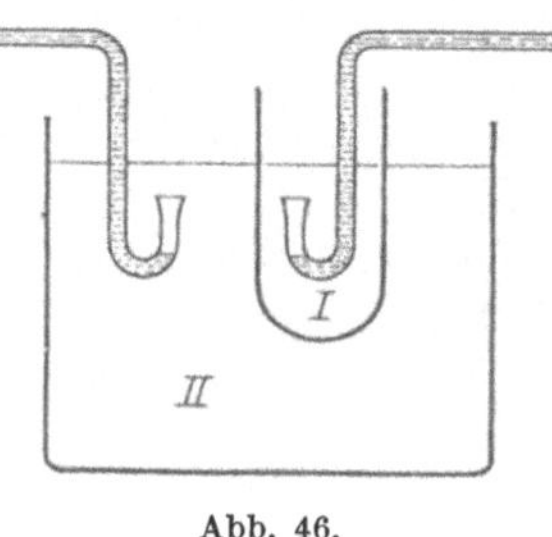

Abb. 46.

Die anderen (in der Zeichnung abgebrochenen) Enden der Heber sind nach unten umgebogen und tauchen je in eine Schale mit gesättigter KCl-Lösung, welche je mit einer mit KCl gesättigten Kalomelelektrode in Verbindung steht. Der Potentialunterschied wird durch das Kompensationsverfahren wie gewöhnlich gemessen.

---

[1]) FUJITA, A.: Biochem. Zeitschr. **159**, 370. 1925.

Es ergibt sich, daß die verdünntere KCl-Lösung positiver ist als die stärkere, und zwar je nach der Hülse, um 10—14 Millivolt. Bei direkter Berührung würde das Diffusionspotential = 0 sein. Man kann die Erscheinung so erklären, daß der Durchtritt der Anionen durch die Membranen erschwert wird, so daß die K-Ionen bei der Diffusion voraneilen und der dünneren Lösung eine positivere Ladung erteilen.

Nimmt man statt KCl-Lösungen andere Elektrolytlösungen, so ist ebenfalls das Potential der dünneren Lösung stets etwas positiver als es bei direkter Berührung wäre.

<h3 style="text-align:center">81. Übung.</h3>

<h2 style="text-align:center">Das Diffusionspotential an ausgetrockneten
Kollodiummembranen[1]).</h2>

Man stelle den soeben beschriebenen Versuch an, indem man das Pergamentpapier durch eine Kollodiummembran ersetzt, welche auf folgende Weise hergestellt ist. Ein größeres Zentrifugiergefäß mit rundem Boden wird mit Kollodiumlösung ausgegossen, ähnlich wie in der 40. Übung, jedoch so, daß eine etwas dickere Membran entsteht (nur aus Gründen der Festigkeit; das Resultat hängt davon nicht ab). Diese läßt man sehr lange Zeit (stundenlang) trocknen, ohne sie mit Wasser in Berührung zu bringen, so lange, bis sie sich leicht abziehen läßt. Dann läßt man sie mindestens 1 Tag lang an der Luft weiter trocknen, wobei starke Schrumpfung eintritt. Dann erst wässert man die Hülse einige Minuten lang und benutzt sie zum Versuch. Bei 0,1 gegen 0,01 mol. KCl-Lösung ist die dünnere Lösung, je nach der Hülse, um 45—52 Millivolt positiver. Daraus kann man schließen, daß die Hülse für die Anionen praktisch überhaupt nicht mehr durchlässig ist. Bei einem Verhältnis der Konzentrationen von 1 : 10 hätte man in diesem Fall 57 Millivolt zu erwarten, wenn die Aktivitäten sich ebenfalls wie 1 : 10 verhielten. Da das Aktivitätsverhältnis etwas kleiner ist (etwa 1 : 9), so wird der Maximalwert 57 Millivolt nicht ganz erreicht. Statt KCl kann man beliebige Salze von einwertigen Kationen nehmen.

Ferner messe man bei gleicher Versuchsanordnung das Diffusionspotential einer 0,1 n-Lösung von KCl gegen eine 0,1 n- (also gleiche Konzentration!) Lösung von KCl, ebenso KCl gegen NaCl, KCl gegen LiCl. Man findet etwa folgende Werte, welche

---

1) Michaelis, L. und Fujita, A.: Biochem. Zeitschr. **161**, 47. 1925.

13*

ein wenig individuell für verschiedene Hülsen, aber für jede Hülse innerhalb weniger Millivolt reproduzierbar sind, z. B.:

(Das Vorzeichen bezieht sich auf die KCl-Lösung)

0,1 n-KCl gegen	0,1 n-HCl	$+$ 85 bis $+$ 100 Millivolt
0,1 n- ,,	,,	0,1 n-KCl	0
0,1 n- ,,	,,	0,1 n-NaCl	$-$ 45 bis 50
0,1 n- ,,	,,	0,1 n-LiCl ca. $-$ 70

0,1 n-HCl gegen	0,1 n-NaCl	120 bis 140 Millivolt
		(NaCl positiv).

Es ist ganz belanglos, ob man statt der Chloride irgendwelche anderen Salze dieser Kationen benutzt, auch ist es belanglos, ob z. B. links ein Chlorid, rechts ein Sulfat genommen wird. Dieser Versuch zeigt, daß die Permeabilität der verschiedenen Kationen sehr verschieden ist. Die Reihenfolge der Permeabilität ist dieselbe wie die der Beweglichkeit bei der freien Diffusion, nämlich in absteigender Reihe

H   K   Na   Li,

aber die Unterschiede zwischen den einzelnen Kationen sind in der Membran außerordentlich vermehrt, so daß die Membran praktisch eine elektive Permeabilität für nur einige Kationenarten hat. Man beachte ferner die Bemerkung am Schluß der 40. Übung.

82. Übung.

Das Membranpotential der Apfelschale[1]).

Von einem unverletzten Apfel wird eine kleine Scheibe abgeschnitten. Der Apfel (nicht die Scheibe) wird, mit der unverletzten Seite nach unten, in eine Petrischale gelegt, welche mit einer flachen Schicht 0,001 mol. KCl bedeckt ist. Eine Kalomelelektrode taucht man in gehöriger Entfernung vom Apfelrand in diese Lösung, eine zweite Kalomelelektrode bringt man mit der oben befindlichen Schnittfläche des Apfels in Berührung. Man findet eine Potentialdifferenz von ungefähr 0,09 Volt; der negative Pol ist die verletzte Seite des Apfels.

Wiederholt man den Versuch, indem man die unverletzte Seite in 0,01 n-KCl tauchen läßt, so erhält man etwa 0,05 Volt; und mit 0,1 n-KCl etwa 0,01 Volt.

---

[1]) LOEB, JACQUES und BEUTNER, R.: Biochem. Zeitschr. **41**, 1. 1912; BEUTNER, R.: Die Entstehung elektrischer Ströme in lebenden Geweben. Stuttgart 1920.

An der Grenze der Apfelschale gegen eine KCl-Lösung entsteht also ein Potential, welches von der Konzentration der KCl-Lösung abhängig ist. Verhalten sich die KCl-Konzentrationen wie 1 : 10, so erhält man einen Potentialunterschied, der beinahe ebenso groß ist wie der von zwei Kalomelelektroden, deren KCl-Konzentration sich wie 1 : 10 verhält (d. h. welche beinahe 0,0577 Volt erreicht).

Das Potential zwischen der unverletzten Membran und der von der Membran entblößten Stelle des Apfels ist also nicht ein in sich eindeutig definierter Wert, sondern hängt von Natur und Konzentration der die Membran berührenden Lösung ab. Dasselbe gilt für tierische Membranen, nur bleibt hier bei einer Konzentrationsdifferenz von 1 : 10 die Potentialdifferenz noch stärker hinter der erwarteten von 0,0577 Volt zurück.

<h3 style="text-align:center">83. Übung.</h3>

Die elektrometrische Titration.

Die elektrometrische Titration einer Säure mit einer titrierten Lauge erfüllt die Aufgabe, die Änderung der h während der Titration schrittweise zu verfolgen, oder auch, die Änderung des Potentials gegen eine Wasserstoffelektrode schrittweise zu verfolgen.

Man benutzt dazu die in Abb. 47 abgebildete Glockenelektrode. Ein glockenförmiges Glasgefäß ist nach oben zu einem engeren Glasrohr verlängert, das oben einen Glashahn trägt. Dicht oberhalb der Glocke ist durch die Wand des Glasrohres ein Platindraht eingeschmolzen, der über die untere Öffnung der Glocke ein wenig herüberragt. Das andere Ende des Platindrahtes ist von einem angeschmolzenen Glasstutzen umgeben, in den Quecksilber eingefüllt ist oder statt dessen zu einer Klemmschraube führt. Hiermit wird der ableitende Kupferdraht verbunden. Die Elektrode wird wie in Abb. 47 an einem Stativ

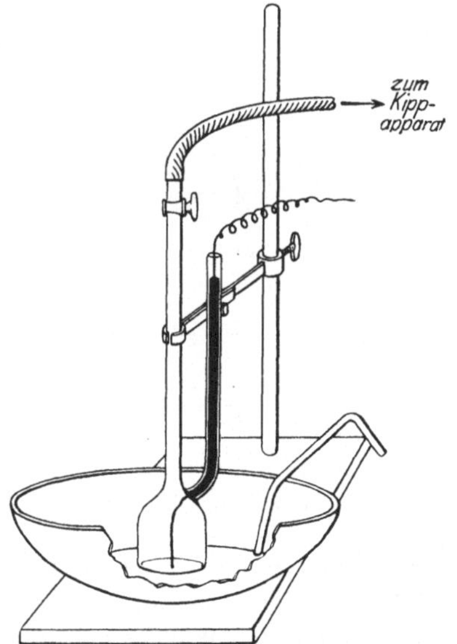

Abb. 47. Elektrometrische Titration mit der Glockenelektrode.

über einer Porzellanschale derart befestigt, daß der Glockenrand in die zu titrierende Flüssigkeit etwas eintaucht. Über dieser Flüssigkeit ist ferner die Titrierbürette mit 0,1 n-NaOH angebracht. Ferner taucht in die Lösung noch ein KCl-Agarheber (s. S. 188) ein, der an seinem anderen Ende in gesättigter KCl Lösung steht. In diese taucht außerdem eine gesättigte Kalomelelektrode (s. 78. Übung) ein.

Der Platindraht wird vor der Benutzung auf folgende Weise vorbereitet. Das etwa $^1/_2$ cm überragende Ende des Drahtes wird vorsichtig in einem kleinen Flämmchen schwach geglüht und der ganze Draht dann mit Hilfe einer Pinzette in eine leichte Schraubenwindung gelegt, so daß er kaum mehr überragt. Dann befestigt man die Elektrode über einer Schale mit Platinierungsflüssigkeit, saugt die Glocke mit dieser voll und platiniert den Platindraht mit Hilfe einer außen befindlichen Hilfselektrode aus Platin. Dann wird die Platinlösung ausgewaschen, durch verdünnte Schwefelsäure ersetzt und diese kathodisch polarisiert (Platindraht wie vorher am negativen Pol des Akkumulators), zum Schluß gewaschen.

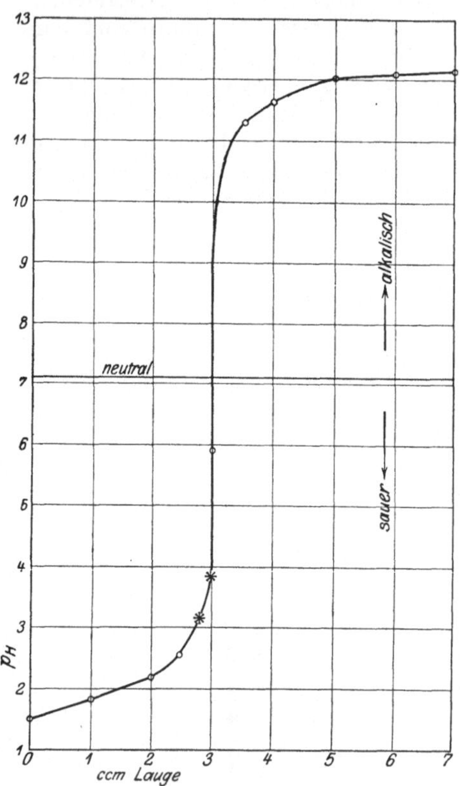

Abb. 48. 3 ccm 0,1 n-HCl werden mit steigenden Mengen 0,1 n-NaOH versetzt. Abszisse: ccm der Lauge. Ordinate: p_h.

Wir stellen uns nun die Aufgabe, 10 ccm 0,03 n-HCl (3 ccm 0,1 n-HCl + 7 ccm Wasser) mit 0,1 n-NaOH zu titrieren. Wir füllen die 10 ccm der Säure in die Porzellanschale, die Lauge in die Bürette, in der Anordnung der Abb. 47. Nun leitet man einen Strom Wasserstoffgas von oben her durch die Glocke, in der Sekunde 1—2 Blasen, etwa $^1/_2$—1 Liter, und dreht den Glashahn zu. Bei richtiger Länge des Platindrahtes gelingt es leicht, die Gaszuleitung in einem Augenblick zu unterbrechen, wo die Spitze des Drahtes gerade nur eben noch eintaucht. Während der Gasdurchleitung soll der Draht abwechselnd eintauchen und nicht eintauchen in dem Maße, wie die Glocke sich abwechselnd mit

Gas füllt und ruckweise entleert. Hierdurch wird gleichzeitig die genügende Mischung nach jedesmaligem Laugenzusatz bewirkt. Je weniger die Platinspitze zum Schluß eintaucht, um so schneller stellt sich das Potential ein. Man taucht nun auch den KCl-Agarheber ein, der eine möglichst feine Spitze besitzen soll, und liest das Potential ab. Der positive Pol ist die Kalomelelektrode. Während der Einstellung des Potentials muß der Apparat ganz erschütterungsfrei stehen. Es genügt, die Einstellung auf 2—3 Millivolt genau abzuwarten; die äußerste Genauigkeit in bezug auf endgültige Konstanz ist meist nicht erforderlich. Nun gibt man z. B. 0,5 ccm Lauge zu, mischt um und wiederholt die Wasserstoff-

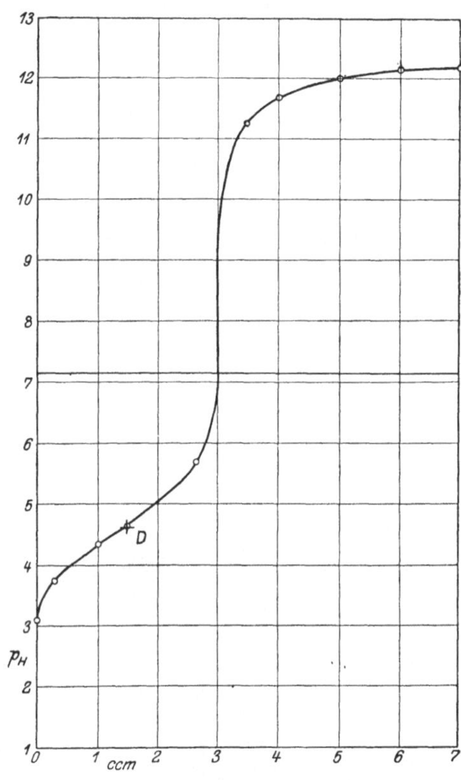

Abb. 49. 3 ccm 0,1 n-Essigsäure werden mit 0,1 n-NaOH titriert. Bezeichnung wie in Abb. 48. Bei D ist die Ordinate gleich dem negativen Logarithmus der Dissoziationskonstante der titrierten Säure.

durchleitung. Die Einstellung erfordert jedesmal nur wenige Minuten; ist sie nach 15 Minuten noch nicht konstant, so ist die Platinierung verdorben. Dann läßt man wieder eine Portion Lauge zu usw. Die gesamte Titration erfordert etwa 2 Stunden.

Man zeichnet nun in einem Koordinatensystem auf der Abszisse die Kubikzentimeter der zugesetzten Lauge, auf der Ordinate die Millivolt auf. Statt dessen zeichnet man besser noch den daraus berechneten Wert von p_h auf der Ordinate auf. Das Resultat ist im Diagramm 48 wiedergegeben. Die Kreise geben die beobachteten Punkte wieder; sie sind durch die theoretisch berechnete Kurve ergänzt. Das Ende der Titration ist bei 3 ccm Lauge zu erwarten. Hier springt p_h plötzlich von 4 auf 10; d. h. es springt plötzlich von einem Punkt, der selbst für Methylorange

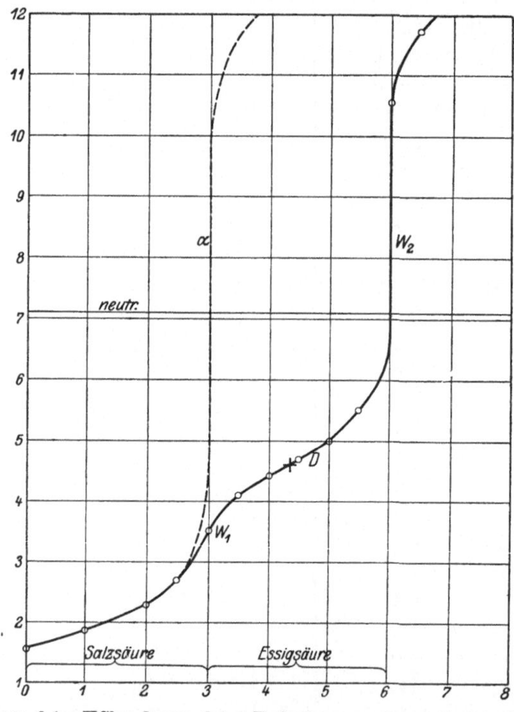

Abb. 50. 3 ccm 0,1 n-HCl + 3 ccm 0,1 n-Essigsäure werden mit 0,1 n-NaOH titriert. Ohne Essigsäure würde die Kurve sich wie α fortsetzen. W_1 Wendepunkt nach Austitrierung der HCl, W_2 Wendepunkt nach Austitrierung der Essigsäure. Sonstige Bezeichnungen wie Abb. 48 und 49.

noch sauer ist, auf einen Punkt, der sogar schon für Phenolphthalein alkalisch ist. Man versteht hier erst richtig, warum es gleichgültig ist, mit welchem dieser beiden so unähnlichen Indikatoren man eine Mineralsäure titriert.

Titriert man Essigsäure unter gleichen Bedingungen, so erhält man das Diagramm 49. Der Sprung bei der äquivalenten Menge NaOH geht hier von $p_h = 7$ bis $p_h = 10$. Er liegt also außerhalb des Bereichs des Methylorange und wird nur von Phenolphthalein angezeigt.

Titriert man ein Gemisch von 3 ccm 0,1 n-HCl + 3 ccm 0,1 n-Essigsäure (Abb. 50), so macht sich am Schluß der HCl nur eine kleine Aufbiegung bemerkbar, am Schluß der Essigsäure eine zweite, größere.

Titriert man ein Gemisch von HCl + Phosphorsäure (Abb. 51), so ist zwischen dem Ende der HCl und dem Anfang der H_3PO_4

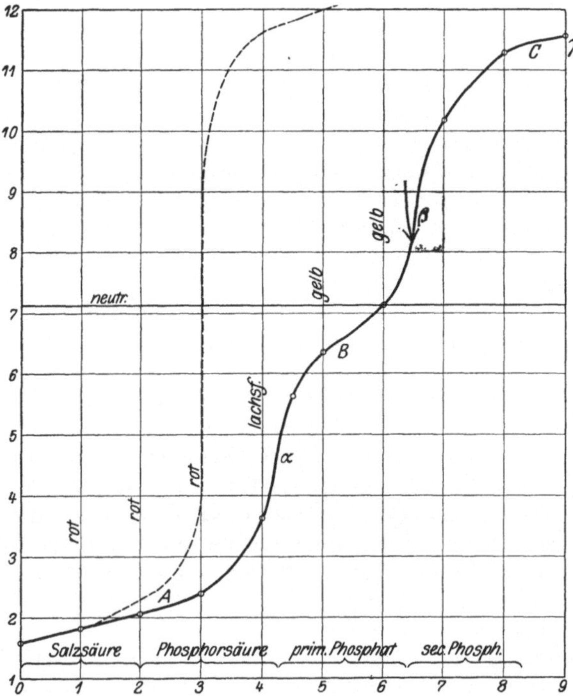

Abb. 51. 2 ccm 0,1 n-HCl + 2,2 ccm 0,1 mol. Phosphorsäure werden mit 0,1 n-NaOH titriert. α ist der p_h Sprung, wenn das primäre Phosphat völlig gebildet ist, β derselbe für das sekundäre Phosphat. Die Farbenangaben beziehen sich auf die Nuance, welche Dimethylaminoazobenzol (s. 21. Übung) geben würde. Der Pfeil bedeutet den Umschlag des Phenolphthaleins.

keine Grenze bemerkbar, weil beides starke Mineralsäuren sind. Sobald das primäre Phosphat völlig ausgebildet ist, erfolgt ein Sprung von $p_h = 4$ bis 5 (Methylorange-Umschlag); sobald das sekundäre Salz fertig gebildet ist, ein Sprung von 8 nach 9,5 (Phenolphthalein-Umschlag). Die Bildung des tertiären Phosphats ist schlecht bemerkbar.

84. Übung.

Bestimmung der Pufferkapazität des Serums.

Die Säure- oder Alkalimenge, die nötig ist, um die H-Ionenkonzentration einer Lösung um einen bestimmten Betrag zu ändern, stellt ein Maß für ihre Pufferkapazität dar.

Nach KLINKE und LEUTHARDT[1]) bestimmt man die Pufferkapazität des Serums, indem man die Säuremenge feststellt, die den p_H des Serums vom Ausgangspunkt auf $p_H = 6$, ändert. Als Ausgangspunkt nimmt man den p_H des frischen Blutes, den man nach der auf S. 192 geschilderten Methode durch Messung mit der U-Elektrode erhält. Ist dieser Punkt bestimmt, so kann die Titration ohne besondere Kautelen vorgenommen werden.

Ausführung. 5 oder 10 ccm Serum werden mit $^1/_{10}$ n-HCl bis zur Erreichung eines p_H von 6,0 titriert. Die Messung geschieht am besten im Wasserstoffstrom mit einer kleinen Glockenelektrode (vgl. S. 197). Vor der letzten Messung muß die physikalisch gelöste Kohlensäure vollständig ausgetrieben werden. Zweckmäßig geht man dabei so vor, daß man die Elektrode bis nahe auf den Boden des Gefäßes senkt und 3—4 Minuten lang den Wasserstoff von unten durch das Serum hindurchströmen läßt; die folgende Potentialmessung wird dann mit wieder gehobener, die Oberfläche der Lösung gerade berührender Elektrode vorgenommen. KLINKE und LEUTHARDT bezeichnen das p_H-Intervall zwischen der nativen und der als Endpunkt festgelegten H'-Konzentration als die physiologische Moderationsbreite und verstehen unter der physiologischen Pufferkapazität die Abnahme, die die Pufferkapazität vom Ausgangspunkt bis zum Endpunkt der Moderationsbreite erfährt.

Zahlenmäßig mißt man die physiologische Pufferkapazität, indem man die Konzentration an 0,001 n-Säure bzw. -Lauge angibt, die zur Erreichung des festgelegten p_H nötig ist. Die Säurekonzentration wird berechnet, indem man die Konzentration an Säure angibt, die erhalten werden würde, wenn die zu titrierende Lösung durch reines Wasser ersetzt wäre. Es würde also z. B. ein Serum von p_H 7,3 (der „native" p_H), das zur Erreichung eines p_H von 6,0 eine Säurekonzentration von 0,010 n verlangt, die Pufferkapazität 10 aufweisen. Für die physiologische Pufferkapazität schlagen KLINKE und LEUTHARDT die Bezeichnung CM (capacitas moderatorum) vor. In dem gegebenen Beispiel wäre die Angabe der Größen, die für die Charakterisierung der

---

[1]) KLINKE und LEUTHARDT: Klin. Wschr. **6**, 2409. 1927. Vgl. auch KOPPEL und SPIRO: Biochem. Zeitschr. **65**, 409. 1914.

Lösung besonders wichtig sind, des p_H und der Pufferkapazität mit $CM_{6,0}^{7,3} = 10{,}0$ gegeben.

Die Titrationskurve wird graphisch dargestellt, wobei die Abszisse durch den nativen p_H gelegt wird und auf der Abszisse die p_H-Werte, auf der Ordinate die Säurekonzentrationen aufgetragen werden. Die Länge der Ordinate des Punktes $p_H = 6{,}0$ in Einheiten 0,001 n-Säure ergibt die Pufferkapazität CM der Lösung. Zur Ausschaltung des Verdünnungsfehlers bei der Titration wird nach dem Vorschlag von MOSER das Serum halb mit Wasser verdünnt und bei der Titration genau so viel an unverdünntem Serum hinzugefügt, wie das Volumen der zugesetzten Säure beträgt.

85. Übung.

Membranpotentiale und DONNANsches Ionengleichgewicht[1]).

Wenn zwei Elektrolytlösungen durch eine Membran getrennt sind und sich auf der einen Seite der Membran ein nicht diffusionsfähiges („kolloides") Ion befindet, welches auf der anderen Seite der Membran fehlt, so stellt sich zwischen diesen beiden durch die Membran getrennten Lösungen ein eigenartiges Gleichgewicht ein. Die Anwesenheit des kolloiden Ions, welches durch die Membran nicht durchtreten kann, verhindert, daß die Zusammensetzung der beiden Lösungen die gleiche wird. Das wirklich eintretende Gleichgewicht wird durch das Zusammenwirken folgender Gesetze geregelt:

1. Das Gesetz der Elektroneutralität, d. h. die Summe sämtlicher positiver Ionen muß stets gleich der Summe sämtlicher negativer Ionen sein; dies gilt für jede der beiden Lösungen einzeln. Die Gesamtsumme der Ionen muß dagegen in der kolloidhaltigen Lösung größer sein als in der anderen. Dies ist nur möglich, wenn das Kolloidion den äquivalenten Betrag von gleichgeladenen diffusiblen Ionen aus seiner Lösung herausstößt, oder den äquivalenten Betrag entgegengesetzter geladener diffusibler Ionen in seine Lösung hineinzieht, oder unter Wahrung der Äquivalenzgesetze dies beides miteinander kombiniert.

2. Im Gleichgewicht gilt für alle diffusiblen Kationenarten das Gesetz, daß die Verhältnisse ihrer Konzentrationen in den beiden Lösungen einander gleich sind, und ferner ist das Verhältnis der Konzentration der diffusiblen Anionen in den beiden Lösungen genau das reziproke des der Kationen.

---

[1]) DONNAN, F. G.: Zeitschr. f. Elektrochem. **17**, 572. 1911.

3. Ist das Verhältnis irgendeiner Kationenart in den beiden Lösungen $= \gamma : 1$, so herrscht zwischen den beiden Lösungen eine elektrische Potentialdifferenz im Betrage von $0{,}058 \log \gamma$ Volt, d. h. dieselbe Potentialdifferenz wie in einer Konzentrationskette, bei der das Verhältnis der Ionenkonzentration an beiden Elektroden $\gamma : 1$ ist. Wir beschreiben eine Versuchsanordnung zur Demonstration dieser Gesetze in Anlehnung an JACQUES LOEB[1]).

Ein Kollodiumsack mit eingeklebtem Gummistopfen (siehe 39. Übung), Inhalt etwa 40 ccm, wird mit einer Lösung von 1 g Gelatine in 100 ccm $^1/_{2000}$ n-HCl gefüllt und ein fast kapillares Steigrohr von etwa 20 cm Länge eingesetzt. Dieses Säckchen wird in ein geräumiges Becherglas von etwa 1 Liter Inhalt bis zur Höhe des Gummistopfens eingesenkt, welches mit einer $^1/_{2000}$ n-HCl-Lösung gefüllt ist, und einen oder besser zwei Tage lang zur Einstellung des Diffusionsgleichgewichtes sich selbst überlassen. Es

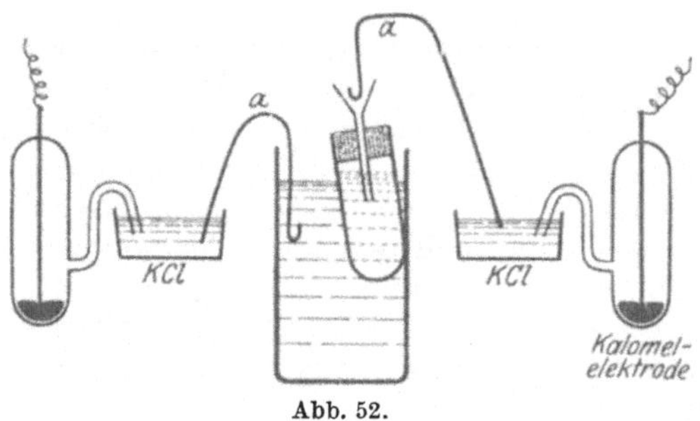

Abb. 52.

stellt sich ein osmotischer Druck von 15—20 cm Höhe ein. Danach entfernt man das Steigrohr und ersetzt es durch ein Trichterchen. Nun mißt man zunächst die Potentialdifferenz der beiden Lösungen auf folgende Weise: Der Kollodiumschlauch wird durch geeignete Stellung (Druck auf den Boden oder gegen die Glaswand) etwas zusammengedrückt, so daß der Inhalt ein wenig in den Trichter steigt. In diesen Trichter bringt man ein KCl-Agarrohr (Abb. 52, a), wie in der 80. Übung, mit aufgebogener Spitze, welches man mit Hilfe von gesättigter KCl-Lösung mit einer gesättigten Kalomelelektrode leitend verbindet. Ein zweites solches Agarrohr mit aufgebogenem Ende wird in die Außenlösung eingeführt und zu einer zweiten Kalomelelektrode abgeleitet. Der Potentialunterschied der beiden Elektroden wird mit Hilfe der Kompensationsmethode genau wie oben gemessen. Es fanden

---

[1]) LOEB, JACQUES: Proteins and The Theory of Colloidal Behavior. New York 1922.

sich 0,017 Volt, in dem Sinne, daß die gelatinehaltige Lösung positiv ist gegen die andere.

Nunmehr bestimmt man mit Hilfe der Wasserstoffgaskette den p_H sowohl in der Innenlösung als auch in der Außenlösung. Es fand sich außen der $p_H = 3,43$, innen der $p_H = 3,76$, eine Differenz von 0,33, entsprechend einem Potentialunterschied der aus beiden Lösungen zusammengesetzten H_2-Konzentrationskette im Betrage von 0,019 Volt. Das Membranpotential hat also innerhalb der Fehlergrenzen denselben Betrag wie eine Wasserstoffionen-konzentrationskette, welche mit der Außen- und der Innen-lösung angesetzt worden wäre; es hat aber gleichzeitig auch den-selben Betrag wie eine für Cl'-Ionen reversible Konzentrations-kette (z. B. mit Elektroden von Hg + Kalomel), welche mit den beiden Lösungen angesetzt worden wäre.

Die Ungleichheit der Summe der gelösten Ionen und Moleküle in beiden Lösungen bewirkt den Unterschied des osmotischen Druckes, der sich im Steigrohr zeigte, und der ebensogut als „Quellungsdruck" der Gelatine bezeichnet werden könnte.

XV. Oxydations - Reduktionspotentiale.

I. Theoretische Vorbemerkung zu den Oxydations-Reduktions-Potentialen.

1. Definition der Oxydation und Reduktion.

Es ist bei dem heutigen Stand der Kenntnisse zweckmäßig, die Aufnahme von Sauerstoff oder von Hydroxyl-Radikalen (nicht aber von OH-Ionen), oder die Abgabe von Wasserstoffatomen (nicht aber von H^+-Ionen), oder die Abgabe von Elektronen als einander äquivalente Vorgänge zu betrachten und mit dem ge-meinschaftlichen Namen Oxydation zu bezeichnen, und den umgekehrten Prozeß als Reduktion. Die Unbestimmtheit in der Definition dieser Begriffe ist begründet durch den Umstand, daß die mit dem primären Prozeß der Oxydation notwendiger-weise gekoppelten weiteren Prozesse derartiger Natur sind, daß sich oft nicht unterscheiden läßt, welcher Prozeß primär und welcher sekundär ist. In einzelnen Fällen ist dies zwar mög-lich, z. B.:

a) Die Oxydation des Hämoglobins zu Oxyhämoglobin ist eine reine Addition von Sauerstoff und hat nichts zu tun mit Abgabe von Wasserstoff oder Elektronen. Solche Oxydation bezeichnet man nach CONANT zweckmäßig als Oxygenation.

b) Die Oxydation eines Ferrosalzes in saurer Lösung zu einem Ferrisalz (z. B. vermittels Permanganats oder durch elektrolytische Oxydation an einer Anode aus Edelmetall) ist als eine reine Abgabe eines Elektrons des Ferroions zu deuten:

$$Fe^{++} \rightarrow Fe^{+++} + \varepsilon.$$

Aber in vielen Fällen ist die Entscheidung schwierig. WIELAND vertritt die Anschauung, daß der wesentliche Vorgang bei einer überwiegenden Menge von Oxydationen in der Abgabe von Wasserstoff besteht (Dehydrogenation), z. B.

$$\underset{\text{Hydrochinon}}{C_6H_4(OH)_2} \rightarrow \underset{\text{Chinon}}{C_6H_4O_2} + 2H.$$

Summarisch betrachtet, ist diese Formulierung richtig. Aber sie versagt, wenn man die Einzelheiten des Prozesses berücksichtigt. Sie läßt unerklärt, warum Hydrochinon von Sauerstoff in alkalischer Lösung unvergleichlich schneller oxydiert wird als in saurer. Diese Tatsache legt die Annahme nahe, daß es überhaupt nicht das Hydrochinon selbst ist, welches durch O_2 oxydiert wird, sondern sein zweiwertiges Ion, und in diesem Falle ist die Oxydation eine Abgabe von 2 Elektronen:

$$\underset{\substack{\text{Zweiwertiges Anion} \\ \text{des Hydrochinons}}}{C_6H_4O_2^{=}} \rightarrow \underset{\text{Chinon}}{C_6H_4O_2} + 2\,\varepsilon.$$

Trotzdem kann man nicht sagen, daß WIELANDS Annahme „falsch" sei. Denn man kann den Vorgang auch ausdrücken, indem man sagt: Hydrochinon wird oxydiert, indem es erst zwei H^+-Ionen abgibt (elektrolytische Dissoziation des Hydrochinons in seiner Eigenschaft als Säure), und dann zwei Elektronen abgibt. Da ein H^+-Ion und ein Elektron zusammen mit einem H-Atom identisch ist, ist, summarisch betrachtet, die Dehydrogenation im WIELANDschen Sinne doch zustande gekommen. Aber die Zerlegung dieses Prozesses in zwei Stufen hat den Vorteil, 1., daß sie der leichteren Oxydierbarkeit in alkalischer Lösung gerecht wird, 2., daß sie eine völlige Analogie mit der Oxydation von Fe^{++} zu Fe^{+++} herstellt.

Aber nicht jede Dehydrogenation ist auf diese Weise verständlich. Bernsteinsäure wird bei Gegenwart eines in vielen Zellen vorhandenen Fermentes durch O_2 oder andere reduzierbare Substanzen zu Fumarsäure oxydiert:

$$COOH \cdot CH_2 \cdot CH_2 \cdot COOH \rightarrow COOH \cdot CH{=}CH \cdot COOH + 2H.$$

Dieser Vorgang tritt aber ohne das Ferment niemals ein, auch nicht in alkalischer Lösung. Die primäre Bildung eines Ions, analog den Vorgängen beim Hydrochinon:

$$COOH \cdot CH^- \cdot CH^- \cdot COOH,$$

und sekundäre Abgabe der Elektronen ist nicht erweisbar.

Aber nicht einmal bei der Oxydation von Ferroeisen zu Ferrieisen ist es sicher, daß der primäre Vorgang immer die Abgabe eines Elektrons ist. Ferrohydroxyd wird durch Luft zu Ferrihydroxyd oxydiert. Der Umstand, daß Ferroionen durch Luft oxydiert werden, ist schon ein Hinweis darauf, daß die Oxydation hier auf einem anderen Wege verläuft als in saurer Lösung. Der Weg ist hier wahrscheinlich folgender:

Ein Fe-Atom ist imstande, außer den durch eine heteropolare Affinität gebundenen Radikalen [im Falle von $Fe(OH)_2$ also außer den zwei OH-Gruppen] noch andere Molekeln oder Ionen zu binden, z. B. CN, NO, SCN, Pyridin, Pyrrolkerne, und so auch O_2. So sind z. B. für das Kobalt komplexe Verbindungen bekannt, welche außer NH_3-Molekeln auch O_2 enthalten: die Oxokobaltiake. In saurer Lösung geben sie diesen O_2 unter stürmischer Gasentwicklung sofort wieder ab. Wenn nun $Fe(OH)_2$ eine solche komplexe Verbindung mit O_2 geben könnte, so ist, in Anbetracht der leichten Oxydierbarkeit des Ferro-Eisens, leicht einzusehen, daß eine solche Verbindung nicht beständig ist, sondern sich intramolekular derart umsetzt, daß Ferro-Eisen zu Ferri-Eisen wird und gleichzeitig O_2 reduziert wird, wohl zunächst zu H_2O_2, welches aber sofort weiter reduziert wird, weil — wie WIELAND gezeigt hat — Ferro-Eisen von H_2O_2 schneller oxydiert wird als von O_2.

Die verwirrende Mannigfaltigkeit der Mechanismen der verschiedenen, oft zu demselben Ende führenden Prozesse berechtigt daher, alle Prozesse gemeinschaftlich als Oxydationen zu bezeichnen, bei denen das Endprodukt mehr O, oder weniger H, oder weniger Elektronen besitzt als das Ausgangsprodukt.

2. Die reversiblen Redoxsysteme.

Es gibt eine beschränkte Zahl von Oxydations-Reduktionsprozessen, welche reversibel verlaufen. Damit ist folgendes gemeint: Es ist möglich, eine Vorrichtung zu bauen, mit Hilfe deren diejenige Energiemenge, welche bei der Oxydation frei wird, dazu benutzt werden kann, um die Oxydation quantitativ wieder rückgängig zu machen, so daß zum Schluß, wenn der Kreisprozeß geschlossen ist, keine an dem ganzen Prozeß irgendwie beteiligten Stoffe irgendwelche Veränderung erfahren haben.

Solche reversibel arbeitende Vorrichtungen lassen sich bis heute in zwei Gruppen von Fällen bauen:

1. Bei den reinen Oxygenationen. Wenn in einem Zylinder mit beweglichem Stempel eine Hämoglobinlösung und gasförmiger Sauerstoff vorhanden sind, so kann man den Oxydationsgrad des Hämoglobins reversibel durch Kompression und Dilatation des Volumens des Gasraumes ändern.

2. Bei denjenigen Oxydationsprozessen, welche primär zweifellos nur in der Abgabe von Elektronen bestehen. Diese Elektronen kann man in einen metallischen Schließungskreis ableiten, so elektrischen Strom erzeugen, und nachher durch Anwendung einer äußeren Stromquelle den Prozeß wieder rückgängig machen.

Als Maß für die oxydierende oder reduzierende Kraft eines reversiblen Systems wählt man am einfachsten die elektrische Potentialdifferenz einer indifferenten Elektrode (Platin oder Gold), welche in diese Lösung taucht, gegen die Normalwasserstoffelektrode. Das Vorzeichen wird so gewählt, daß das Potential eines stark oxydierenden Systems positiv gegen die Normalwasserstoffelektrode gerechnet wird. Das Potential irgendeines reversiblen Systems gegen die Normalwasserstoffelektrode wird weiterhin mit dem Symbol E_h bezeichnet. Statt dessen wird daneben mitunter folgender, von M. W. CLARK eingeführter Maßstab benutzt: Wenn man in der Normalwasserstoffelektrode (platiniertes Platin in einer 1 mol. Lösung von H^+-Ionen, in Wasserstoffgas von 1 Atmosphäre Druck) den Druck des H_2-Gases ändert, ändert sich auch das Potential. Ändert man den Druck des H_2 derart, daß das Potential gleich dem des zu untersuchenden Redoxsystems gegen eine blanke Elektrode ohne Gasphase wird, so ist dieser Druck ein Maß für das reduzierende Vermögen des Redoxsystems. Der Logarithmus des reziproken Wertes dieses Drucks wird als rH bezeichnet. Der Zusammenhang zwischen E_h und rH ist folgender:

$$rH = \frac{E_h}{0,0296}$$

bei 25° C, wo E_h in Volt ausgedrückt ist.

Für andere Temperaturen muß der Divisor 0,0296 durch die Hälfte der in Tabelle S. 180 angegebenen Werte für ϑ ersetzt werden.

II. Allgemeine technische Anleitungen.

a) Herstellung der Elektroden.

Als indifferente Elektroden benutzt man am besten blanke oder vergoldete Platinelektroden. Ein kleines Stückchen Platinblech wird mit einem nicht allzu dünnen Platindraht im Knallgasgebläse verschweißt und der Draht in ein Glasrohr wie in Abb. 53 eingeschmolzen, so daß auch der Rand der Platinplatte noch ein wenig von Glas bedeckt ist, der mechanischen Festigung wegen. Das Innere des Glasrohrs wird mit Quecksilber 2—3 cm hoch aufgefüllt, ein Kupferdraht hineingesteckt und der Rest des Glasrohres mit geschmolzenem Paraffin aufgefüllt. Diese Elektrode kann als blanke Platinelektrode unmittelbar benutzt werden. Sie kann gelegentlich mit H_2SO_4 oder HCl, auch mit NaOH gereinigt werden. Um eine solche Elektrode zu vergolden, polarisiere man sie kathodisch (mit einer Hilfsanode aus Platin) mit einer Stromquelle von 3—4 Volt und, mit Hilfe eines regulierbaren Widerstandes, bei so geringer Stromstärke wie irgend möglich, in einer Lösung von 1 proz. Goldchlorid, der so viel KCN-Lösung zugesetzt ist, daß die gelbe Farbe praktisch gerade verschwunden ist. Man reguliere den Strom etwa so, daß innerhalb einer Minute ein vollkommener, dünner Goldüberzug entsteht. Nach der Vergoldung wird die Elektrode gut gewässert.

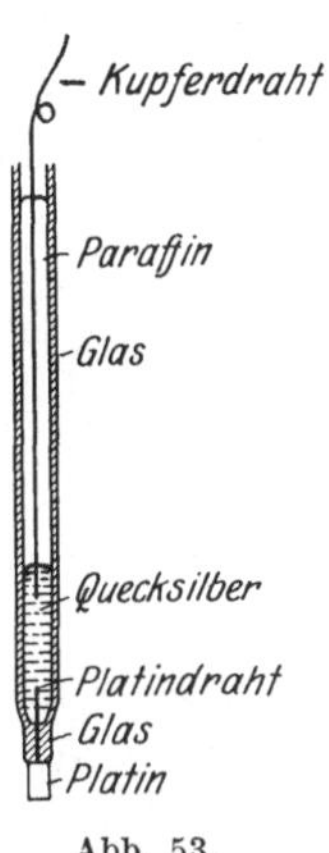

Abb. 53.
Elektrode.

b) Reinigung des Stickstoffs und Wasserstoffs.

Nur in wenigen Fällen kann man in Gegenwart von Sauerstoff arbeiten. Gewöhnlich muß das System von jeder Spur Sauerstoff sorgfältig befreit werden. Dies geschieht am leichtesten vermittels permanenter Durchströmung mit gereinigtem Stickstoff. Der käufliche Bombenstickstoff muß zu diesem Zweck von den Resten Sauerstoff befreit werden. Dies ist zwar prinzipiell mit Hilfe mehrerer Waschflaschen mit Pyrogallol oder Natriumhydrosulfit möglich, jedoch sehr mühsam, bei laufenden Arbeiten kaum auf die Dauer durchführbar. Sollte der käufliche Stickstoff sehr unrein sein ($> 1\% O_2$), so kann man Pyrogallol wohl zum Vorwaschen benutzen, aber die eigentliche Reinigung geschieht am besten über heißem Kupfer im Verbrennungsofen, am besten mit elektrischer Heizung.

Abb. 54 zeigt die Anordnung des Reinigungsapparates. Man beginne den Aufbau desselben mit der Kupferfüllung. Ein passen-

des Glasrohr aus schwer schmelzbarem Glas (z. B. Jenaer Geräteglas), zylindrisch, an beiden Seiten zunächst weit offen, wird mit
fein verteiltem Kupfer gefüllt, derartig, daß sich nirgends ein
durchgehender Luftkanal bilden kann, über den das Gas einfach
hinwegstreichen kann. Am leichtesten erreicht man dies auf
folgende Weise. Das Rohr wird abwechselnd in Strecken von je
5 cm mit gut gewickelten, dicht passenden Rollen aus feinem
Kupfernetz und Packungen von feinen Stückchen Kupferoxyd-
draht gefüllt. Diese Drahtspäne werden sorgfältig mit einer
Messingstange zusammengestopft. Der Anfang und das Ende

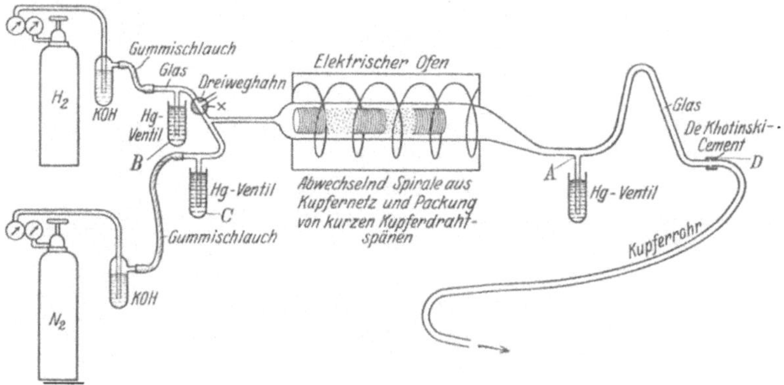

Abb. 54. Schema des Apparates zur Reinigung des N_2 und des H_2 von O_2. (Die relativen
Größenverhältnisse der einzelnen Teile sind nicht die natürlichen.)

der Füllung wird von je einer Kupferrolle gebildet. Nun wird
das linke Ende des Glasrohres einfach ausgezogen und das rechte
Ende derartig ausgezogen, daß das bei der Reduktion des Kupfer-
oxydes sich bildende Wasser nirgends Gelegenheit hat, nach der
Kondensation außerhalb des Ofens in das Rohr zurückzufließen,
sondern immer durch den Abfluß A entleert wird. B und C sind
Quecksilberventile, ebenso A. Bei D wird an das Ende des Glasrohres ein dünnes Kupferrohr angeschlossen, vermittels eines
siegellackartigen Lackes, am besten de Khotinski-Zement. Dieses
Kupferrohr kann beliebig lang sein und führt schließlich zum
Elektrodengefäß. Gummischläuche werden so völlig vermieden.

Es ist sehr empfehlenswert, ein Pyrometer (Chromel-Alumel-
Thermosäule) in den Ofen zur Temperaturkontrolle einzulegen.
Eine Temperatur von 450—500° C ist auf alle Fälle ausreichend,
Rotglut (700°) ist keineswegs vorteilhafter. Arbeitet man ohne
Temperaturkontrolle, so ist es recht angebracht, ein Quarzrohr

statt des Glasrohres zu nehmen, damit auch unbeabsichtigte Rotgluttemperaturen ohne Schaden vertragen werden.

Zuerst reduziere man das Kupferoxyd mit Wasserstoff. Dies erfordert einige Stunden. Man erhitzt zu diesem Zweck auf 350 bis 400° C. Da die Reaktionswärme dieses Reduktionsprozesses sehr groß ist, leite man den Wasserstoff so langsam durch, daß an der Reaktionszone niemals Rotglut entsteht. Späterhin reduziere man das beim Gebrauch teilweise oxydierte Kupfer zur Regeneration gelegentlich (je nach Inanspruchnahme täglich bis wöchentlich einmal) $^1/_4$—$^1/_2$ Stunde lang, bis das Kupfer überall rein metallisch glänzt. Meist verlangt der Plan der Arbeit abwechselnd H_2 und N_2, und die Regeneration des Kupfers erfolgt dann automatisch. Diese Einrichtung ist unbeschränkt haltbar, stets gebrauchsfertig und liefert N_2 oder H_2 von solcher Reinheit, daß keines der dafür zur Verfügung stehenden Reagenzien Sauerstoff anzeigt, bei allen Durchströmungsgeschwindigkeiten, die bei diesen Arbeiten vorkommen. Die Prüfung auf O_2-Freiheit wird weiter unten gezeigt werden (vgl. S. 222).

Diese Methode ist gleich wirksam für die Reinigung von N_2 oder von H_2 von O_2-Resten. Wenn man von H_2 zu N_2 übergeht, wasche man die blinden Enden (Quecksilberventile), in denen das Gas stagniert, mit N_2 aus. Der Dreiweghahn dient demselben Zweck. Mit seiner Hilfe kann man während der N_2-Durchströmung den mit × bezeichneten Teil des Rohres von H_2 frei waschen und dann den H_2-Weg ganz absperren.

c) Elektrodengefäße.

Man mache sich zum Prinzip, niemals mit einzelnen Elektroden zu arbeiten. Nur die Übereinstimmung des Potentials verschiedener, in derselben Lösung befindlicher Elektroden bietet Gewähr dafür, daß Störungen sofort erkannt werden. Nebenstehendes Bild gibt ein Schema eines Elektrodengefäßes.

Die Gaszuleitung erfolgt durch das Kupferrohr, welches das gereinigte Gas

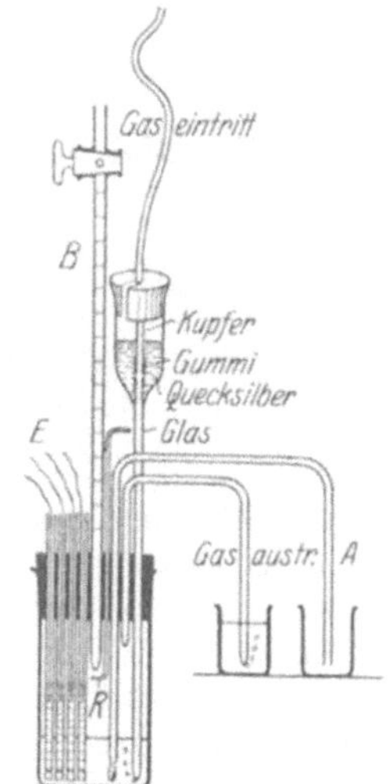

Abb. 55. Halbschematische Darstellung des Elektrodengefäßes (von dem je nach den Bedingungen das eine oder das andere fortgelassen werden kann).

führt. Es kann in einfachster Weise (Abb. 55) völlig luftdicht und ohne jeden der Außenluft ausgesetzten Gummischlauch (Gummi ist oft merklich durchlässig für Sauerstoff!) an das

Glasrohr, welches in das Elektrodengefäß hineinführt, angeschlossen werden. Eine von den verschiedenen Elektroden soll eine platinierte Pt-Elektrode sein, mit der während H_2-Durchströmung p_H gemessen werden kann. A ist ein Glasheber, gefüllt mit KCl-gesättigtem Agar. Mit diesem wird die Brücke zur Kalomelelektrode hergestellt. Das in das Innere des Elektrodengefäßes hineinragende Ende hat zweckmäßig folgende Beschaffenheit. Es ist mit einem (nicht zu gut) eingeschliffenen Glasstopfen verschlossen, so daß eine kapillare Agarverbindung bestehen bleibt. Um ein Herausschleudern des Stopfens beim Schütteln zu verhindern, ist dieser nach oben in einen kleinen Haken verlängert, der bei passender Drehung in eine Einbuchtung der Wand des Glasrohres sanft eingeklemmt wird.

R ist ein beweglicher, aber luftdicht eingeführter Glasstab, mit Hilfe dessen man während der Titration den anhängenden Tropfen von der Bürettenöffnung abstreifen kann. Die Bürette B hat ihren Hahn oben (5 ccm, in $\frac{1}{100}$ ccm graduiert).

86. Übung.

Das Potential in einem Gemisch von Ferrizyankalium und Ferrozyankalium.

Der chemische Vorgang an der Elektrode ist:

$$Fe^{III}(CN_6)^{\overline{\overline{}}} + \varepsilon \rightleftharpoons Fe^{II}(CN)_6^{\overline{\overline{\overline{}}}}$$
$$\text{(Ferricyanid + 1 Elektron} \rightleftharpoons \text{Ferrozyanid)}$$

Diese Übung kann, wenn auch nicht ganz mit demselben Grad von Genauigkeit, aber immerhin befriedigend durchgeführt werden, ohne daß man die Flüssigkeiten von O_2 befreit. Das Elektrodengefäß kann vereinfacht werden und braucht nur zu enthalten: 2 blanke Platinelektroden, dann etwa noch eine vergoldete Elektrode, Agarbrücke (keine Bürette, keine Gaszufuhr oder -abfuhr, keine platinierte Elektrode).

Das Potential in einem Gemisch von Kaliumferrizyanid und Kaliumferrocyanid beträgt bei 30°

$$E_h = E_0 + 0{,}060 \log \frac{[\text{Ferrizyanid}]}{[\text{Ferrozyanid}]},$$

wo der Faktor 0,060 für andere Temperaturen gemäß Tabelle S. 180 abzuändern ist.

E_0 ist daher das Potential in einem Gemisch von gleichen Mengen Ferrizyanid und Ferrozyanid. Die eckigen Klammern bedeuten die (thermodynamischen) Aktivitäten, nicht die Konzentrationen. Da die beteiligten Ionen sehr hochwertig sind (3- bzw. 4-wertig), ist der Aktivitätsfaktor selbst in hohen Verdünnungen merklich verschieden von 1 und individuell verschieden für die Ferrizyanid-Ionen und die Ferrozyanid-Ionen. Um die Gültigkeit der Formel zu erweisen, wenn man mit Konzentrationen statt Aktivitäten rechnet, muß man einen indifferenten Elektrolyten in sehr großem Überschuß zusetzen. Dann wird die „Natur des Lösungsmittels" oder die „Ionenstärke" des Systems im wesentlichen durch den indifferenten Elektrolyten bestimmt, und die Aktivität des Ferro- und Ferri-Zyankaliums ist angenähert ihrer Konzentration proportional. Dies zeigt folgender Versuch: Alle Lösungen enthalten KCl in der definitiven Konzentration 2,00 molar. Außerdem enthält (in der definitiven Konzentration)

	Kaliumferrizyanid	Kaliumferrozyanid
Lösung A	$1/1000$ molar	$1/1000$ molar
„ B	$1/1000$ „	$1/100$ „
„ C	$1/100$ „	$1/1000$ „

Um das Potential je eines solchen Gemisches zu messen, füllt man es in das Elektrodengefäß ein, taucht das freie Ende der Agarbrücke in eine gesättigte KCl-Lösung, in welche anderseits eine Kalomelelektrode taucht. Man mißt den Potentialunterschied und rechnet ihn auf die Normal-Wasserstoffelektrode als Bezugspunkt um.

Für diese Umrechnung muß man den Potentialunterschied der Kalomelelektrode und der Normalwasserstoffelektrode kennen. Diesen erfährt man auf folgende Weise:

Man mißt den Potentialunterschied der Kalomelelektrode gegen eine Wasserstoffelektrode (mit platiniertem Platin) in Standard-Azetat. Dieser Potentialunterschied, in der Regel um 0,517 Volt, sei $= E_{St}$. Dann ist der Potentialunterschied der Kalomelelektrode gegen die Normalwasserstoffelektrode, E,

$$E = E_{St} - 4{,}62 \cdot \vartheta,$$

wo ϑ von der Temperatur abhängt und aus der Tabelle S. 180 zu entnehmen ist. So ist z. B. für $E_{St} = 0{,}5170$ Volt und eine Temperatur von 20°

$$E_{20°} = 0{,}5170 - 4{,}62 \cdot 0{,}0581 = 0{,}2486 \text{ Volt}$$

oder für $E_{St} = 0{,}5170$ und $T = 25°$:

$$E_{25°} = 0{,}5170 - 4{,}62 \cdot 0{,}0591 = 0{,}2440 \text{ Volt.}$$

Dieses Potential muß von dem mit Hilfe der Kalomelelektrode gemessenen abgezogen werden, um die Angaben auf die Normalwasserstoffelektrode als Bezugspunkt umzurechnen.

Bei 25° ist das Potential, bezogen auf die Normalwasserstoffelektrode

$$A \quad + 0{,}4938 \text{ Volt}$$
$$B \quad + 0{,}4348 \quad \text{,,}$$
$$C \quad + 0{,}5517 \quad \text{,,}$$

		Beobachtet	Berechnet
Differenz	B—C	$- 0{,}1169$	$- 0{,}1182$
	A—B	$+ 0{,}0590$	$+ 0{,}0591$
	A—C	$- 0{,}0579$	$- 0{,}0591$

Man berechne hieraus E_0. Dieses E_0 gilt nur für den Fall, daß wenig von dem Redoxsystem in dem großen Überschuß von 2 mol. KCl gelöst wird.

Um sich eine Vorstellung davon zu machen, wie stark E_0 in einem System von vielwertigen Ionen von dem Gesamtelektrolytgehalt abhängt, messe man eine Reihe verschiedener Gemische, welche alle Ferri- und Ferrozyankalium im Verhältnis 1 : 1 ohne sonstigen Zusatz enthalten, aber in wechselnden Konzentrationen. Man erhält folgende Potentiale:

$$\frac{m}{20} \qquad + 0{,}4424 \text{ Volt}$$

$$\frac{m}{100} \qquad + 0{,}4125 \quad \text{,,}$$

$$\frac{m}{300} \qquad + 0{,}3998 \quad \text{,,}$$

$$\frac{m}{1000} \qquad + 0{,}3813 \quad \text{,,}$$

Das Potential ist vom p_H in weiten Grenzen unabhängig. Man versetze eine der letztgenannten Lösungen mit einigen Tropfen starker Lauge. Hierdurch wird der p_H um mehrere Einheiten geändert, aber das Potential nicht merklich beeinflußt.

Ein Redox-Indikator von den Eigenschaften des Ferri-Ferrozyanidsystems hätte einen so großen „Salzfehler", daß er als Indikator praktisch unbrauchbar wäre. Glücklicherweise sind die Salzfehler der organischen Farbstoffsysteme ganz erheblich kleiner, so daß sie für praktische Zwecke vorläufig vernachlässigt werden können. Nur unter dieser Voraussetzung hat es einen Sinn, für ein Redoxsystem einen praktisch verwendbaren Wert für E_0 anzugeben.

87. Übung.

Die Chinhydron-Elektrode.

In einem Gemisch von Hydrochinon und Chinon ist der reversible Vorgang an der Elektrode

$$C_6H_4O_2 + 2\,\varepsilon \;\rightleftarrows\; C_6H_4O_2^= \tag{1}$$

Chinon   Zweiwertiges Ion
des Hydrochinons

Das zweiwertige Ion des Hydrochinons reagiert sofort mit den H^+-Ionen der Lösung in zwei Stufen:

$$\text{a) } C_6H_4O_2^= + H^+ \;\rightleftarrows\; C_6H_4 \cdot OH \cdot O^-,$$

Einwertiges Ion
des Hydrochinons

$$\text{b) } C_6H_4 \cdot OH \cdot O^- + H^+ \;\rightleftarrows\; C_6H_4(OH)_2.$$

Hydrochinon

Diese zwei Gleichungen haben nichts mit Oxydation oder Reduktion zu tun, sondern betreffen die elektrolytische Dissoziation des als zweibasische Säure funktionierenden Hydrochinon. Aus (1) würde folgen

$$E_h = E_0 + \frac{0{,}060}{2} \log \frac{[\text{Chinon}]}{[\text{Zweiwertige Ionen des Hydrochinons}]}. \tag{2}$$

Der Divisor 2 rührt daher, daß nach Gleichung (1) zwei Elektronen an dem Elementarvorgang beteiligt sind.

Wenn wir uns auf den Fall beschränken, daß die Lösung sauer oder nur sehr wenig alkalisch ist (p_H nicht größer als 7,0 oder allenfalls 7,5), so ist das Hydrochinon fast völlig ($> 99\%$) in undissoziierter Form vorhanden, da es eine sehr schwache Säure ist. In diesem Fall ist, nach dem Massenwirkungsgesetz, die Konzentration der zweiwertigen Hydrochinon-Ionen mit guter Annäherung proportional der gesamten Konzentration des Hydrochinons und dem Quadrat der Konzentration der H^+-Ionen, und aus (2) wird:

$$E_h = E_0 + \frac{0{,}060}{2} \log \frac{[\text{Chinon}]}{k \cdot [\text{Hydrochinon}][H^+]^2}$$

oder

$$E_h = E_0' + 0{,}030 \log \frac{[\text{Chinon}]}{[\text{Hydrochinon}]} - 0{,}060 \log [H^+],$$

wo die Konstante E_0' durch Zusammenziehung von E_0 und $\frac{0,060}{2} \log \frac{1}{k}$ entstanden ist. Hieraus sieht man, daß E_h nicht nur von dem Mengenverhältnis Chinon : Hydrochinon, sondern auch vom p_H abhängt.

Die folgende Übung beschränkt sich auf den Fall, daß das Mengenverhältnis Chinon : Hydrochinon konstant gehalten wird. Dies erreicht man, wenn man Chinhydron (eine kristallisierte Molekularverbindung von 1 Mol Chinon $+$ 1 Mol Hydrochinon, welche in Lösung fast völlig in ihre Komponenten zerfällt) in beliebiger Menge in einen Puffer von bestimmtem, beliebigem p_H, aber nicht wesentlich > 7, bringt. In diesem Fall vereinfacht sich die letzte Formel zu

$$E_h = E_0' - 0,060 \log [H^+]$$

oder

$$E_h = E_0' + 0,060 \, p_H \, . \tag{5}$$

Der Potentialunterschied zweier Chinhydronlösungen von verschiedenem p_H ist also

$$E = 0,060 \, (p_{H_1} - p_{H_2}) \, .$$

Ist p_{H_1} bekannt, so kann p_{H_2} berechnet werden.

Als Übung messe man den Potentialunterschied einer Chinhydronelektrode gegen die Kalomelelektrode. Die Chinhydronelektrode wird in dem einen Fall hergestellt, indem man in das Standardazetat ($p_H = 4,62$) eine Messerspitze Chinhydron gibt, in dem zweiten Fall, indem man einen Phosphatpuffer von $p_H = 6,81$ ebenso mit Chinhydron versetzt. Je nach der Art der Kalomelelektrode und der Temperatur (welche sowohl in der Kalomelelektrode als auch in der Chinhydronelektrode bis auf einige zehntel Grad bekannt und in beiden gleich sein muß), wird man verschiedene Werte finden, aber der Unterschied beider Werte soll für eine gegebene Temperatur der gleiche sein, und zwar ist, für $20°$

$$E = 0,0581 \, (6,81 - 4,62) = 0,1272 \text{ Volt}$$

mit einer Reproduzierbarkeit oft bis auf einige Zehntel eines Millivolts, je nach der Individualität der Elektrode.

Nehmen wir den p_H des Standardazetats (4,62) als bekannt an und stellen uns die Aufgabe, aus E den p_H des anderen Puffers zu berechnen, so ist dieser

$$p_H = 4,62 + \frac{0,1272}{0,0581} = 4,62 + 2,19 = 6,81 \, .$$

Der Faktor 0,0581 ist für andere Temperaturen nach Tabelle S. 180 abzuändern.

Ist der Potentialunterschied der unbekannten Lösung gegen die Kalomelelektrode größer als der Potentialunterschied des Standardazetats gegen die Kalomelelektrode, so muß das zweite Glied addiert werden; ist er kleiner, muß es subtrahiert werden.

Es wird empfohlen, die p_H-Bestimmung mit der Chinhydronelektrode immer nach diesem Schema auszuführen und nicht das E_0' der Gleichung (5) ein für allemal zu bestimmen.

Es wird im allgemeinen angegeben, daß für die Chinhydronelektrode die Austreibung des in der Lösung gelösten Sauerstoffs durch N_2-Durchströmung nicht erforderlich sei. Im allgemeinen ist dies recht befriedigend zutreffend. Aber eine wirkliche Genauigkeit erhält man bei zahlreichen Elektroden doch erst nach Austreibung des O_2. In diesem Fall geht jedoch der Vorteil der Chinhydronelektrode gegen die Wasserstoffelektrode — daß man nicht mit Gasen zu arbeiten braucht — verloren.

Alle mit der Chinhydronelektrode abgelesenen Potentiale ändern sich mit der Zeit infolge sekundärer Reaktionen, nicht nur in alkalischen Lösungen, wo sie bis zur Unbrauchbarkeit unbeständig sind. Am besten verfährt man derart, daß man sehr fein zerriebenes Chinhydron in nicht zu kleiner Menge in die Lösung bringt, gut umschüttelt, die Einstellung des Potentials kurze Zeit abwartet und das Potential benutzt, welches sich für einige Zeit (10—30 Minuten) als konstant erweist. Nicht selten zeigen verschiedene, in demselben Gefäß befindliche Elektroden etwas abweichende Werte, gleichsam, als ob das E_0 der Gleichung (5) individuell wäre. Dies ist natürlich thermodynamisch unmöglich. Die wahre Ursache kann nur sein, daß an der Elektrode außer der reversiblen Reaktion, auf der die Theorie basiert ist, noch eine irreversible Reaktion daneben verläuft. Man erkennt das auch an den allmählich eintretenden Verfärbungen. Wesentlich ist es, mit einem guten Chinhydronpräparat zu arbeiten. Man kann es aus heißem Wasser (aber keineswegs heißer als 60—65° C!) umkristallisieren.

Eine Anordnung für eine Kalomel-Chinhydronkette zeigt Abb. 56.

Ein einfaches Modell einer Chinhydronelektrode für kleine Flüssigkeitsmengen ist aus Abb. 57 ersichtlich. Die Flüssigkeit wird mit Chinhydron versetzt und vermittels des Gummischlauches in das Gefäß eingesaugt. Das untere, offene Ende wird unter gesättigte KCl-Lösung getaucht, wodurch die Flüssigkeitsbrücke hergestellt wird. Dieser Form kann man beliebig kleine Dimensionen geben.

Die Chinhydronelektrode hat noch einen anderen als bloß technischen Vorteil. Die gewöhnliche Wasserstoffelektrode ist

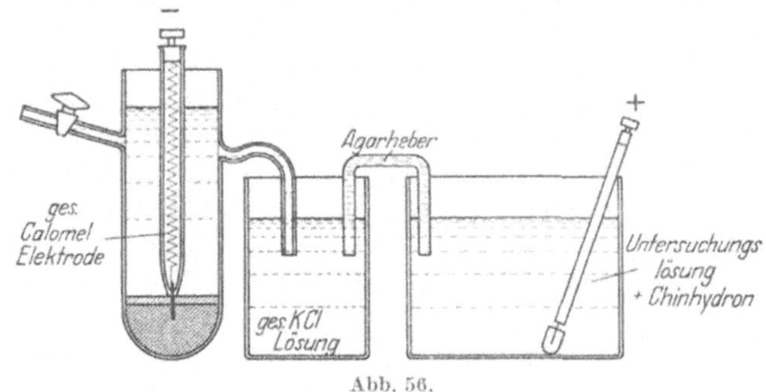

Abb. 56.

ein starkes Reduktionsmittel. Leicht reduzierbare Substanzen, wie Farbstoffe, ungesättigte Verbindungen u. dgl., werden daher durch die gewöhnliche Wasserstoffelektrode verändert. In solchem Fall stellt sich kein bestimmtes Potential ein. Die Chinhydronelektrode ist aber äquivalent einer H_2-Elektrode von so ungeheuer niedrigem H_2-Druck, daß sie nicht reduzierend wirkt. Daher kann man mit ihr den p_H in solchen Flüssigkeiten ungehindert messen. Als Übung messe man den p_H in einer 0,01 n-Lösung von Pikrinsäure, was mit der gewöhnlichen H_2-Elektrode nicht möglich ist.

Für stark alkalische Lösungen ($p_H > 9$) eignet sich die Methode nicht. In diesem Fall wird durch die Dissoziation des Hydrochinons

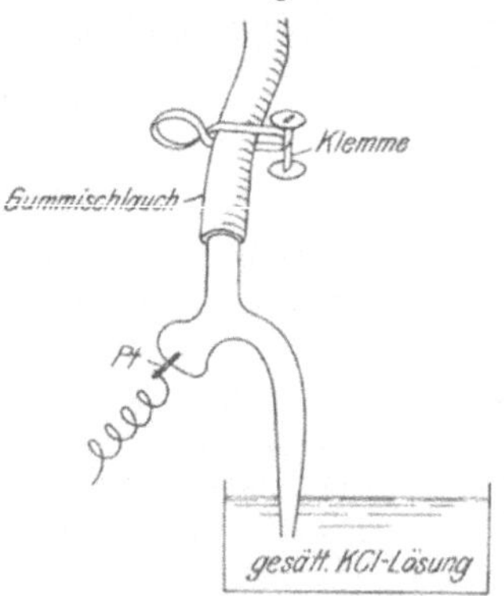

Abb. 57. Einfache Form einer Mikro-Chinhydronelektrode.

(welches eine schwache Säure ist) das Mengenverhältnis von Chinon zu (undissoziiertem) Hydrochinon in komplizierter Weise verändert, auch wird das Hydrochinon bei Gegenwart von O_2 in alkalischer Lösung zu Chinon und zu stark gefärbten Merichinonen oxydiert.

88. Übung.

Reduktive Titration eines reversiblen Farbstoffes mit Natriumthiosulfat ($Na_2S_2O_3$).

Am geeignetsten hierfür ist ein Farbstoff von nicht allzu negativem Potentialbereich, etwa Phenolindophenol oder eines Cl- oder Br-Derivats eines einfachen oder sulfonierten Indophenols[1]). Bei Farbstoffen von negativerem Potentialbereich ist das Ende der Titration nicht sehr scharf, weil selbst ein Überschuß von $Na_2S_2O_3$ das Potential nur bis zu einem gewissen (nicht sehr genau definierten und reproduzierbaren) negativen Bereich bringt.

In das Elektrodengefäß werden 20 ccm eines Puffers von p_H zwischen 8 und 9 (am besten Veronalpuffer, keinesfalls aber Borat, das Komplexe mit dem Farbstoff gibt) eingefüllt und 10 bis 15 mg des Farbstoffes darin gelöst[2]). Die Bürette (Abb. 55) wird mit einer ganz frisch bereiteten Lösung von Natriumthiosulfat (nicht zu verwechseln mit Natriumbisulfit, $NaHSO_3$) gefüllt. Einige cg desselben werden in 10 ccm Wasser gelöst und sofort in die Bürette gefüllt. Den Titer der Lösung festzustellen, ist nicht nötig. Der O_2 des Wassers wird von selbst verbraucht, Durchströmung der Thiosulfatlösung mit N_2 ist daher überflüssig. Der Titer dieser Lösung bleibt für die Dauer des Versuches, aber nicht viel länger, konstant.

Die gepufferte Farbstofflösung wird mindestens $1/_2$ Stunde mit N_2, anfangs lebhaft (etwa 100 ccm Gas pro Minute), später langsamer, durchströmt. Die gefüllte Bürette wird am zweckmäßigsten erst jetzt eingesteckt. Man setze während des ganzen Versuches die Durchströmung mit N_2 mit mäßiger Geschwindigkeit fort und messe das Potential an den verschiedenen Elektroden einzeln. Solange noch kein Reduktionsmittel zugesetzt ist, nimmt das Potential keinen ganz scharfen Wert an, auch pflegen die Elektroden nicht gut miteinander übereinzustimmen. Wenn das Potential einen einigermaßen beständigen Wert angenommen hat, beginne man die Titration, erst in sehr kleinen Stufen, dann in größeren Stufen, zum Schluß wieder in möglichst kleinen Stufen zur genauen Bestimmung des Endpunktes. Nach dem jedesmaligen Zusatz des Thiosulfats schüttle man sehr gut

---

[1]) Im Handel sind ziemlich reine Präparate erhältlich von o-Kresol-Indophenol, o - Chlor - Phenol - Indophenol, 1 - Naphthol - 2 - Sulfonat - Indophenol, auch Phenol-Indophenol.

[2]) p_H 8 bis 9 wird empfohlen, weil die Indophenole bei kleinerem p_H wenig gefärbt und schlecht haltbar sind.

um und verfolge die Einstellung des Potentials. Dieses stellt sich fast augenblicklich auf einen konstanten Wert ein, und alle blanken Elektroden (Pt oder Au) sollen innerhalb eines Millivolts oder sogar besser übereinstimmen. Gegen das Ende der Titration ändert sich das Potential in einer steileren Kurve, und von nun an titriere man in möglichst kleinen Schritten weiter, bis die Kurve sprunghaft steil wird. In diesem Gebiet stimmen die Elektroden oft nicht mehr so gut überein.

Man stelle den Verlauf der Kurve nach dem Schema Abb. 58 graphisch dar.

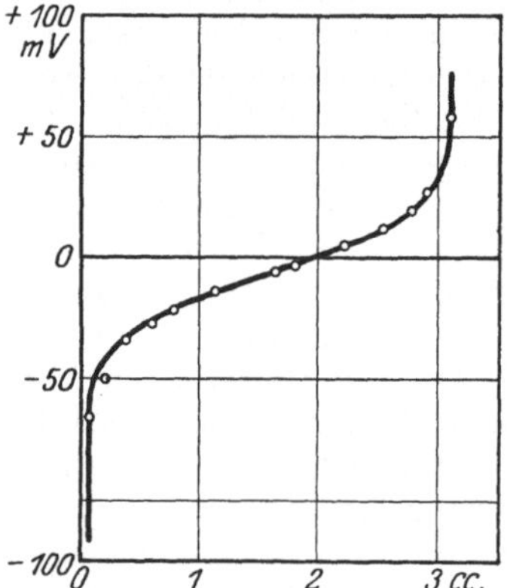

Beispiel einer Titrationskurve.

Abb. 58. Gallocyanin, mit Palladium-H_2 reduziert, dann mit Chinon titriert, bei 25,0°, p_H 7,390 (Phosphatpuffer). Abszisse: ccm Chinonlösung. Ordinate: Potential in Millivolts, bezogen auf die n-Wasserstoff-Elektrode (das Potential gegen die gesättigte Kalomelelektrode, das direkt gemessen wird, ist je nach der Temperatur um 245—250 Millivolt negativer).

Deutung der Kurve.

Die gesamte Menge des Farbstoffes, gemessen in willkürlichen Einheiten, ist gleich den Abszisseneinheiten vom Anfang der Kurve bis zum Sprung des Potentials. Diese Menge sei = a. Das Ende ist bis auf etwa 2—3% des gesamten Wertes genau angebbar. Das Potential, welches der Mitte zwischen dem Anfang und Ende dieses Abszissenstückes entspricht, ist das Potential E' einer Mischung des oxydierten und des reduzierten Farbstoffes im Verhältnis 1 : 1, bei dem p_H des gegebenen Puffers. Der p_H kann während der Titration als konstant angenommen werden. Dann ist der Verlauf der Kurve bestimmt durch die Gleichung

$$E = E' + \frac{0,060}{2} \log^{10} \frac{a - x}{x},$$

wo je nach der Temperatur der Faktor 0,060 abgeändert werden muß. Man konstruiere diese Kurve und beobachte, wie die abgelesenen Werte sich ihr anpassen. Die Übereinstimmung soll, abgesehen von dem allerersten und allerletzten Stück der Kurve, auf mindestens 1 Millivolt genau sein; meistens ist sie besser.

89. Übung.
Oxydative Titration eines Leukofarbstoffes[1]).

Dies ist die eleganteste Methode für die Charakterisierung eines Farbstoffes. Als Farbstoff wähle man z. B. Indigokarmin (Indigodisulfosäure) oder Indigotetrasulfosäure oder Gallophenin. Die Methode hat u. a. den Vorteil, daß man den p_H vor der Titration direkt messen kann.

20 ccm eines Puffers (Azetat, Phosphat, Veronal) zwischen p_H 4 und 10 werden mit 10—15 mg des Farbstoffes versetzt, in das Elektrodengefäß eingefüllt und etwa 0,3 ccm einer wässerigen Lösung von kolloidalem Palladium nach NACHT-PAHL zugesetzt (1 g auf 1 Liter Wasser). Die Bürette wird mit einer 4—5fach verdünnten, kalt-gesättigten Lösung mit Chinon versetzt, welche von O_2 befreit ist. Dies kann man am einfachsten durch kurzes Aufkochen erreichen, oder auch durch Durchströmung mit reinem N_2. Man benutze das Elektrodengefäß Abb. 55 und leite zunächst Wasserstoff durch, bis der Farbstoff völlig entfärbt ist. Sollte dies zu lange dauern, so gebe man noch einige $^1/_{10}$ ccm Palladium dazu.

Nun setze man die H_2-Durchströmung mit kleiner Geschwindigkeit so lange fort, bis die platinierte Pt-Elektrode ein konstantes Potential angenommen hat. Aus diesem wird der p_H berechnet[2]).

Jetzt werden die Hähne des Gasapparates auf N_2 umgestellt und so lange N_2 durchgeströmt, bis das Potential der platinierten Elektrode um etwa 80—100 Millivolt positiver geworden ist. Die Farbe des Leukofarbstoffes (rein gelb bei den Indigoderivaten, farblos in vielen anderen Fällen) muß durchaus unverändert bleiben. Jede Spur O_2 im N_2 verrät sich durch Auftreten der Farbe des oxydierten Farbstoffes. Nunmehr beachte man die platinierte Elektrode nicht weiter (sie hinkt in ihrer Einstellung während der Titration zu stark nach) und beobachte nur noch die blanken Elektroden, zwei aus Pt, von denen eine vergoldet ist. Nun beginnt man die Titration wie in der vorigen Übung.

Die Konzentration des Chinons ist am günstigsten, wenn man zwischen 1 und 3 ccm zur Titration verbraucht.

Wenn der Wasserstoff noch nicht vollständig durch Stickstoff verdrängt war, als der erste Tropfen Oxydationsmittel zugesetzt

---

[1]) MICHAELIS, L. und EAGLE, H: J. of biol. Chem. **87**, 713. 1930.

[2]) Es kann leicht vorkommen, daß die Bürette jetzt eine kleine Luftblase an der unteren Spitze hat. In diesem Fall lasse man etwas Chinon ab und setze die H_2-Durchleitung kurze Zeit fort, bis der dadurch oxydierte Farbstoff wieder völlig reduziert ist.

wurde, so geht die durch die Oxydation erzeugte Farbe nach einigen Minuten wieder zurück. Wenn die Farbe sich beliebig lange hält, so war die Austreibung des H_2 ausreichend.

Bei dieser Gelegenheit soll die Prüfungsmethode des N_2 auf Freiheit von O_2 nachgeholt werden. Wenn die erste Portion des Oxydationsmittels bei dieser Titration zugesetzt ist, bildet die Lösung ein System, welches einerseits schon ein scharf definiertes Potential zeigt, andererseits sehr empfindlich für freien O_2 ist. Der Nachweis von O_2-Spuren kann dadurch erbracht werden, daß das nach kurzer Zeit vorläufig konstant gewordene Potential auch bei stundenlanger Durchleitung des Stickstoffes nicht positiver wird. Jede Spur O_2 oder jede Undichtigkeit des Verschlusses des Titrationsgefäßes oder in dem Gasleitungssystem kann hiermit entdeckt werden. Genauer gesagt, durch diese Probe wird bewiesen, daß der N_2 nur noch so kleine Spuren O_2 enthält, daß die Geschwindigkeit der Oxydation des reduzierten Farbstoffes durch diesen O_2 unmeßbar klein geworden ist. Das aber ist die Bedingung, welche man erfüllt wissen will. Der O_2-Gehalt eines solchen gereinigten N_2 mag auf $< {}^1\!/_{1000}\%$ O_2 geschätzt werden.

Aus der erhaltenen Titrationskurve (vgl. Abb. 58) können folgende Schlüsse gezogen werden:

1. Die angewandte Farbstoffmenge ist in ihrer Menge äquivalent 3,1 ccm der angewandten Chinonlösung.

2. Das Potential bei 1,56 ccm Chinon (der Hälfte des vollen Äquivalents) ist das Potential, welches als charakteristisch für diesen Farbstoff bei diesem p_H betrachtet wird. Es beträgt $E_h' = -0,007$ Volt.

3. Es kann aus der Kurve entnommen werden, ob die oxydierte und die reduzierte Form des Farbstoffes sich um ein oder zwei Elektronen (oder Wasserstoffatome) unterscheiden. Der Verlauf der Kurve muß nämlich sein

$$E = -0,007 + \frac{0,0591}{n} \overset{10}{\log} \frac{x}{3,1-x},$$

wenn x die Menge der Chinonlösung in Kubikzentimeter ist. Man konstruiere diese Kurve für $n = 1$ und für $n = 2$. Die experimentelle Kurve entspricht $n = 2$. Für $n = 1$ würde sie steiler verlaufen.

4. Die Tatsache, daß die Kurve dem theoretischen Verlauf durchweg folgt, beweist, daß der Farbstoff rein war, in dem Sinne, daß er keinen anderen Farbstoff, wenigstens keinen Farbstoff mit einem anderen E_h', beigemengt enthielt.

Kritik dieses Versuches.

Der zweite Punkt der Kurve weicht um einige Millivolt vom theoretischen Wert ab. Dies fällt nicht ins Gewicht,

1. weil die Einstellung des Potential ganz am Anfang und ganz am Ende der Kurve nicht so zuverlässig ist. Hier kommen merklichere Abweichungen der verschiedenen Elektroden voneinander vor. Die Beschwerung oder Redox-Pufferung des Systems ist hier ungenügend, weil das Mengenverhältnis der oxydierten und der reduzierten Stufe extrem groß oder klein ist.

2. Hierzu kommt noch, daß die zugefügte Menge der Chinonlösung bei diesem Punkt so klein ist (ca. 0,1 ccm), daß ein kleiner Ablesungsfehler an der Bürette einen großen Einfluß auf das Resultat hat.

3. Man wird theoretisch erwarten, daß bei Fortsetzung der Titration über den gezeichneten Endpunkt das Potential steil in das viel positivere Bereich des Chinon-Hydrochinonsystems springt. Wenn man aber weiter titriert, sind die Potentiale überhaupt nicht sehr beständig. Sie springen zunächst in der Tat hoch ins Positive, kehren aber beim Abwarten oft allmählich wieder in negativere Bereiche zurück, ohne scharfe definitive Werte anzunehmen. Die Ursache ist, daß die oxydierte Form des Farbstoffes durch den Überschuß des Oxydationsmittels langsam und irreversibel weiter oxydiert wird. Diese Erscheinung ist ganz verschieden, je nach der Natur des Farbstoffes und des Oxydationsmittels. Der Versuch wurde deshalb nach Eintritt des Potentialsprunges nicht weiter berücksichtigt.

90. Übung.

Das scheinbare Reduktionspotential in nicht reversiblen Systemen, wie Organextrakte, Cystein, Zucker.

Organextrakte und Gewebsflüssigkeiten enthalten oxydierbare Substanzen. Diese Oxydationen verlaufen im allgemeinen nicht reversibel. Bei irreversiblen Oxydationen kann man zwei Fälle unterscheiden. Entweder hat die oxydierbare Substanz überhaupt keinen potentialbestimmenden Einfluß auf die Platinelektrode (z. B. Aldehyde), oder sie hat einen deutlichen Einfluß auf das Potential der Elektrode. Aber dieses Potential wird nicht durch das Mengenverhältnis der oxydierten und reduzierten Stufe bestimmt, sondern hängt oft nur von der Konzentration der reduzierten Stufe ab, ferner stellt sich das Potential sehr langsam ein, es erreicht nur sehr schwer oder überhaupt nicht einen definitiven, stationären Wert, und die individuellen Abweichungen verschiedener Elektroden sind meist viel größer. Man könnte sagen: solche reduzierenden Substanzen haben zwar die Tendenz, an die Platinelektrode Wasserstoffatome abzugeben, aber es entsteht kein Gleichgewicht im thermodynamischen Sinne, sondern im besten Fall ein scheinbares Gleichgewicht infolge fortschreitender Verlangsamung der Reaktionsgeschwindigkeit. Wenn man ein solches Potential als angenähertes Maß für das reduzierende Vermögen eines Systems benutzt, so muß man sich darüber klar sein, daß dieses Maß nicht thermodynamisch begründet ist und nichts mit der freien Energie des Systems zu tun hat.

Vielfach spricht man auch von dem Reduktionspotential von solchen Systemen selbst bei Gegenwart von Sauerstoff (aerobes und anaerobes Reduktionspotential). Gegenwart von O_2 hat zwei Folgen: erstens hat Sauerstoff an sich an der Metallelektrode einen, wenn auch nicht gut reproduzierbaren Einfluß auf das Potential. Zweitens verändert O_2 langsam den Zustand des Systems, indem es als Oxydationsmittel wirkt. Das bei Anwesenheit von Sauerstoff abgelesene Potential hat daher gewiß keinerlei thermodynamische Bedeutung.

Als Übung für die Beobachtung eines solchen Potentials werde empfohlen: ein Extrakt zerriebener Leber (frisch oder gekocht) in Phosphatpuffer von $p_H = 7,3$; oder eine Lösung von Zysteinchlorhydrat (0,01 molar) in irgendeinem Puffer zwischen p_H 4 und 8; oder eine 1 proz. Lösung von Glukose in einem Puffer von p_H 8—12. Gemeinschaftlich für diese Fälle ist, daß auch nach Austreibung der Luft das Potential sich sehr langsam einstellt, oft nach Stunden noch nicht ganz konstant ist. Verschiedene Elektroden stimmen oft viel schlechter überein als bei reversiblen Systemen. Setzt man etwas Oxydationsmittel (z. B. Ferrizyankalium) zu, so wird das Potential zunächst stark nach der positiven Richtung verschoben, kehrt aber allmählich oft fast auf den ursprünglichen Wert zurück. Das Potential bei Zystein hängt angenähert logarithmisch von der Konzentration des Zysteins und der H-Ionenkonzentration ab, wird aber durch Anwesenheit oder Menge der oxydierten Stufe, des Zystins, nicht beeinflußt. Man erreicht oft sehr negative Werte des Potentials, jedoch ist eine zahlenmäßige Angabe als Modell für den Praktikanten nicht angebracht.

XVI. Reaktionskinetik.

Um einen Einblick in reaktionskinetische Methoden zu erhalten, geben wir zunächst zwei wirklich ausgeführte Versuchsbeispiele mit allen ihren Fehlern und betrachten die Resultate theoretisch und auch besonders kritisch auf die infolge der Versuchsfehler zu erwartenden und wirklich vorhandenen Abweichungen von der Theorie.

91. Übung.
Die Säurespaltung des Rohrzuckers.

20 g Rohrzucker werden zu einem Volumen von 200 ccm in destilliertem Wasser gelöst und in einem 500 ccm fassenden Kolben in ein großes Wasserbad von Zimmertemperatur gestellt. In einem zweiten ebensolchen Kolben werden 200 ccm 4,0 n-Salzsäure gebracht und ebenfalls ins Wasserbad gestellt. Während der warmen Sommermonate empfiehlt es sich, die Hälfte dieser Säurekonzentration zu nehmen. Die Temperatur des Wasserbades wird genau festgestellt und während der ganzen Versuchsdauer mindestens innerhalb 0,1° konstant gehalten. Nachdem die Temperatur sich überall ausgeglichen hat, wird der Inhalt beider Kolben vermischt, der Zeitpunkt notiert und so schnell wie möglich mit einer Pipette eine Probe entnommen, in ein Polarisationsrohr gefüllt und sofort im Polarisationsapparat abgelesen. Es werden innerhalb von 1—2 Minuten 5—6 Ablesungen gemacht, bei jeder einzelnen Ablesung die Zeit notiert und dann sowohl von der Zeit als auch von den Ablesungen das Mittel genommen. In Abständen von 20—30 Minuten werden weitere Entnahmen gemacht und in derselben Weise abgelesen. Die Ablesungen werden mit Rücksicht auf die etwa fehlerhafte Nullstellung des Apparates korrigiert.

Die Drehung für die Zeit der Vermischung wird durch eine Extrapolation ermittelt. Zwischen Ablesung 2 und 3 hat eine Drehungsänderung von 0,25° stattgefunden, pro Minute also 0,10°. Daraus schließen wir, daß 2 Minuten vor der Entnahme 2 die Drehung um 0,20° größer gewesen wäre und setzen den Anfangswert = 6,55°. Berechnen wir zwischen der Entnahme 2 und 4 die Drehungsabnahme pro Minute, so ergibt sich 0,091°. In diesem Fall würde die Extrapolation auf die Zeit 0 zu dem Anfangswert 6,53 führen. Zwischen weiteren Zeiträumen dürfen wir die mittlere Drehungsabnahme pro Minute nicht mehr berechnen, weil ja hierbei die Voraussetzung gemacht wurde, daß

die Geschwindigkeit im Laufe der Zeit sich nicht ändert. Für so
kurze Zeiten können wir allerdings die Geschwindigkeit als gleich-
förmig betrachten und legen der aus dem größeren Zeitintervall
berechneten Extrapolation den größeren Wert bei, zumal sie sich
von der anderen nur sehr wenig unterscheidet. Wir setzen also
als Anfangswert 6,53 und klammern ihn in der Tabelle ein, zum
Zeichen, daß er nicht direkt beobachtet ist.

Es ergab sich in einem Fall folgendes Resultat:

Tabelle 1[1]).

Nr.	Zeit in Min. t	Drehung in Graden $^\circ$	Drehungsabnahme x	$k_0 = \dfrac{x}{t}$
1	0	[6,53]	0	
2	2	6,35	0,18	0,0900
3	4,5	6,10	0,43	0,0955
4	25,0	4,26	2,27	0,0908
5	41,5	3,05	3,48	0,0838
6	68,5	1,64	4,89	0,0714
7	98,5	0,65	5,88	0,0598
8	128,5	− 0,23	6,76	0,0526
9	149,5	− 0,60	7,13	0,0477
10	24 Std.	− 2,19	8,72	—

Wir wollen nun die „Reaktionsordnung" des Prozesses fest-
stellen. Wir setzen als bekannt nur voraus, daß bei genügend
langer Zeit die Inversion des Rohrzuckers vollkommen ist, d. h.
daß das definitive Gleichgewicht zwischen Saccharose zu Invertzucker derart ist, daß keine meßbare Menge Saccharose neben
Invertzucker übrigbleibt. Unter dieser Bedingung sind die einfachsten Möglichkeiten des Reaktionsverlaufes:

1. Der lineare Verlauf oder die Reaktion nullter Ordnung. Die in jedem Augenblick verschwindende Rohrzuckermenge ist unabhängig von der jeweils noch vorhandenen Rohrzuckermenge; in gleichen Zeiten verschwinden gleiche Mengen
Rohrzucker:

$$x = k_0 \cdot t .$$

x bedeutet die zur Zeit t verschwundene Rohrzuckermenge
oder die zur Zeit t gebildete Invertzuckermenge. k_0 ist ein Proportionalitätsfaktor, welcher von der Anfangsmenge des Rohr-

---

[1]) Die Ablesungen wurden aus äußeren Gründen in einem 18,94 cm
langen Rohr gemacht. Sie sind so angegeben, wie sie gemacht wurden.

zuckers unabhängig ist. Dagegen kann k_0 von der Temperatur, von der HCl-Konzentration (und anderen Einflüssen) abhängen, die sich in unserem Versuch aber nicht äußern können, da wir Temperatur und HCl-Konzentration konstant halten. Wenn der Reaktionsverlauf dieser ist, so ist

$$\frac{x}{t} = k_0 \,.$$

Hier können wir x in beliebigen Maßeinheiten messen; das hat nur Einfluß auf den absoluten Wert von k_0. Wir werden also x einfach durch die Drehungsabnahme ausdrücken, welche der Menge des verschwundenen Rohrzuckers (und des gebildeten Invertzuckers) proportional sein muß. Die 3. Spalte der Tabelle 1 ist also x. Wir finden nun für die verschiedenen Entnahmen die in der letzten Spalte notierten Werte für k_0.

Wir sehen, daß x/t nicht konstant ist, sondern mit fortschreitender Zeit abnimmt. Die Reaktion verläuft also nicht linear[1]).

2. Die unimolekulare Reaktion oder Reaktion erster Ordnung. Die in jedem Augenblick verschwindende Rohrzuckermenge ist ein ganz bestimmter Bruchteil der jeweils noch vorhandenen Rohrzuckermenge. Diese Annahme ist durch die Differentialgleichung

$$\frac{dx}{dt} = k_1 \cdot (a - x),$$

wo x wieder die zur Zeit t verschwundene Menge Rohrzucker (oder gebildete Menge Invertzucker), und a die Anfangsmenge des Rohrzuckers bedeutet. Integriert lautet die Gleichung:

$$\frac{1}{t} \cdot \overset{10}{\log} \frac{a}{a-x} =\!\!= 0{,}4343 \cdot k_1 = k \,.$$

Hier kommt zwar im Gegensatz zum linearen Reaktionsverlauf die Anfangsmenge a vor, aber nur in Form des Bruches $\frac{a}{a-x}$. Es ist daher gleichgültig, in welcher Maßeinheit wir a und x messen. Wir wollen beide wieder in Graden Drehungsänderung messen. a ist dann die gesamte durchlaufene Drehung; also nicht die Anfangsdrehung allein, sondern dazu noch der Betrag der Linksdrehung zum Schluß,

$$a \text{ ist also} = 6{,}53 + 2{,}19 = 8{,}72 \,.$$

---

[1]) Ein Beispiel für den linearen Verlauf einer (fermentativen) Spaltung gibt Übung 94.

Wenn eine Sacharoselösung die Drehung m hat, so hat sie nach vollständiger Inversion die Drehung $-0{,}31$ bis $-0{,}32 \cdot m$. Dieser Faktor ist von der Temperatur und auch von der Konzentration des Zuckers ziemlich stark abhängig. Legen wir 0,32 der Rechnung zugrunde, so hätte sich als Schlußdrehung ergeben müssen $-2{,}09°$, ein Wert, der in Anbetracht der erwähnten Unsicherheit mit der Beobachtung $(-2{,}19°)$ befriedigend übereinstimmt. Wir legen der Rechnung die wirklich beobachtete Schlußdrehung zugrunde.

Auf diese Weise ist die folgende Tabelle berechnet.

$$a = 8{,}72. \qquad\qquad \log a = 0{,}941.$$

t	x	$a-x$	$\log(a-x)$	$\log\dfrac{a}{a-x}$	$\dfrac{1}{t}\cdot\log\dfrac{a}{a-x}=k$
0	0	8,72	0,941	—	—
2	0,18	8,54	0,931	0,010	0,00500
4,5	0,43	8,29	0,919	0,022	0,00488
25,0	2,27	6,45	0,810	0,131	0,00524
41,5	3,48	5,24	0,719	0,222	0,00535
68,5	4,89	3,83	0,538	0,358	0,00523
98,5	5,88	2,84	0,453	0,488	0,00500
128,5	6,76	1,96	0,292	0,649	0,00503
149,5	7,13	1,59	0,201	0,740	0,00495

Im Mittel $k_m = 0{,}00508$

Wir sehen, daß die Ausdrücke der letzten Spalten annähernd konstant sind und finden somit zunächst angenähert, daß die Annahme des unimolekularen Verlaufs zutreffend ist. Um dies noch genauer zu entscheiden, verfahren wir folgendermaßen: Wir nehmen aus den verschiedenen k-Werten das arithmetische Mittel; es sei $= k_m = 0{,}00508$. Nun rechnen wir aus, wie groß für ein solches k_m bei jedem Wert von t der Wert $(a-x)$ hätte sein müssen. Wir benutzen dazu die letzte Gleichung in der Umformung $\log(a-x) = \log a - kt$.

Die Abweichungen der beobachteten und berechneten Werte betragen in keinem Falle mehr als einige hundertstel Grade und liegen somit innerhalb der Fehlergrenzen. Daß auch die Beobachtung nach 2 und nach 4,5 Minuten so gut stimmen, ist ein Zufall. Bei der Kleinheit der Umsätze, der Ungenauigkeit der Zeitbestimmungen für so kleine Intervalle wären hier auch größere Unstimmigkeiten erträglich gewesen.

Diese Rechnung zeigt folgende Tabelle.

$$k_m = 0,00508 . \qquad \log a = 0,941 .$$

t	$k_m \cdot t$	$\log a - k_m t$ $= \log (a - x)$	$a - x$ berechnet	$a - x$ beobachtet	Differenz zwischen $(a - x)$ beobachtet und berechnet in Graden
0	—	0,941	[8,72]	8,72	—
2,0	0,0102	0,931	8,53	8,54	$+0,01$
4,5	0,0229	0,918	8,28	8,29	$+0,01$
25,0	0,127	0,814	6,52	6,45	$-0,07$
41,5	0,218	0,723	5,29	5,24	$-0,05$
68,5	0,348	0,593	3,92	3,83	$-0,09$
98,5	0,500	0,441	2,76	2,84	$+0,08$
128,5	0,653	0,288	1,94	1,96	$+0,02$
149,5	0,760	0,181	1,52	1,59	$+0,07$

Sieht man von den ersten beiden unsicheren Werten ab, so scheint sich ein leichter „Gang" der Konstanten bemerkbar zu machen. Die Abweichungen sind erst alle negativ, dann alle positiv, während ein ungeordnetes Pendeln um einen Mittelwert erwartet werden sollte. Die Abweichungen sind zwar klein, aber es ist immerhin auffällig. Haben wir deshalb ein Recht, diesem Umstand eine sachliche Bedeutung beizulegen? Das ist nicht der Fall. Der Wert für a, der der ganzen Rechnung zugrunde liegt, ist durch eine Extrapolation entstanden und trägt eine etwas größere Unsicherheit in sich als die anderen Zahlen. Setzen wir a nur um $0,02°$ kleiner an, was durchaus im Bereich der Fehlergrenzen liegt, so hat das auf die ganze Rechnung einen derartigen Einfluß, daß von einem „Gang" der Konstanten nichts mehr bemerkbar ist, wie man nachrechnen möge.

<h2 style="text-align:center">92. Übung.</h2>

<h2 style="text-align:center">Die fermentative Spaltung des Rohrzuckers.</h2>

Als Ferment benutzen wir die Saccharose (Invertin, Invertase) der Hefe. 100 g frische Bäckerhefe werden in einem Mörser zunächst mit wenig, dann immer mehr Wasser gut verrührt, insgesamt 220 ccm, mit 5 ccm Chloroform versetzt und 4—5 Tage verschlossen im Brutschrank gehalten. Dann wird das Gemisch mit einigen Tropfen starker Essigsäure versetzt und etwa 20 g feinpulveriges Kaolin zugegeben, gut durchgeschüttelt und nach einigen Minuten durch ein großes Faltenfilter filtriert. Der erste Teil des Filtrats ist oft noch trübe, er wird in die Vorratsflasche zurückgegossen und das Filtrat erst dann endgültig aufgefangen, wenn eine leicht gelbliche, aber völlig klare Lösung durchläuft. Für unsere Zwecke ist eine weitere Reinigung durch Dialyse nicht erforderlich. Das Ferment hält sich, mit etwas Chloroform oder Toluol versetzt, im Eisschrank so gut wie unbeschränkt in voller Wirksamkeit. Seine Wirksamkeit fällt natürlich je nach der Beschaffenheit der Hefe etwas verschieden aus.

Man braucht nun ein Wasserbad mit Rührwerk, welches man auf eine Temperatur um 25° einstellt. Die Temperaturschwankung soll $\pm$ 0,05° möglichst nicht überschreiten.

Man stellt eine Lösung von etwa 10 g Saccharose auf 300 ccm destilliertes Wasser her und wärmt sie in einem 500 ccm fassenden Kolben im Wasserbad vor. In einem zweiten ebensolchen Kolben wärmt man eine Mischung von 20 ccm Fermentlösung + 20 ccm 0,1 n-Natriumazetat + 20 ccm 0,1 n-Essigsäure + 140 ccm (d. h. auf 200 ccm) Wasser vor. Gleichzeitig stellt man (außerhalb des Wasserbades) etwa 10—12 Erlenmeyerkolben mit je genau 3 ccm einer 0,5 mol. Lösung von Na_2CO_3 zurecht. (Die Konzentration dieser Sodalösung soll derart sein, daß die auf die gleich zu beschreibende Weise mit ihr vermischte saure Zuckerlösung gegen Lackmuspapier unzweifelhaft, alkalisch wird.)

Nachdem die beiden Kolben im Wasserbad genügend vorgewärmt sind, mischt man ihren Inhalt zusammen, notiert die Zeit und entnimmt sobald wie möglich mit einer Vollpipette 25 ccm und läßt sie in einen der Kolben mit Sodalösung fließen. Die Zeit dieser ersten Entnahme wird notiert. Dann entnimmt man in genügenden Abständen weitere Proben in derselben Weise.

Die Sodalösung hat einen doppelten Zweck. Erstens unterbricht sie die Fermentwirkung. Zweitens bewirkt sie, daß die Multirotation der durch die Invertierung frisch entstandenen Glukose schnell auf die normale Drehung gebracht wird. (Bei der Säurespaltung tritt gleich die definitive Drehung ein; Alkalisierung für die Ablesung war deshalb nicht nötig.) Die Ansäuerung der Fermentlösung mit dem Azetatgemisch hatte den Zweck, die für die Fermentwirkung günstigste h herzustellen.

Die einzelnen Proben werden dann im Polarisationsapparat untersucht. Die letzte Probe sollte nach 24 Stunden entnommen werden. Der Endwert ist oft noch nicht genau der theoretisch erwartete, weil die Endstadien der Spaltung sehr langsam verlaufen.

Die zu erwartende Enddrehung kann folgendermaßen berechnet werden. Ist $+a$ die Anfangsdrehung, $-b$ die Enddrehung, so ist $b = 0,313 \cdot a$. Die gesamte durchlaufene Drehung ist also $1,313 \cdot a$.

Es empfiehlt sich, die Eigendrehung der Fermentlösung in einer Kontrollprobe gleicher Zusammensetzung, aber ohne Zucker, zu bestimmen und als Korrektur für jede einzelne Ablesung abzuziehen. Die Eigendrehung des Ferments ist allerdings sehr gering.

Es ergeben sich z. B. in einem Versuch

I	II	III	IV	V
Zeit in Minuten t	Korrigierte Drehung	Drehungs-änderung x	$\dfrac{x}{t} = k_0$	$\dfrac{1}{t} \cdot \log \dfrac{a}{a-x} = k$
0	[4,334]	0	—	—
0,5	4,324	0,010	—	—
21,0	3,945	0,389	0,0185	0,00145
60,0	3,260	1,074	0,0179	0,00151
130,0	2,129	2,205	0,0170	0,00164
190,2	1,330	3,004	0,0158	0,00171
246,0	0,744	3,590	0,0146	0,00176

Wir drücken die Zuckermengen also wieder in Graden der Drehungsänderung aus.

Wir stellen nun die Reaktionsordnung fest. Spalte IV gibt die Rechnung für eine lineare Reaktion. Auch hier hat k_0 einen Gang; es fällt mit der Zeit.

Wir rechnen nun die Konstante $k = \dfrac{1}{t} \cdot \log \dfrac{a}{a-x}$ aus.

Der Wert a ist gleich der theoretisch erwarteten gesamten erreichbaren Drehungsänderung, also $4,334 \, (1 + 0,313) = 5,690$. Die Rechnung ist in Spalte V ausgeführt.

Also auch die k-Werte zeigen einen Gang, aber sie steigen mit der Zeit. Um zu sehen, ob das in die Fehlergrenzen fällt, rechnen wir wieder den Mittelwert k_m aus, $= 0,001614$, und rechnen auf die früher angegebene Weise $a - x$ zurück. Es ergibt sich

t	$a-x$ berechnet	$a-x$ beobachtet	Differenz zwischen Beobachtung und Berechnung
0	—	5,690	—
21,5	5,167	5,301	$+ 0,134$
60,0	4,489	4,616	$+ 0,127$
130,0	3,461	3,485	$+ 0,024$
190,2	2,766	2,686	$- 0,080$
246,0	2,248	2,100	$- 0,148$

Die Differenzen haben einen starken Gang und sind besonders am Anfang und am Ende des Versuchs bestimmt größer als die zu erwartenden Fehlergrenzen. Daß in der Mitte die Abweichungen nur klein sind, liegt daran, daß wir ein mittleres k der Rechnung zugrunde legen. Der Gang der fermentativen Rohrzuckerspaltung ist also nicht mit einer unimolekularen Reaktion zu vereinbaren. Er liegt in der Mitte zwischen einem linearen und logarithmischen Verlauf, ist „infralogarithmisch". Die Deutung dieses Verlaufes kann nicht mehr die Aufgabe dieses Buches sein, auch nicht, diejenige Formel anzugeben, welche diesen Verlauf wirklich wiedergibt.

93. Übung.

Gasanalytische Bestimmung der Esterasewirkung[1]).

Prinzip: Die Methode erlaubt, sehr geringe Lipasemengen zu bestimmen und das Ferment im überlebenden Gewebe nachzu-

Abb. 59.   Abb. 60.

weisen. In Anlehnung an die WARBURGsche Methode des Glykolysenachweises wird die bei der Verseifung von Estern (z. B. Tributyrin) gebildete Säure (z. B. Buttersäure) dadurch gemessen, daß man das Volumen einer durch die Säure aus einer Bikarbonatlösung ausgetriebenen äquivalenten Menge CO_2 manometrisch bestimmt. Die Übung dient gleichzeitig zur Einführung in die „WARBURG-Technik".

Apparatur: Zur Messung der CO_2 dienen BARCROFTsche Blutgasmanometer in der WARBURGschen Modifikation, die auf einer Schüttelvorrichtung montiert sind (Tourenzahl 60—120 pro Minute). Als Reaktionsgefäße dienen Glaströge von ca. 10 ccm Inhalt (Abb. 59). Ein kleinerer abgetrennter Glasraum dient zur Aufnahme evtl. Absorptionsflüssigkeit (für Atmungsversuche). Der Glastrog wird mittels eines Schliffes an dem Helm des Manometers befestigt. Sehr gut bewährt sich die von NICOLAI angegebene Form (Abb. 60) des Reaktionsgefäßes. Als Mano-

---

[1]) RONA und LASNITZKY: Biochem. Zeitschr. **152**, 504. 1924.

metersperrflüssigkeit dient die BRODIEsche Flüssigkeit. Sie besteht aus 500 ccm Wasser, 23 g NaCl, 5 g gallensaurem Natron und ist zur Abhaltung von Bakterien mit so viel alkoholischer Thymollösung versetzt, daß sie deutlich nach Thymol riecht. Wenn man die Brodielösung färben will, benutzt man am besten Indigokarmin. Die Manometer enden unten in einem Gummischlauch mit Druckschraube.

Eichung der Gefäße.

Die Gefäße und der Stopfen werden einen Tag mit Kaliumbichromatschwefelsäure gereinigt, mit Leitungswasser und danach mit destilliertem Wasser gut gespült und im Trockenschrank bei 100° C getrocknet. In den Schlauchansatz am unteren Ende des Barometers wird durch den oben offenen linken Barometerschenkel unter mehrfachem Vor- und Zurückdrehen des Schlauchquetschers Brodielösung eingefüllt, deren spezifisches Gewicht so beschaffen ist, daß 10000 mm Flüssigkeitssäule 760 mm Hg entsprechen. Man kann auch den mit Brodielösung gefüllten Schlauchansatz über das untere Ende des Manometers ziehen und dann mit Draht und Kollodium gut an dem Manometer befestigen. So gelangen weniger Luftblasen in das Manometer. Vor der Eichung überzeugt man sich, daß beim Hochdrücken der Flüssigkeit in die Kapillaren keine Luftblasen in die Kapillaren hineingelangen und auch die beiden Menisken blasenfrei sind.

Die getrockneten Gefäße werden an ihren Schliffflächen mäßig eingefettet, mit Gummischnüren oder kräftigen Spiralfedern an den Konus oder die Haube des Manometers angesetzt und mit dem Stopfen fest verschlossen. Man vermeide Fette, welche organische Bestandteile enthalten, wie Adeps suillus, Adeps lanae, Sebum ovile usw., weil diese bei Lipasearbeiten Fehler hervorrufen; auch vermeide man, daß beim Hineindrehen der Schliffe Fett in das Innere der Gefäße gelangt.

Die konischen Stopfen und Retorten sind sehr fest, unter Anwendung von leichter Gewalt einzusetzen, bis die Drehbewegung durch engste Annäherung der beiden Glasflächen erschwert ist. Bei Nichtbeachtung dieser Vorschrift ergeben sich bei der Eichung oder bei späteren Versuchen ansehnliche scheinbare Volumenveränderungen des Gefäßes. Es ist überhaupt zweckmäßig, bei Fermentarbeiten, bei denen erst im Verlauf des Versuches ein Substrat oder ein Gift hinzugefügt werden soll, Gefäße wie Abb. 60 zu benutzen, da in manchen Fällen beim Umdrehen einer besonders ungünstigen Retorte eine scheinbare Gasbildung bis zu 30 cmm vorgetäuscht wird.

Die Eichung der Gefäße hat den Zweck, das Volumen des Gefäßes zu ermitteln. Der Eichung liegt folgendes Prinzip zugrunde: Komprimiert man ein unbekanntes Volumen v_1, das unter dem Atmosphärendruck p steht, auf ein kleineres, ebenfalls unbekanntes Volumen v_0, so wächst der Druck um h_1, und es besteht die Beziehung

$$v_1 \cdot p = v_0(p + h_1). \tag{1}$$

Verkleinert man das unbekannte Volumen v_1 um die bekannte Größe a, indem man eine bestimmte Menge Flüssigkeit einfüllt, und komprimiert wieder bis zum gleichen Punkt, so besteht die Beziehung

$$(v_1 - a) \cdot p = (v_0 - a)(p + h_2). \tag{2}$$

h_2 ist größer als h_1, da $v_0 - a$ kleiner ist als v_0. Durch Subtraktion der Gleichung (1) und (2) ergibt sich:

$$v_0 = a \frac{h_2}{h_2 - h_1}. \tag{3}$$

Das Volumen des Gefäßes wird also ermittelt durch eine abgemessene Menge Flüssigkeit und zwei Manometerablesungen.

Die Eichung wird ausgeführt, indem die vorbereiteten Apparate in das Wasserbad eingesetzt und bei geöffneten Hähnen die Menisken ganz herunter bis unter den Anfang der Teilung gedreht werden. Um die Einflüsse der Temperatur- und der Druckveränderung auszuschalten, halte man das Wasserbad bei Zimmertemperatur einigermaßen konstant und beobachte häufiger das Barometer. Die Temperaturschwankungen dürfen nicht über $1°$, die Barometerschwankungen nicht über 5 mm Hg betragen.

Vor Beginn der Eichung und vor jeder neuen Einstellung warte man mindestens eine halbe, am besten eine Stunde bei völlig heruntergedrehten Menisken, bis die Kapillaren abgelaufen sind, stelle dann durch vorsichtiges Anschrauben den rechten Meniskus mit seinem unteren Rand auf den Anfangsteil der Skala (0,0) unter sorgfältiger Vermeidung von Parallaxenfehlern durch Spiegelablesung ein und schließe den Hahn. Beim Drehen der Schraube unten steigen beide Schenkel mit verschiedener Geschwindigkeit empor. Man kann dabei beobachten, daß der linke Schenkel sich nicht sofort in eine Ruhelage einstellt, wenn man mit Drehen aufhört. Der Grund hierfür ist einmal eine leichte Verzögerung des Gasaustausches durch die Kapillare, was ohne Einfluß auf die Eichung bleibt, ferner bei Anwesenheit von Wasser im Gefäß eine verzögerte Einstellung des Gleichgewichtes:

$$\frac{\text{Partialdruck des Gases im Gasraum}}{\text{Partiallösung in der Flüssigkeit}}.$$

Diese Verzögerung ist selbst bei sorgfältigstem Arbeiten immer der Grund für Unstimmigkeiten bei der Ermittlung von h_2, wenn das Volumen a in Form von Wasser eingefüllt wird. Die Schwankungen können bei manchen Gefäßen bis zu 20 mm betragen und stehen offensichtlich zu der Menge des eingefüllten Wassers in Beziehung. Man vermeidet sie völlig, wenn man h_1 und h_2 in völlig trockenen Gefäßen bestimmt und das Volumen a als Quecksilber einfüllt, auswiegt und unter Reduktion des spezifischen Gewichtes des Hg auf 0° sein Volumen errechnet, was zugleich den Vorteil einer genaueren Bestimmung von a hat.

Zur Berechnung des Hg-Volums aus dem Hg-Gewicht diene nebenstehende Tabelle.

Quecksilber.

Temperatur Grad	Spezifisches Gewicht	1 : Spezifisches Gewicht
15	13,5584	0,073 754
16	13,5560	0,073 768
17	13,5535	0,073 782
18	13,5511	0,073 795
19	13,5486	0,073 808
20	13,5461	0,073 822
21	13,5437	0,073 835
22	13,5412	0,073 849
23	13,5388	0,073 862
24	13,5363	0,073 875
25	13,5339	0,073 889
26	13,5314	0,073 902

Es gelingt mit dieser Methode, h_1 und h_2 in mehrfach aufeinanderfolgenden Ablesungen immer wieder auf 0 bis höchstens 1,0 mm genau, also mit einem wahrscheinlichen Fehler von $\pm$ 0,5 mm zu bestimmen.

Die Größe $h_2 - h_1$ kann ohne weiteres durch Subtraktion der entsprechenden beiden, am offenen (linken) Manometerschenkel abgelesenen Werte erhalten werden, dagegen berechnet sich h_2 allein als Differenz der Drucke in dem offenen (linken) und dem nach der Außenluft geschlossenen (rechten) Manometerschenkel.

Die Untersuchungstechnik.

Prinzip: In einem abgeschlossenen, mit Manometer versehenen System von dem Volum v bei der Temperatur T und dem Druck P entstehe oder verschwinde ein unbekanntes Gasvolum v_u. Die dabei auftretende Druckänderung, bei konstant gehaltenem Volumen, sei h. Es besteht dann folgende Beziehung:

$$(v + v_u)\, P = (P + h) \cdot v\,,$$

daraus

$$v_u = \frac{v\,(P + h) - P}{P}\,.$$

Bei Reduktion aller Werte auf Normalbedingungen (Temperatur 273° abs. und Barometerdruck $P_0 = 760$ mm Hg) besteht folgende Beziehung:

$$v_x = v_u \cdot \frac{273}{T} \cdot \frac{P}{P_0} \cdot$$

$$\pm v_x = \frac{P \pm h}{P_0} \cdot v \frac{273}{T} - \frac{P}{P_0} \cdot v \frac{273}{T} \cdot \tag{1}$$

$$\pm v_x = \pm h \, \frac{v \dfrac{273}{T}}{P_0} \cdot \tag{2}$$

In dem bekannten Raum v befinde sich eine Flüssigkeitsmenge v_F. Der restliche Gasraum betrage v_G, d. h.

$$v = v_F + v_G \cdot \tag{3}$$

Die in der Flüssigkeit gelöste Gasmenge beträgt dann auf Normal-bedingungen reduziert $v_F \alpha$, wobei α der Bunsensche Absorptions-koeffizient für das im Versuch entstehende oder verschwindende Gas[1]) und die verwendete Flüssigkeit ist.

Dadurch erhält Gleichung (2) die folgende Form

$$\pm v_x = \pm h \, \frac{v_F \alpha + v_G \dfrac{273}{T}}{P_0} \cdot \tag{4}$$

Ist die Sperrflüssigkeit des Manometers Brodiesche Lösung, so wird $P_0 = 10\,000$ mm. Man kommt zu dem Ausdruck

$$\pm v_x = \pm h \left[\frac{v_F \alpha + v_G \dfrac{273}{T}}{10\,000} \right] \cdot \tag{5)[2]}$$

Der in der Klammer stehende Bruch stellt die Gefäßkonstante K für das betreffende Gas dar.

Es ist also

$$\pm v_x = \pm h \cdot K, \tag{6}$$

d. h. die entstandene oder verschwundene Gasmenge in cmm ist gleich dem Produkt aus der Gefäßkonstanten und der Druckzu- oder -abnahme in mm Brodie, sofern die Werte für v_F und v_G ebenfalls in cmm eingesetzt sind.

Gleichung (1) gilt für jedes beliebige P, da dieser Wert sich bei der Subtraktion, durch die man zu Gleichung (2) gelangt, immer

---

[1]) Absorptionskoeffizient α in Wasser
für Sauerstoff bei 18° 0,0222, bei 25° 0,0283, bei 37,5° 0,0237,
für CO_2 ,, ,, 0,928, ,, ,, 0,759, ,, ,, 0,561.

[2]) Benutzt man aus bestimmten Gründen eine Sperrflüssigkeit von anderem spezifischen Gewicht, so ist der Nenner des Bruches mit S_B/S zu multiplizieren, wo S_B das spezifische Gewicht der Brodielösung, S das spezifische Gewicht der Sperrflüssigkeit bedeutet. S. auch P. RONA und W. FABISCH: Biochem. Z. im Druck.

heraushebt. Die Gefäßkonstante K gilt also für jeden in dem System herrschenden Druck, ist daher unabhängig von dem Atmosphärendruck und unabhängig von der Höhendifferenz der Menisken in beiden Schenkeln des Manometers.

Für atmosphärische Druckänderungen im Laufe eines Versuches müßte eine Korrektur angebracht werden, da dann die Bedingungen der Gleichung (1) nicht gelten, weil die Werte P der beiden Summanden nicht mehr gleich sind. Doch erübrigt sich das bei Anwendung eines Thermobarometers, da man an diesem die notwendige Korrektur direkt in mm Brodie ablesen und die beobachteten Druckänderungen an den Versuchsgefäßen einrechnen kann.

Thermobarometer: Die während eines Versuches unvermeidlich auftretenden Schwankungen des Luftdruckes und der Temperatur würden das Ablesungsergebnis erheblich verfälschen und müssen deshalb durch eine geeignete Korrektur beseitigt werden. Man benutzt hierzu ein Gefäß (Thermobarometer), in dem weder eine Gasentwicklung noch eine Gasaufnahme stattfindet; alle hier auftretenden Druckschwankungen können nur auf Änderungen des Luftdruckes und der Temperatur beruhen. Eine einfache Überlegung ergibt, daß Luftdruckschwankungen in allen Gefäßen die Manometerflüssigkeit um die gleiche Anzahl von mm heben oder senken. Auch die durch Temperaturschwankungen hervorgerufenen Druckänderungen werden bei den gewöhnlichen kleinen Verschiedenheiten des Anfangsdruckes in den verschiedenen Gefäßen praktisch gleich sein. Es folgt daher, daß Luftdruck- und Temperaturschwankungen in allen Manometern die Manometerflüssigkeit um die gleiche Strecke verschieben. Zur Korrektur der Ablesung ist es also nur notwendig, die Schwankung des Thermobarometers in mm Brodie mit umgekehrtem Vorzeichen zu den Ablesungen der eigentlichen Versuchsmanometer zu addieren.

Leerversuch: Von dem Gebrauch des Thermobarometers ist zu unterscheiden der des Leerversuches. Dieser ist in all den Fällen notwendig, wo neben dem eigentlich zu untersuchenden Prozeß ein anderer einhergeht, der ebenfalls mit einer Gasentwicklung oder -aufnahme verbunden ist (Atmung, Autolyse usw.). In einem Gefäß wird dieser allein gemessen und die entwickelte Gasmenge nach der Formel h mal Gefäßkonstante bestimmt.

Die Konstante setzt auch voraus, daß bei Änderung der Gasmassen jederzeit das Absorptionsgleichgewicht zwischen Gasraum und Flüssigkeit besteht. Um diese Voraussetzung in hoher Annäherung zu erfüllen, ist die Apparatur mit einer Schüttelvorrichtung versehen, deren Amplitude an der Exzentersteuerung und deren Frequenz durch verschiedene Übersetzer bzw. einen Regulierwiderstand am Motor reguliert werden können.

Beispiel: Bestimmung einer Reaktion, bei der gleichzeitige autolytische Veränderungen das Ergebnis verschleiern würden.

T.B. = Thermobarometer. L = Leerversuch (Autolyse) K 0,6.
V = Hauptversuch (Autolyse + Hauptreaktion) K 0,5.

Zeit	T.B.		L K = 0,6	V K = 0,5
0	20,2		18,3	28,1
1 Std.	20,6	+0,4	20,7	23,9
2 „	20,5	+0,3	22,6	19,2

Nach Korrektur mit Hilfe des Thermobarometers

0			18,3		28,1	
1 Std.			20,3	+2,0	23,5	−4,6
2 „			22,3	+2,0	18,9	−4,6

Im Hauptversuch (Autolyse + Hauptreaktion) ist eine Druckabnahme von 46 mm entsprechend einer Gasaufnahme von $46 \cdot 0,5 = 23$ cmm pro Stunde zu beobachten; im Leerversuch eine Druckzunahme von 20 mm entsprechend einer Gasproduktion von $20 \cdot 0,6 = 12$ cmm pro Stunde. Daraus ist zu schließen, daß die Autolyse den Effekt des Hauptprozesses zum Teil aufhebt; dieser würde ohne diese Störung mit einer Gasaufnahme von 35 cmm pro Stunde verlaufen.

94. Übung.

Spaltung von razemischem Mandelsäuremethylester durch Taka-Esterase[1].

Erforderliche Lösungen:

a) dl-Mandelsäuremethylester (s. u.), 1,5proz. Lösung in $R_{(10)}$ (s. S. 239).

b) Taka-Esterase, enthalten in dem käuflichen Präparat „Taka-Diastase" von PARKE und DAVIS, London (zu beziehen durch Simons-Apotheke, Berlin C). 7proz. Aufschwemmung in $R_{(10)}$.

c) $R_{(10)}$ gesättigt mit dem Gasgemisch 95% N_2, 5% CO_2; Wasserbadtemperatur 26,5°; $v_F = 1,5$ ccm.

---

[1] Nach Versuchen von P. RONA, R. AMMON und M. WERNER in Biochem. Z. **217**, 42. 1930.

Der razemische Mandelsäuremethylester wird folgendermaßen hergestellt[1]). 25 g Mandelsäure werden mit 80 g HCl-haltigem Methylalkohol versetzt und an einem Rückflußkühler 4—5 Stunden gekocht. Der H-Cl-Gehalt des Methylalkohols, der vorher über gebranntem Kalk destilliert worden ist, beträgt etwa 10%. Das HCl-Gas, aus festem NaCl und konz. H_2SO_4 hergestellt, wird in einer mit konz. H_2SO_4 gefüllten Waschflasche getrocknet und in den gekühlten Alkohol eingeleitet. In dem Reaktionsgemisch wird dann der größte Teil des überschüssigen Alkohols durch Destillation entfernt. Der Rückstand wird in die dreifache Menge Wasser gegossen. Die Flüssigkeit wird dann mit gesättigter Na_2CO_3-Lösung neutralisiert und mehrmals mit Äther extrahiert. Nach dem Abdampfen des Äthers hinterbleibt der Ester als Öl, das bald zu einer weißen Kristallmasse erstarrt. Der Rohester wird dann zweimal aus einem Gemisch von Ligroin und Benzol (wenig) umkristallisiert. Weiße Nadeln, Schmelzpunkt 52,5°.

A u s f ü h r u n g : Der Trog wird mit 0,5 ccm Fermentaufschwemmung und 1,0 ccm Esterlösung beschickt. (Die Ringerlösung, $R_{(10)}$, enthält 100 ccm 9 promill. NaCl- + 2 ccm 1,2 proz. KCl- + 2 ccm 1,76 proz. $CaCl_2$- [krist.] + 10 ccm 1,26 proz. $NaHCO_3$-Lösung). Nachdem der Trog mit dem Helm des Barcroftmanometers verbunden ist, wird unter Schütteln ein Gemisch von 5 Vol.-% Kohlensäure + 95 Vol.-% Stickstoff eingeleitet (3 Min.). Das Gas tritt an dem rechten Schenkel des Manometers ein (dem mit Hahn versehenen) und an dem Tubus des Helms wieder aus.

In den Kontrolltrog kommen 1,0 ccm Esterlösung und 0,5 ccm $R_{(10)}$. Nun werden die Apparate ins Wasserbad gesetzt und zwecks Temperaturausgleichs etwa

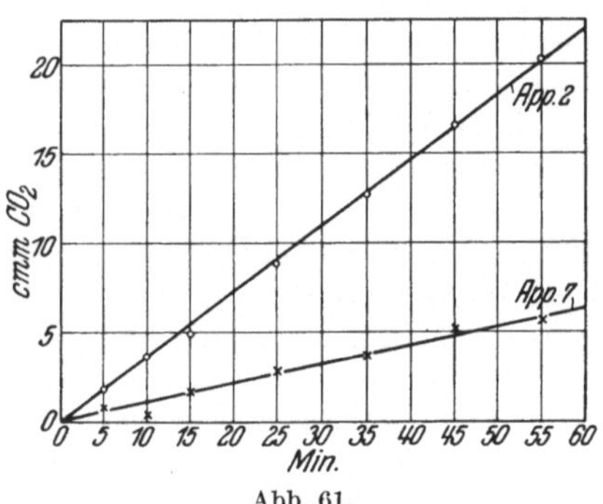

Abb. 61.

10 Minuten geschüttelt. Die Bewegung hat bei nicht zu großer Amplitude eine Frequenz von 100—120 pro Minute. Unmittelbar nach dem Eintauchen der Gefäße in das Wasserbad dehnt sich das Gas aus und drückt die rechten Manometerschenkel nach unten. Man kann diese anfängliche Druckzunahme ausgleichen, indem man — bei dem nötigen Überdruck im linken Schenkel — ganz kurz den Hahn öffnet, wobei etwas Gas entweicht, Luft aber nicht eindringen kann. Bleibt das Thermobarometer konstant, so ist der Temperaturausgleich beendet.

---

[1]) S. auch P. Rona und R. Ammon: Biochem. Z. **181**, 49. 1927.

Die Einstellung auf die Nullmarke und Ablesung des Manometerstandes wird sofort im Anschluß daran vorgenommen.

Zeit Min.	Apparat 1 Thermobarometer 1,5 ccm $R_{(10)}$ cm Brodie		Apparat 2; K = 0,52 Ferment- und Eigenhydrolyse d. Esters, 0,5 ccm Fermentemuls. + 1,0 ccm Esterlösung					Apparat 7; K = 0,57 Eigenhydrolyse des Esters 0,5 ccm $R_{(10)}$ + 1,0 ccm Esterlösung			
			cm Brodie		mm Brodie nach Thermobarom.-Kontrolle	cmm CO_2 ohne	cmm CO_2 mit Esterhydrolyse-abzug	cm Brodie		mm Brodie nach Thermobarom.-Kontrolle	cmm CO_2
0	11,10	—	6,30	—	—	.—	—	7,0	—	—	—
5	10,90	(—) 0,20	6,45	0,15	3,5	1,82	0,96	6,95	(—) 0,05	1,5	0,86
10	10,80	(—) 0,30	6,70	0,40	7,0	3,64	3,35	6,75	(—) 0,25	0,5	0,29
15	10,60	(—) 0,50	6,75	0,45	9,5	4,94	3,23	6,80	(—) 0,20	3,0	1,71
25	10,50	(—) 0,60	7,40	1,10	17,0	8,85	6,00	6,90	(—) 0,10	5,0	2,85
35	10,35	(—) 0,75	8,00	1,70	24,5	12,70	9,00	6,90	(—) 0,10	6,5	3,70
45	10,90	(—) 0,20	9,30	3,00	32,0	16,65	11,52	7,70	0,70	9,0	5,13
55	11,30	(+) 0,20	10,40	4,10	39,0	20,30	14,60	8,20	1,20	10,0	5,70

Die graphische Darstellung (Abb. 61), wobei die Zeit auf der Abszisse und CO_2-Werte (in Kubikmillimetern) auf der Ordinate abgetragen sind, gibt die Spaltung wieder und zeigt, daß die Spaltung nullmolekular verläuft.

Statt des Mandelsäuremethylesters und der Takaesterase kann man für einen Versuch auch Tributyrin und Serumesterase anwenden, wobei eine 1proz. Emulsion von Tributyrin in $R_{(20)}$ (20 ccm der $NaHCO_3$-Lösung statt 10 ccm) und eine Serumverdünnung 1:50—100, auch in $R_{(20)}$ (sehr gut eignet sich Meerschweinchenserum) empfohlen werden kann. (Beispielsweise wäre die Zusammensetzung im Nicolaitrog: a) 2,7 ccm Serumverdünnung in Ringer +0,3 ccm Tributyrinemulsion in Ringer. b) 2,7 ccm Serumverdünnung in Ringer +0,3 ccm Ringerlösung [Kontrolle]. Temperatur 37,5°.) Man muß auch hier die Eigenhydrolyse des Esters berücksichtigen, die hier sehr viel geringer ist. Es kann daher bei 37,5° gearbeitet werden, was wichtig ist, wenn man Gewebslipase untersuchen will. Füllung der Tröge und Ausführung des Versuchs erfolgen ganz analog den für die Hydrolyse des Mandelsäureesters durch Takaesterase gemachten Angaben.

95. Übung.
Fermentative Esterifizierung[1]).

Da die Gleichgewichte chemischer Prozesse durch Fermente nicht verschoben werden, so ist zu erwarten, daß nicht nur Spal-

---

[1]) Nach BODENSTEIN u. DIETZ: Z. Elektrochem. **12**, 605. 1906, und DIETZ: Z. physiol. Chem. **52**, 279. 1907, und P. RONA, R. AMMON u. M. WERNER: Biochem. Z. **221**, 381. 1930.

tungen, sondern auch Synthesen durch Fermente unter geeigneten Bedingungen katalysiert werden.

Als Beispiel einer solchen katalysierten Synthese soll die Bildung von n-Buttersäureisoamylester durch Schweinepankreasesterase beschrieben werden, wobei die erfolgte Esterbildung durch die Abnahme des Säuregehaltes festgestellt wird.

Man pipettiere in ein kleines Fläschchen von etwa 60 ccm Inhalt 2,30 ccm konz. norm. Buttersäure, 1,5 ccm Wasser und 46,2 ccm Isoamylalkohol. Dazu gebe man 0,25 g Schweinepankreastrockenpulver, das nach den Angaben auf S. 147 hergestellt ist. Die Gesamtmolarität der Buttersäure beträgt etwa 0,5 m, die Fermentkonzentration 0,5 % und der Wasserzusatz 3 %. Die Flasche wird mit einem ausgekochten Gummistopfen verschlossen und der Inhalt etwa 3 Minuten geschüttelt. Etwa 7 ccm der Untersuchungsflüssigkeit werden zentrifugiert. Zu derselben Zeit wird das Fläschchen in eine in einem Brutschrank von 37° befindliche Schüttelapparatur gesetzt. Von Zeit zu Zeit (etwa 3—5 Stunden) werden aus dem Fläschchen weitere Entnahmen von etwa je 7 ccm gemacht, die auch zentrifugiert werden. Von den klaren Zentrifugaten werden je 5 ccm abpipettiert, die nach Zusatz von 20 ccm absol. Alkohol und einigen Tropfen einer Bromthymolblaulösung mit 0,1 n-NaOH titriert werden. Nach 20 Stunden sind etwa 50—75 % der ursprünglich vorhandenen Buttersäuremenge verestert. Die Esterbildung macht sich auch noch durch den angenehmen Geruch des Esters bemerkbar. Es ist dann ein analoger Ansatz, nur jetzt ohne Fermentpulver, anzusetzen. Diese Eigenveresterung ist jedoch sehr gering.

<h2 align="center">96. Übung.</h2>

<h2 align="center">Zweite Methode der Volum-Eichung von Mikrorespirationsgefäßen[1].</h2>

In das Gefäß werden zwei getrennte Lösungen eingefüllt, welche nach der Vermischung eine bekannte Menge eines Gases erzeugen. Aus der erzeugten Druckänderung bei konstantem Volumen wird das Volumen berechnet. Als gaserzeugende Reaktion wird die Oxydation von Hydrazin durch Kalium-Ferrizyanid benutzt, welche quantitativ nach der Gleichung verläuft:

$$4\,Fe^{III}(CN)_6''' + NH_2NH_2 \rightarrow 4\,Fe^{II}(CN)_6'''' + 4\,H^+ + N_2\,.$$

Folgende Lösungen sind erforderlich:

1. $m/_{10}$-Ferrizyankalium. Das Salz wird aus heißem Wasser umkristallisiert. Die Kristalle wurden im Exsikkator im Dunkeln

---

[1] Noch nicht veröffentlicht.

getrocknet und im Dunkeln aufbewahrt. Die Lösung, im Dunkeln aufbewahrt, hält sich einige Tage.

2. Starke Lauge (10—40% NaOH).

3. Gesättigte Lösung von Hydrazinsulfat. 5 g werden in 100 ccm heißem Wasser gelöst, der Überschuß kristallisiert beim Erkalten aus.

Diese Hydrazinlösung wird mit dem gleichen Volumen der Lauge vermischt. Die Mischung ist lange haltbar.

Beim Gebrauch muß auch die Ferrizyankaliumlösung mit dem gleichen Volumen der Lauge verdünnt werden, **damit beim nachträglichen Mischen der beiden Lösungen keine Änderung der Wasserdampfspannung infolge der Verdünnung eintritt.** Die Mischung der Ferrizyankaliumlösung mit starker Lauge ändert bei längerem Aufbewahren ihren Titer und wird daher am besten im Respirationsgefäß selbst gemacht.

Man füllt ein abgemessenes Volumen der Hydrazinlösung in das Hauptgefäß und ein anderes, sehr genau abgemessenes Volumen Ferrizyankalium + ein gleiches Volumen der Lauge in den Anhang. (Hat das Gefäß keinen Anhang, so läßt man die eine Lösung in einem passenden uhrglasförmigen Schälchen auf der anderen schwimmen.) Für Gefäße von etwa 10 ccm Inhalt ist 0,2 ccm $m/_{10}$-Ferrizyankalium eine geeignete Menge, für andere Volumina dementsprechend. Das Volumen der Hydrazinlösung ist beliebig, da es auf alle Fälle im Überschuß ist; etwa 0,3 oder 0,4 ccm für ein Gefäß von 10 ccm Inhalt. Man läßt ein ähnliches Gefäß als Thermobarometer mitlaufen, welches dasselbe Volumen Flüssigkeit (in Form von Wasser) enthält wie das Versuchsgefäß. Nach Einstellung des Temperaturgleichgewichts setzt man den rechten (mit dem Gefäß kommunizierenden) Schenkel des kapillaren Manometers mit der BRODIEschen Flüssigkeit auf einen beliebigen Anfangspunkt (z. B. 120 mm) und schließt die Hähne. Man bringt den rechten Schenkel der beiden Manometer immer wieder auf 120 mm, wartet unter sanftem Schütteln, bis der linke Schenkel einen konstanten Stand angenommen hat und nimmt den konstanten Stand je des linken Manometers als Ausgangspunkt. Dann mischt man die Lösungen durch Kippen und beobachtet die Druckänderung, bis sie konstant geworden ist, unter Berücksichtigung der Thermobarometerkorrektur. In der Regel ist der Versuch in höchstens $^1/_2$ Stunde beendet. Die Druckänderung, nach Anbringung der etwaigen Thermobarometerkorrektur, sei = h, ausgedrückt in Millimeter Brodielösung. Hieraus kann das Volumen folgendermaßen berechnet werden:

a Millimole eines Gases erfüllen bei $t°$ C und p Atmosphären Druck das Volumen v

$$v = \frac{a \cdot (273 + t) \cdot 22{,}4}{p \cdot 273} \ \text{ccm}$$

a wird nach der obigen Reaktionsgleichung aus der Menge des Ferrizyanides berechnet. Jedes Kubikzentimeter $m/_{10}$-Ferrizyanidlösung entspricht $1/_{40}$ Millimol N_2.

Für p ist einzusetzen

$$p = \frac{h}{10\,000} \ \text{bei 760 mm Hg Barometerstand,}$$

oder allgemein

$$p = \frac{h \cdot B}{10\,000 \cdot 760}$$

wenn B der Barometerstand in mm Hg ist. Zu v ist das von der Flüssigkeit eingenommene Volumen zu addieren. Eine Korrektur wegen der Löslichkeit von N_2 in Wasser ist unnötig, weil sie weit unterhalb der Fehlergrenze der Methode liegt.

Beispiel: Temperatur $17°$ C.

Im Hauptgefäß 0,300 ccm $m/_{10}$-Ferrizyankalium $+$ 0,3 ccm Lauge. Im Anhang 0,7 ccm Hydrazin-Lauge. Ablesungen, in Abständen von 5 Minuten:

Thermobarometer in mm	Versuchsgefäß in mm
120	119
121,5	120
123	121,5
$\otimes$ 124	122
gemischt	
124	182
126	193
128	198
128	197
$\otimes\otimes$ 126	196

Druckunterschied
von $\otimes\otimes$ und $\otimes$: 2 74

Korrigierte Druckänderung: $h = 72$ mm.

Barometerstand: angenähert 760 mm.

Theoretisch entwickelte N_2-Menge a $= 0{,}0075$ Millimole

$$v = \frac{0{,}0075 \cdot (273 + 17) \cdot 22{,}4}{72 \cdot 273} = 24{,}8 \ \text{ccm}$$

Volumen der Flüssigkeit $= 1{,}3$ ccm

Gefäßvolumen $= 26{,}1$ ccm.

16*

XVII. Oxydation.

97. Übung.

Zysteinoxydation[1]).

Zystein in neutraler oder alkalischer Lösung oxydiert sich unter der katalytischen Wirkung geringster Schwermetallmengen (vor allem Cu, Fe, Mn) mit dem Sauerstoff der Luft zu Zystin; in saurer Lösung ist das Zystein beständig. Da das ohne besondere Kautelen gewonnene Rohzystein und die üblichen Reagenzien stets zur Katalyse ausreichende Metallverunreinigungen enthalten, hielt man früher das Zystein für „autoxydabel"; WARBURG und SAKUMA haben jedoch gezeigt, daß bei sorgfältigster Reinigung des Substrates und aller Reagenzien die Oxydation fast vollständig verhindert werden kann.

Im folgenden soll die Oxydation des Rohzysteins manometrisch im WARBURGschen Apparat verfolgt werden.

Am geeignetsten sind Gefäße nach NICOLAI (s. Abb. 60) von ungefähr 5,7 ccm Rauminhalt. In den Anhang werden 0,3 ccm einer 2proz. Lösung von Zystein in 0,2 n-HCl (Lösung unter gelindem Erwärmen), in das Hauptgefäß 1,7 ccm eines Boratpuffers (12,404 g Borsäure + 100 ccm n-NaOH auf 1 Liter aufgefüllt, s. S. 35) getan. Der Gasraum ist mit Luft angefüllt. Die Gefäße werden bis zur Erreichung der Temperaturkonstanz im Wasserbade bei beliebiger Temperatur geschüttelt, ohne daß eine Oxydation des Zysteins, das sich in saurer Lösung befindet, eintreten kann. Sobald Temperaturausgleich erreicht ist, läßt man die Zysteinlösung in den Puffer fließen. Der p_H des Gemisches beträgt ungefähr 8,7, und die Oxydation beginnt. Mit der Ablesung warte man 5 Minuten, da durch die Ansäuerung des alkalischen Puffers anfänglich ein geringer Druckanstieg bemerkbar ist. Dann erfolgt die Druckabnahme entsprechend dem Verschwinden des Sauerstoffes aus dem Gasraum.

98. Übung.

Atmung roter Blutkörperchen.

Kernlose Säugetiererythrozyten atmen nicht in nennenswerter Weise. MICHAELIS und SALOMON[2]) konnten nun zeigen, daß nicht

---

[1]) Vgl. O. WARBURG und S. SAKUMA: Pflügers Arch. **200**, 203. 1923; S. SAKUMA: Bioch. Z. **142**. 68. 1923.

[2]) MICHAELIS, L. u., K. SALOMON: J. gen. Physiol. **13**, 683. 1930.

nur Methylenblau anregend auf die Atmung der roten Blutkörperchen wirkt[1]), sondern auch verschiedene wässerige Organauszüge, wie z. B. aus Leber, Niere, Milz von Ratten, während Gehirn, Muskel, Blutserum kaum wirksam waren. Die Atmungsanregung war bei 37° etwa dreimal so groß wie bei 23°. Im allgemeinen sind die Organextrakte bei 23° weniger wirksam als Methylenblau bei seiner optimalen Konzentration (0,0006 molar); bei 37° sind sie jedoch bedeutend wirksamer. Gegen CO ist die auf diese Weise angeregte Atmung völlig indifferent.

Die Messung der Atmung (der Sauerstoffaufnahme) erfolgt im Warburg-Apparat. Das Volumen der Gefäße beträgt etwa 25 ccm; zur Absorption der Kohlensäure dient 7 proz. KOH. Die Versuche werden bei 23 oder 37° ($\pm$0,1°) ausgeführt. Kaninchen- (oder Menschen-) Blutkörperchen, die aus Zitratblut gewonnen wurden,

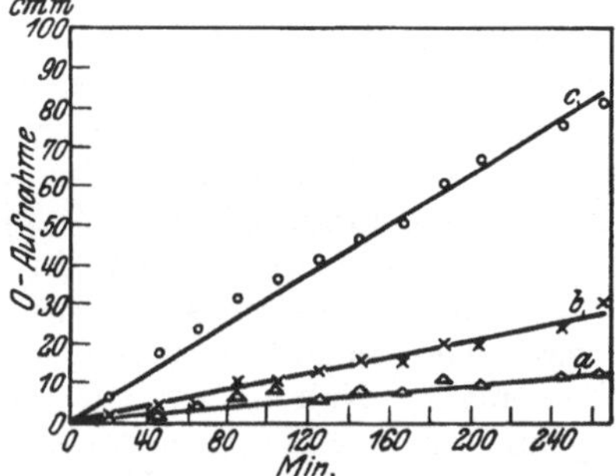

Abb. 62. a Organextrakt mit Zucker ohne rote Blutkörperchen. b Blutkörperchen mit Zucker. c Blutkörperchen mit Zucker + Organextrakt.

werden wiederholt mit der angewandten Ringerlösung gewaschen und werden dann mit der Ringerlösung auf das ursprüngliche Blutvolumen aufgefüllt. Man soll möglichst frische, intakte Blutkörperchen benutzen. — Zur Bereitung der Organextrakte werden die frischen Organe in einem Mörser unter allmählicher Zugabe von Ringerlösung (der 10 fachen Gewichtsmenge des Organs) verrieben; die Emulsion wird durch gewöhnliches Papierfilter filtriert und die trübe, von groben Partikelchen freie Flüssigkeit im frischen Zustande verwendet. Die Ablesung beginnt 20—30 Minuten nach Schluß der Manometerhähne.

Die Versuchsflüssigkeit ist wie folgt zusammengesetzt: a) 2 ccm einer Blutkörperchensuspension in Ringerlösung (enthaltend die Blutkörperchen von 2 ccm reinem Blut). Im Kontrollversuch dieselbe Menge Ringerlösung ohne Blut; b) 2 ccm Organextrakt oder dasselbe Volumen Ringerlösung. c) In den Versuchen mit Methylenblaulösung anstatt b) diese Lösung von etwa 0,0006 molar Konzentration. d) In allen Versuchen 0,18% Traubenzucker, berechnet auf die Endkonzentration. e) 7 proz. KOH zur Absorption von CO_2. Die Abbildung 62 zeigt den Verlauf eines Versuches.

---

[1]) HARROP, G. A., u. E. S. G. BARRON: J. of exper. Med. **48**, 207. 1928 und J. of biol. Chem. **79**, 65. 1928.

99. Übung.
Demonstration von Wasserstoffsuperoxyd als Zwischenstufe der Reduktion von Sauerstoff.

Wenn molekularer Sauerstoff als Oxydationsmittel wirkt — wie es bei der Atmung der Fall ist —, so könnte man sich den chemischen Vorgang auf zwei Weisen vorstellen. Entweder wird Sauerstoff von dem organischen Material gebunden, und es entstehen Kohlenstoffverbindungen von höherem O-Gehalt, schließlich CO_2. Durch die Auffindung der Karboxylase von NEUBERG ist es recht zweifelhaft geworden, ob CO_2 überhaupt durch Anlagerung von O_2 an C-Atome organischer Moleküle entsteht. Es ist wahrscheinlich, daß CO_2 fast ausschließlich dadurch entsteht, daß eine endständige COOH-Gruppe unter der Wirkung der Karboxylase CO_2 abspaltet. Unter diesen Umständen ist es viel wahrscheinlicher, daß Sauerstoff im allgemeinen Wasserstoff aus den organischen Molekülen herausnimmt. Er ist ein Akzeptor für Wasserstoff. Nun ist es sehr unwahrscheinlich, daß 1 Molekel O_2 auf einmal 4 H-Atome an sich reißt und 2 Mol. H_2O bildet. Es ist wahrscheinlicher, daß er in erster Stufe 2 H-Atome aufnimmt, zu H_2O_2 reduziert wird, und H_2O_2 in zweiter Stufe zwei weitere H-Atome aufnimmt und 2 H_2O liefert. Diese Hypothese würde an Boden gewinnen, wenn es gelänge, H_2O_2 als intermediäres Produkt der Atmung nachzuweisen. Das ist bisher nicht gelungen.

Es kann nun gezeigt werden, daß in allen Fällen, in denen eine Ferroverbindung durch O_2 dehydriert, d. h. zu einer Ferriverbindung oxydiert wird, keine Möglichkeit gegeben ist, H_2O_2 als intermediäres Produkt abzufangen, selbst wenn es gebildet wird. WIELAND hat nämlich gezeigt, daß die Geschwindigkeit, mit der eine Ferroverbindung durch H_2O_2 oxydiert wird, viel größer ist, als die Geschwindigkeit, mit der sie durch O_2 oxydiert wird. Wenn also selbst H_2O_2 entsteht, wird es sofort weiter reduziert zu 2 H_2O, bevor eine neue Molekel O_2 verbraucht wird.

Es gibt aber Fälle bei den den Eisenkomplexen in vieler Beziehung analogen Kobaltkomplexen, wo die Verhältnisse günstiger liegen, um H_2O_2 als Zwischenprodukt abzufangen. Es ist seit langer Zeit bekannt, daß Kobaltohexazyanid in Berührung mit der Luft sich spontan mit großer Avidität zu Kobaltihexazyanid oxydiert, und daß dabei der verbrauchte Sauerstoff nur bis H_2O_2 reduziert wird. Benutzt man die Formeln für die freien komplexen Säuren, so kann man schreiben:

$$2[Co^{II}(CN)_6H_4] + O_2 = 2[Co^{III}(CN)_6H_3] + H_2O_2 .$$

Kobaltocyanwasserstoffsäure $\qquad$ Kobalticyanwasserstoffsäure

In Ionenform geschrieben:

a) $\qquad 2[Co^{II}(CN)_6]^{\equiv} + O_2 = 2\left[Co^{III}(CN)_6^{\equiv}\right] + O_2^=,$

b) $\qquad O_2^= + 2\,H^+ = H_2O_2\,.$

$O_2^=$ ist das zweiwertige Ion der als zweibasische Säure gedachten H_2O_2.

Diese Formulierung erweckt den Anschein, daß auf Kobaltozyanid nur O_2, aber nicht H_2O_2 als Oxydationsmittel wirkte, denn sonst würde man H_2O_2 nicht quantitativ wiederfinden.

WIELAND hat nun gezeigt, daß dies unter passend gewählten Bedingungen auch gar nicht der Fall ist. Nur wenn sehr reichlich freier O_2 zur Verfügung steht, ist die Geschwindigkeit, mit der O_2 den Komplex oxydiert, viel größer als die Geschwindigkeit, mit der H_2O_2 ihn oxydiert. Geschieht die Oxydation bei vermindertem O_2-Druck, so ist die Geschwindigkeit des O_2-Effektes kleiner, und dann wird auch das entstandene H_2O_2 weiter als Oxydationsmittel verbraucht, und zwar in steigendem Maße mit der Verminderung des O_2-Druckes.

In dieser Übung soll nur die Entstehung von H_2O_2 bei dieser Reaktion qualitativ gezeigt werden.

1 ccm einer etwa 1 mol. Lösung von $CoSO_4(+\,7\,H_2O)$ werden mit 10 ccm einer etwa 5 proz. Lösung von KCN versetzt und, um der Luft gut Zutritt zu geben, einige Male zwischen zwei Reagenzgläsern hin- und zurückgegossen, bis eine leicht gelblichgrüne, sich nicht mehr ändernde Färbung erreicht ist. Jetzt versetzt man die Mischung mit einigen ccm 5 proz. Lösung von Kaliumdichromat, schichtet Äther oder Äthylazetat darüber und gibt tropfenweise 10 proz. H_2SO_4 hinzu, indem man nach jedem Tropfen umschüttelt. Sobald genügend Säure zugesetzt ist, um die Lösung gerade sauer zu machen, färbt sich der Äther nach dem Umschütteln tiefblau, als Zeichen für H_2O_2.

Molekulargewichte.

$AgNO_3$	169,9	HCl	36,47
$AlCl_3$	133,35	HCN	27,02
$AlCl_3 \cdot 6\,H_2O$	241,45	HF	20,01
$BaCl_2 \cdot 2\,H_2O$	244,4	HJ	127,9
$Ba(OH)_2 \cdot 8\,H_2O$	315,5	HNO_3	63,02
$CaCO_3$	100,1	H_2O_2	34,02
$CaCl_2 \cdot 6\,H_2O$	219,1	H_3PO_3	82,06
$CdSO_4 \cdot {}^8/_3\,H_2O$	256,5	$H_2[PtCl_6] \cdot 6\,H_2O$	518,1
CH_3COOH	60,03	H_2SO_3	82,09
$(COOH)_2 \cdot 2\,H_2O$	126,0	H_2SO_4	98,09
$FeCl_3 \cdot 6\,H_2O$	270,2	$HgCl_2$	271,5

$HgNO_3$	262,6	$MgCl_2 \cdot 6\ H_2O$	203,3
$Hg(NO_3)_2 \cdot 8\ H_2O$	478,7	NH_3	17,03
KBr	119,0	NH_4Cl	53,50
K_2CO_3	138,20	NH_4OH	35,03
KCN	65,11	$(NH_4)_2SO_4$	132,1
KCl	74,56	$Na_2B_4O_7 \cdot 10\ H_2O$	381,4
K_2CrO_4	194,2	$NaBr$	102,9
$K_3[Fe(CN)_6]$	329,2	$NaC_2H_3O_2 \cdot 3\ H_2O$	136,1
$K_4[Fe(CN)_6] \cdot 3\ H_2O$	422,4	$NaCl$	58,46
KJ	166,0	Na_2CO_3	106,0
$KMnO_4$	158,0	$NaHCO_3$	84,0
KNO_2	85,11	$Na_2HPO_4 \cdot 12\ H_2O$	358,2
KNO_3	101,1	$NaOH$	40,01
KOH	56,11	$Na_2S_2O_3 \cdot 5\ H_2O$	248,2
$KSCN$	97,18	Na_2SO_4	142,1
K_2SO_4	174,3	$ZnCl_2$	136,29
$LiCl$	42,40	$ZnSO_4 \cdot 7\ H_2O$	287,6

Logarithmentafel.
(Vgl. dazu S. 26.)

	0	0,5	1	1,5	2	2,5	3	3,5	4	4,5	5	6	7	8	9
1	000	021	041	061	079	097	114	130	146	161	176	204	230	255	279
	979	*959*	*939*	*921*	*903*	*886*	*870*	*854*	*839*	*824*	*796*	*770*	*745*	*721*	
2	301	312	322	332	342	352	362	371	380	389	398	415	431	447	462
	699	*688*	*678*	*668*	*658*	*648*	*638*	*629*	*620*	*611*	*602*	*585*	*569*	*553*	*538*
3	477	484	491	498	505	512	519	525	531	538	544	556	568	580	591
	523	*516*	*509*	*502*	*495*	*488*	*481*	*475*	*469*	*462*	*456*	*444*	*432*	*420*	*409*
4	602	607	613	618	623	628	633	638	643	648	653	663	672	681	690
	398	*393*	*387*	*382*	*377*	*372*	*367*	*362*	*357*	*352*	*347*	*337*	*328*	*319*	*310*
5	699	703	708	712	716	720	724	728	732	736	740	748	756	763	771
	301	*297*	*292*	*288*	*284*	*280*	*276*	*272*	*268*	*264*	*260*	*252*	*244*	*237*	*229*
6	778	782	785	789	792	796	799	803	806	810	813	820	826	833	839
	222	*218*	*215*	*211*	*208*	*204*	*201*	*197*	*194*	*190*	*187*	*180*	*174*	*167*	*161*
7	845	848	851	854	857	860	863	866	869	872	875	881	886	892	898
	155	*152*	*149*	*146*	*143*	*140*	*137*	*134*	*131*	*128*	*125*	*119*	*114*	*108*	*102*
8	903	906	908	911	914	916	919	922	924	927	929	935	940	944	949
	097	*094*	*092*	*089*	*086*	*084*	*081*	*078*	*076*	*073*	*071*	*065*	*060*	*056*	*051*
9	954	957	959	961	964	966	968	971	973	975	978	982	987	991	996
	046	*043*	*041*	*039*	*036*	*034*	*032*	*029*	*027*	*025*	*022*	*018*	*013*	*009*	*004*